日本兵法研究会会長
家村和幸

図解 孫子兵法

完勝の原理・原則

並木書房

はじめに

今から二千五百年以上も昔の春秋時代に書かれた『孫子兵法《そんしへいほう》』が、日本において古くから武士の基本的な教養書とされ、今日でも政治家、スポーツ選手、ビジネスマンに幅広く活用されているのは、十三篇から成るその記述体系が、「戦略的思考」のプロセスそのものだからである。

本書は、急速に変化する現代において、自ら考え、判断するために必要不可欠な、この「戦略的思考」を身につけるため、和漢古今の兵法の原点ともいうべき『孫子兵法』を、図解や事例を交えながら、できるだけ平易に解説したものである。

このため、本書では、全十三篇の内容を各篇ごと個別に読んで解説するだけではなく、異なる五つの観点から『孫子兵法』を立体的に捉えることができるようにした。

第一章では、名将たちが座右の書とした『孫子兵法』の全体構成や各篇の概要を紹介しながら、戦略・戦術および兵法とは何か、「戦略的思考」とはどのようなものかを現代的な視点から解説するとともに、現代社会における組織や業務に活かすためのポイントを提示する。

第二章では、不朽の兵法書とされる『孫子兵法』が、いつ、どのようにして日本に入ってきたか、そして、どのような影響を及ぼしたのかについて、歴史的に解説する。

第三章では、『孫子兵法』第一篇「始計」から第十三篇「用間」までの全十三篇を、各篇ごとに「概要」「原文（読み下し文）」「現代語訳」「解説」の順で提示しながら理解を深めていく。

第四章では、『孫子兵法』全十三篇を総括し、「敵を知る」「己を知る」「地を知り、天を知る」のそれぞれが真に意味するものは何かについて詳しく論じる。

第五章では、『孫子兵法』が、日本において武士の基本的な教養書とされ、その思考や行動の根底を為《な》したことの一例として、幕末の天才的兵法家・吉田松陰のエピソードを紹介する。


現在、『孫子兵法』として伝わるものは、春秋時代に孫武《そんぶ》によって書かれ、秦の始皇帝による焚書坑儒《ふんしょこうじゅ》でいったんは消失した『竹簡本《ちくかんぼん》』と、のちに魏の武帝（曹操）が残存していた竹簡の欠片《かけら》を元に再編纂し、注を加えた『魏武注本《ぎぶちゅうぼん》』の二種類に分けられる。当然、それぞれの『孫子』には異なる記述が見られ、どちらも正しいことを論じているにもかかわらず、読者にはまったく逆のことを述べているかのような誤解や混乱を招いてきた。そこで本書では、このような部分についてはどちらの記述も取り入れて併記しながら、その前提の違いをわかりやすく解説した。

また、原書が漢文であるため、本によって読み下し文が異なり、それゆえに解釈も違っている。そこで、本書では江戸時代の優れた兵法家・山鹿素行《やまがそこう》の『孫子諺義《そんしげんぎ》』から、読み下し文や解釈の多くを引用することにした。

目次

第三章『孫子兵法』全篇を読む　47

第一章　『孫子兵法』に学ぶ戦略・戦術

▼戦いの四要素――「我」「敵」「空間」「時間」

『孫子兵法《そんしへいほう》』（以下、『孫子』とする）を著した孫武《そんぶ》が活躍したのは、紀元前八世紀、諸侯の反乱や西方・北方の蛮族の侵攻により周王朝が衰退し、百四十ほどの諸侯が群雄割拠して互いに争った「春秋時代」である。

この春秋時代こそ、「戦略的思考」なしには生き残れない時代であった。そこで『孫子』を読むにあたり、まず「兵法」や「戦略的思考」とは何か、そして『孫子』の全体構成はどのようになっているかについて知っておく必要があるだろう。

兵法を理解するには「戦いの四要素」とは何か、戦略・戦術・戦法という言葉の意味、そして、これらの相互関係をしっかり把握しておかなければならない。

「戦い」は常に「我」「敵」「空間」「時間」の四つの要素に支配される。これが「戦いの四要素」である。

空間的要素とは、山、川、湿地、平地といった地形・地物や海岸線など固定的で基本的に変化しないものを指す。すなわち不変要素である。

これに対して時間的要素とは、天体の運行がもたらす日照、月の満ち欠け、雨、風といった気象・天候や季節、あるいは過去・現在・未来など時制をいう。いずれも流動的で刻一刻と変化するもの、すな

戦いの四要素

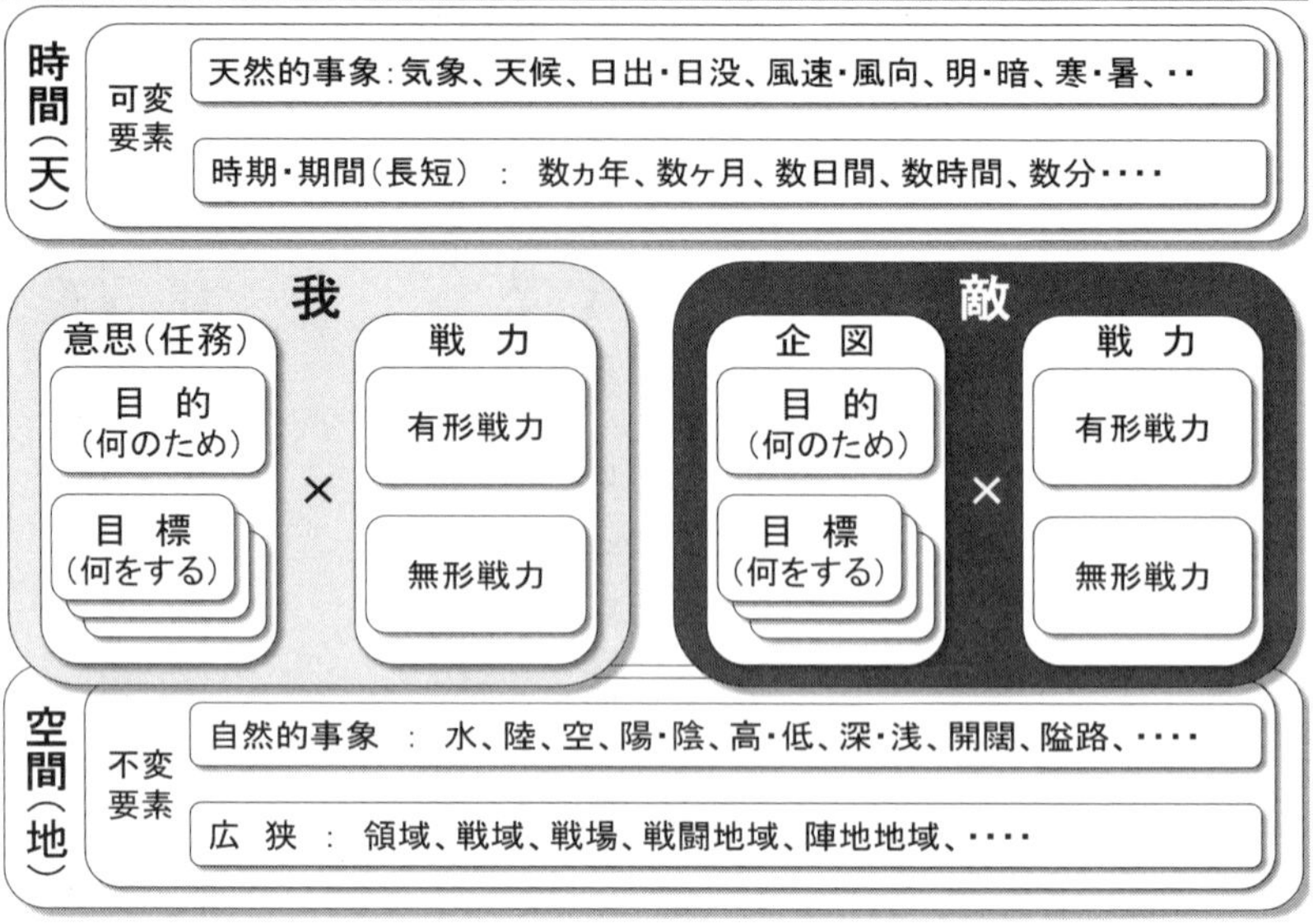

わち可変要素である。

我と敵は、それぞれに自由な意思によって戦力を発揮する人的要素であり、意思は目的（何のため）と目標（何をする）からなる。また戦力には、兵器の質・量や人員数などの有形戦力と、精神力や技量・練度などの無形戦力がある。

我にとって「戦い」とは、与えられた時間と空間の中で、敵の戦力に作用されつつ我が戦力を創造し、発揮することにほかならない。

「戦い」は、その規模により「戦争」「大作戦（会戦）」「作戦」「戦闘」に区分される。これらを包括して単に「戦争」と呼ぶこともあれば、「戦い」「いくさ」などともいう。

▼戦略・戦術・戦法の違い

我々が日常的に用いる「戦略」「戦術」あるいは「戦法」とは、この「戦い」に勝つため、いかなる手段をどのように用いるかの手立てであり、その違

戦略・戦術・戦法の違い

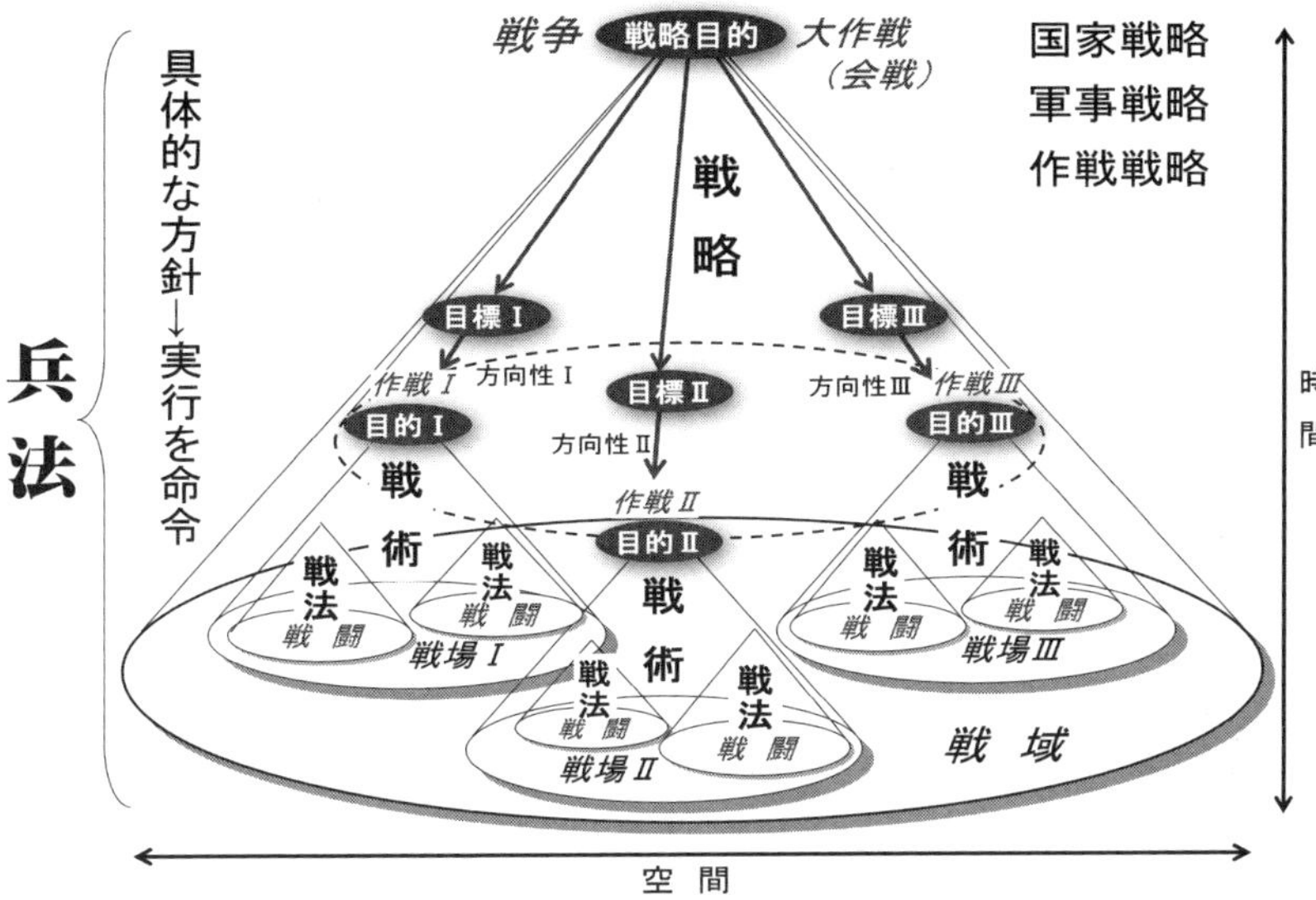

いは主体となるレベルの大小による。つまり、大きなものでは国家や総軍から、師団、連隊、大隊、中隊などの各級部隊、小さなものでは小隊、分隊、組、さらには各兵士まであり、「戦略」「戦術」「戦法」は、こうした「我」のレベルに応じておおむね相似形をなす。いずれも、そのアウトプットは具体的な方針とその実行であり、空理空論ではまったく意味をなさない。

「戦略」とは、敵に勝つための大局的、総合的な方策や策略であり、戦術レベルの行動に目的と方向性を与え、軍団や師団といった一つの戦場を担任する部隊の基礎配置を決定する。

戦略には、主体のレベルや「戦い」の規模に応じて「国家戦略」「軍事戦略」「作戦戦略」がある。そして「戦域」とは、複数の戦場を包括する作戦戦略レベルでの行動範囲である。

「戦術」とは、個別の戦場における作戦や戦闘において、状況に即して任務達成に最も有利なよう

戦術行動の区分

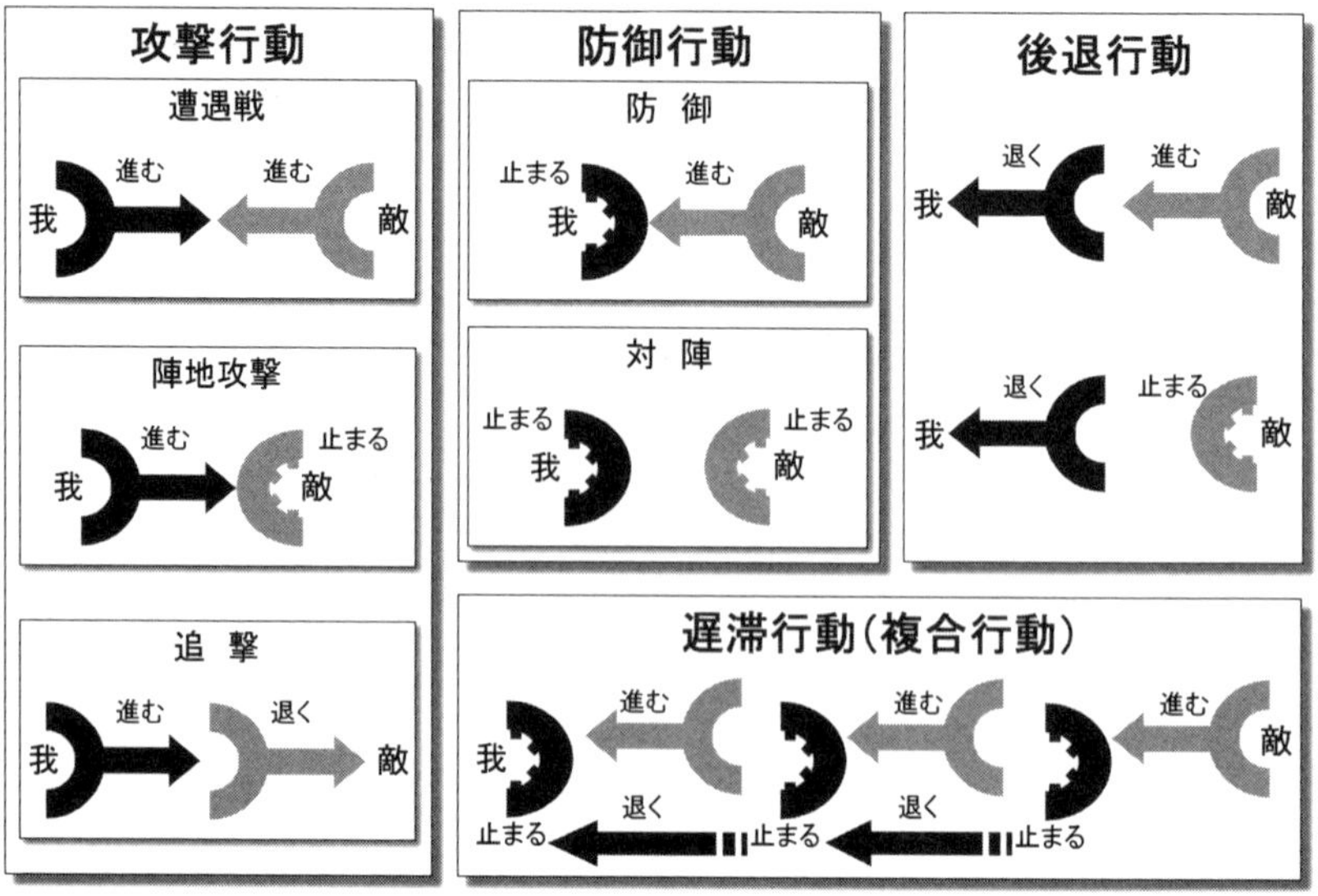

に、主として軍団・師団レベル以下の戦力を直接敵部隊に加えるための術策、つまり作戦・戦闘を実行する術である。戦術は、戦略上の決定に基づく空間と時間の範囲内で採用する一時的な手立てであり、その行動は状況により常に変化する。

こうした戦術上の行動を「戦術行動」という。戦術行動は、戦場において眼前に存在する敵と戦いを交える、あるいは交えようとする我の行動であり、我と敵の「進む」「止まる」「退く」の三つの行動を組み合わせ、我の行動を基準に「攻撃行動」「防御行動」「後退行動」「遅滞（複合）行動」に区分整理される。地上にとどまり、各種の地形を戦力化して戦うことができる陸戦では、海戦や空戦にはない多種多様な戦術行動が生じる。

「戦法」とは、長篠合戦における「鉄砲の三段撃ち」や千早城の戦いにおける「わら人形での欺騙」「丸太・落石による打撃」のように、それぞれの戦術行動における戦闘の各局面で効果的に敵を破砕

「兵」の定義

戦争 ⇔ 戦闘	軍隊 ⇔ 兵士	兵器	兵法
・兵とは国の大事なり（①始計） ・兵は拙速なるを聞くも、未だ功久なるを睹ざるなり（②作戦） ・兵は勝つことを貴び、久しきを貴ばず（②作戦） ・兵とは詭道なり（①始計） ・夫れ地形は兵の助けなり（⑩地形）	・戦わずして人の兵を屈するは善の善なり（③謀攻） ・勝兵は先ず勝ちて而る後に戦いを求め、敗兵は先ず戦いて而る後に勝を求む（④軍形） ・兵は詐を以て立ち、利を以て動き、分合を以て変を為す者なり（⑦軍争） ・兵を形するの極は、無形に至る（⑥虚実） ・兵の形は実を避けて虚を撃つ（⑥虚実） ・兵に常勢なく、水に常形なし（⑥虚実） ・兵には、走る者あり、弛む者あり（⑩地形）	・兵衆　孰れか強き（①始計） ・其の戦いを用いて勝つや久しければ則ち　兵を鈍し鋭を挫く（②作戦）	・上兵は謀を伐つ（③謀攻） ・兵を治めて九変の術を知らざる者は、五利を知ると雖も、人の用を得ること能わず（⑧九変） ・此れ兵の要にして三軍の恃みて動く所なり（⑬用間）

し、より多くの損害を与えるために創出された具体的な戦い方である。

さらに「兵法」は、こうした戦略・戦術・戦法をすべて包含する最も大きな概念である。そのため『孫子』には「兵は国の大事なり（戦争とは国家の大事である）」といった戦略レベルのことから、「餌兵《じへい》は食《くら》う勿《なか》れ（敵が弱兵を前に出して我を誘い込もうとするようであれば、これに釣られてはならない）」といった戦法レベルまで幅広く記述されている。「兵法」の概念をしっかり頭の中で整理しておかないと誤解する箇所がいくつもあるので注意が必要だ。

▼幅広い意味を持つ「兵」

「兵」という文字は、「手に斧を持って打つ」ことを表わし、そこから派生して、「戦争・戦闘」「軍隊・兵士」「兵器」「兵法」など、幅広い意味で使われている。『孫子』であれば、「兵とは国の大事なり」は「戦争」を、「兵とは詭道《きどう》なり」は「戦い」を意味する。また「夫《そ》れ地形は兵の助けなり」であれば、戦場における「戦闘」に限定されている。

これらに対して「戦わずして人の兵を屈する」や「兵は詐《さ》を以て立ち、利を以て動き」などの「兵」は「軍隊」およびそれを構成する「兵士」を意味している。

『孫子』では、この「軍隊」「兵士」の意味で「兵」が使われることが最も多いが、とくに「兵に常勢なく、水に常形なし」や「兵には、走る者あり、弛む者あり」のように人の心理状態に関連した記述では、軍隊よりも「兵士」の意味合いが強い。

さらに、七計の「兵衆孰《いづ》れか強き」などの場合は、「兵器」を意味し、「上兵は謀を伐つ」「兵を治めて九変の術を知らざる者」「此れ兵の要にして三軍の恃《たの》みて動く所」などでは、「兵法」という意味で用いられている。

▼戦略的思考と『孫子』の記述体系

国家とは、人民が生き延びるために必要な食糧や土地と安全を確保するため、諸国との戦いに勝ち抜かなければならない。ここに戦いに勝つための策略、すなわち「戦略」の萌芽《ほうが》がある。戦いとは、敵も我も地形という土俵の上で、気象・天候という環境を克服し、人を動かして、相互の戦力をぶつけ合うものである。『孫子』にも「敵情を知って我の実力も知っていれば勝利が危うくなることがなく、さらに地形を知って、天候・気象までも知っていれば多くの兵士を戦死させずに完全な勝利を得ることができる」とある。

この「我」「敵」「地」「天」こそが、先に述べた「戦いの四要素」であり、『孫子』も全篇を通じて、この四要素を知ることが戦いに勝つ道であると述べている。

戦略的思考とは、「敵を屈服させる（目的）」ため、この「戦いの四要素」を常に踏まえて、「情報

IDAサイクルに基づく戦略的思考

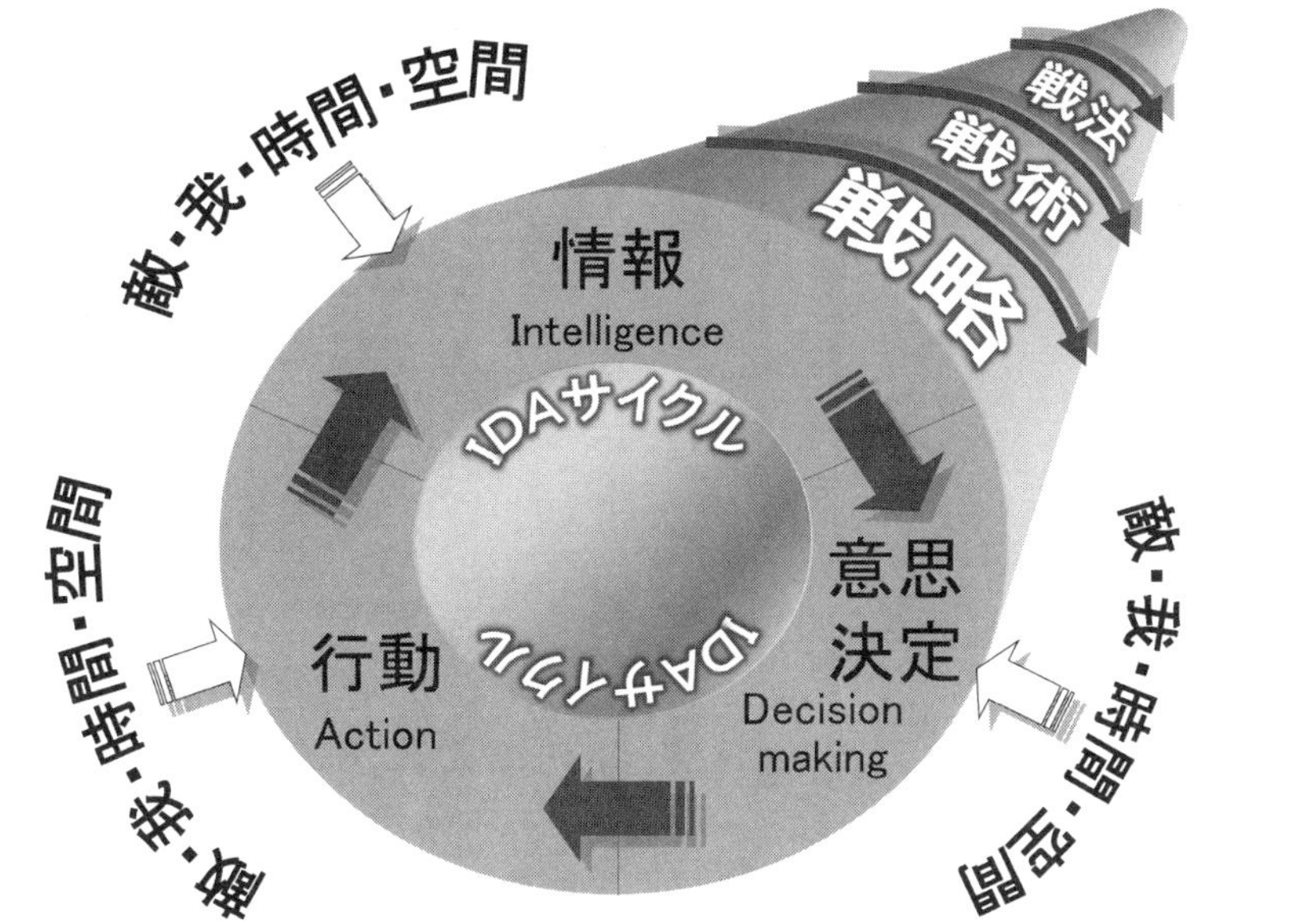

（Intelligence）」「意思決定（Decision making）」「行動（Action）」のいわゆる「IDAサイクル」を繰り返しながら目標を達成していく思考法である。

『孫子』の記述体系は、大きく分けると四つに区分できる。

第一篇「始計《しけい》」から第三篇「謀攻《ぼうこう》」は「戦略的判断」について述べ、第四篇「軍形」から第六篇「虚実」は「戦いの原理・原則」について述べている。第七編「軍争」から第十二篇「火攻《かこう》」は「勝つための戦術・戦法」、第十三篇「用間」は「情報・謀略」つまりスパイの運用法について述べている。

これらの四区分は、「IDAサイクル」を構成する「戦いの四要素」「情報」「意思決定」「行動」にそれぞれ合致している。

▼「IDAサイクル」を繰り返して勝利する

第一篇「始計」は、戦争をするかしないかの戦略的判断について述べたものである。ここでは、「五事七計」という手法を用いながら「戦争をして敵を屈服させる」か、「負ける戦争をしない」かのいずれかを決定する。

「始計」は『孫子』の「大綱」ともいうべきもので、これを受けて第二篇「作戦」は戦争を行なう際の利害得失について、第三篇「謀攻」は敵を攻略することについて述べている。そして、敵を屈服させるために「敵を全《まっと》うする」つまり「戦わずに敵を屈する」と、「百戦百勝」すなわち「戦って勝つ」という二段階の目標を設定する。

このように「戦略的判断」について論じる第一篇から第三篇までは、「ＩＤＡサイクル」の「意思決定」に該当する。

「戦って勝つ」ためには、まず戦場で我に有利な態勢を作り、兵の勢いを増し、これにより虚と実を制するという「戦いの原理・原則」を理解しなければならない。そこで、第四篇「軍形」、第五篇「兵勢」、第六篇「虚実」がある。

この三篇の内容は、『孫子』の中心をなし、戦いを実行するうえで最も重要な部分である。これらは、主に「我を知る」ために役立つ。

我の実力を知ってはじめて敵との戦いが可能になる。戦いは敵に応じて変化し、さまざまな行動が求められるので、「勝つための戦術・戦法」が必要になる。そこで、第七篇「軍争」、第八篇「九変」、第九篇「行軍」がこれに続く。

この三篇は、主に「敵を知る」ために役立つ。そのうえで「地を知り、天を知る」ことがなければ、少ない損害で勝つことはできない。そこで、第十篇「地形」、第十一篇「九地」、第十二篇「火攻」が続き、地形という空間的条件（地）と時日・気象という時間的条件（天）、さらには将軍の指揮・統率が戦術・戦法に及ぼす影響を論じている。

これら「戦いの原理・原則」を論じる第四篇から第六篇までと、「勝つための戦術・戦法」を論じる

第七篇から第十二篇までに記述されている内容こそが、「ＩＤＡサイクル」の「行動」を可能にする。

このように、『孫子』では第一篇「始計」で五事を「知る」ことに始まり、敵を全うするにせよ、百戦百勝するにせよ、「知る」ことなくしてはすべてが成り立たない。それゆえ、兵法の要《かなめ》であり、全軍の行動を可能にする「情報」をいかにして手に入れるかを具体的に論じる「用間《ようかん》」をもって最終の篇とするのである。

情報の観点から言えば、「始計」と「用間」の二つの篇は「我を知り、敵を知り、地を知り、天を知る」ことについての綱領であり、それ以外の十一篇を読めば、いつ、どのような情報が必要かわかる（これを「情報要求」という）。これらはすべて「ＩＤＡサイクル」を構成する「戦いの四要素」と「情報（Intelligence）」に該当する。

こうした『孫子』の記述体系を第十一篇「九地」に出てくる「率然」という蛇にたとえれば、「始計」と「用間」が首と尾であり、それ以外の篇が胴ということになる。これらすべての篇が有機的に関連していることから、『孫子』をすべて修学すれば、蛇がぐるぐるとぐろを巻くように「ＩＤＡサイクル」を繰り返し、頭を撃てば尾が、尾を撃てば頭が、腹を撃てば頭と尾が同時に反撃してくるように、柔軟かつ機敏に戦えるようになる。（次頁図参照）

▼「戦わずして敵を屈服させるのは善の善なり」

戦争とは国家存亡の危機であるから、我と敵のいずれが有利であるかを十分に考えてから判断しなければならない。そこで、道、天、地、将、法の五つ（五事）を知り、これに基づいて、君主、将軍、天の時・地の利、法令、兵器・民衆、兵士、賞罰の七つの視点で我と敵を比較（七計）する。

この「七計」では、いっさいの主観や願望を排除し、冷静に我と敵を比較して、我に利があれば戦争

『孫子』の構成

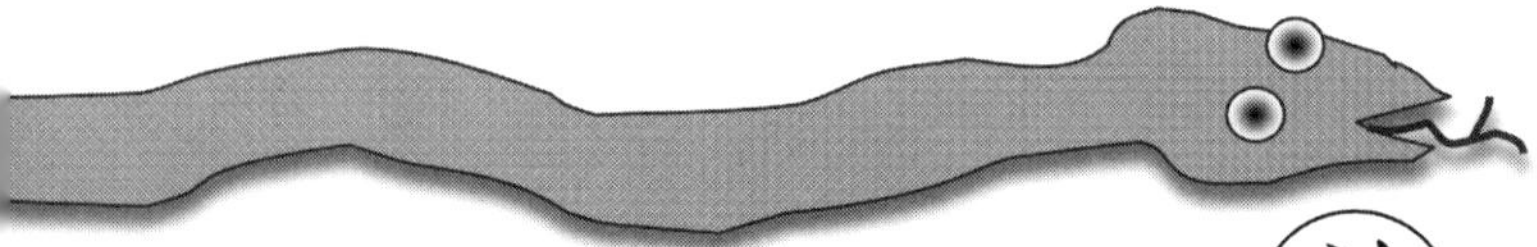

首

①始計 ― 戦争をするか、しないかの判断

五事を知り、**七計**で我と敵とを比較
この際、勢と詭道について考慮

我に利あり↓敵を屈服させる（目的）

②作戦 戦争の利害

長期戦を避ける
食糧は敵地で調達
敵に勝ちて強を益す

③謀攻 戦略目標設定

◎戦わずに屈服させる
○戦って勝つ
彼を知り己を知れば百戦して危うからず

我を知り
敵を知り
地を知り
天を知る

「戦って勝つ」ためには…
まず**『戦いの原理・原則』**を理解する

④軍形 守勢と攻勢

⑤兵勢 編成と号令

⑥虚実 集中と分散

我を知る

其の道を知るなし

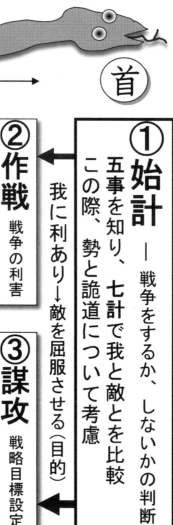

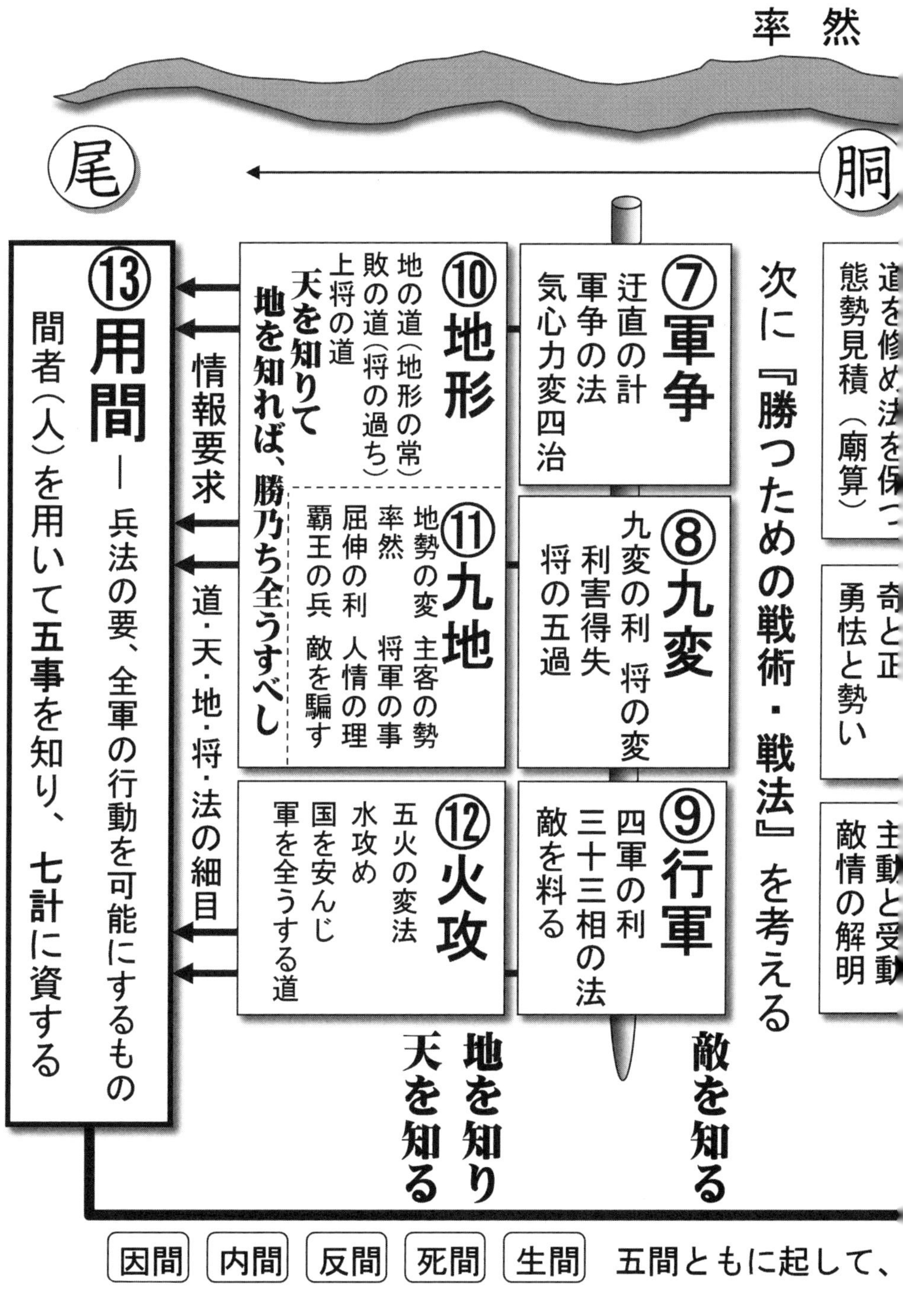

率　然
胴
尾
道を修め法を保つ
態勢見積（廟算）
奇と正
勇怯と勢い
主動と受動
敵情の解明
次に『勝つための戦術・戦法』を考える
⑦軍争
迂直の計
軍争の法
気心力変四治
⑧九変
九変の利　将の変
利害得失
将の五過
⑨行軍
四軍の利
三十三相の法
敵を料る
敵を知る
⑩地形
地の道（地形の常）
敗の道（将の過ち）
上将の道
天を知りて地を知れば、勝乃ち全うすべし
⑪九地
地勢の変　主客の勢
率然　将軍の事
屈伸の利　人情の理
覇王の兵　敵を騙す
⑫火攻
五火の変法
水攻め
国を安んじ
軍を全うする道
地を知り
天を知る
情報要求
道・天・地・将・法の細目
⑬用間
― 兵法の要、全軍の行動を可能にするもの
間者（人）を用いて五事を知り、七計に資する
因間
内間
反間
死間
生間
五間ともに起して、

を決断する。それでも、いざ戦場で敵と戦う段階では不確定の要素が多く、偶然性にも支配されるので、五事七計で明らかになった我の利点を活かし、その場に適した臨機応変の処置をとることになる。これを「勢《せい》」という。また、戦いにおいては詐り欺いて敵の裏をかき、その判断を誤らせて不意を突くのが常である（兵は詭道なり）。

戦争を決断するには、それが国の経済にもたらす影響や兵站・軍費についても考察する。大部隊を展開させれば莫大な国費がかかり、野戦が長引けば多くの兵士が死傷し、城攻めを重ねれば兵力も尽きる。したがって戦争は、できるだけ早く敵を屈服させるのがよいのであって、長期戦は避けなければならない。

戦争にともなう出費を理解していなければ、戦争によって得られる利益も知ることができない。そこで優れた将軍は、食糧を国内から前線に運ぶよりも敵地で手に入れ、敵の軍需品を奪うことを奨励し、降参した敵兵を厚くもてなして味方にする。これを「敵に勝って強さを増す」という。

戦争を決断したならば、「廟算《びょうさん》」という作戦会議により、十分な勝算を得なければならない。「廟算」では、まず戦略目標を設定し、次いで彼我の態勢を見積って作戦計画を策定する。戦争は勝つことが第一であるが、最も望ましいのは敵の国土や軍隊を無傷のままで獲得することである。そこで、できるだけ武力を行使せずに敵国を攻略しようとするのが、「百戦百勝は善の善なる者に非ざるなり。戦わずして人の兵を屈するは善の善なり」である。

これに関連して、第十二篇「火攻」では、野戦に勝ち、城を攻め落としていながら、その国や土地を占領し、徳をもって統治することで民心を得ることができないのを「費留《ひりゅう》」、すなわち金と力の浪費・無駄使いであるとして戒めている。

戦に勝ち、民心を得ることが確実であるならば、兵を動かして戦うが、そうした有利な状況でなければ兵を動かさない。一時的な怒りによって軍を出動させ、国が亡びたならば再び存することはなく、人々が死んだならば再び生き返ることはないのだから、軍の出動については慎重にし、好んで戦をすることを戒める。これが国家を安泰にして、軍を健存させる道理である。

▼戦いに勝つために必要な条件

戦いの目的は、敵に我が意思を強要することである。意思とは「目的（何のため）」と「目標（何をする）」の形で現れる。目的は固定的で不変なもの、目標は目的を達成できる範囲内で流動的かつ可変なものである。

つまり、「人の兵を屈する（敵を屈服させる）」とは、戦争の目的であり、「百戦百勝＝戦って勝つ（武力を行使して勝つ）」と「戦わずして（武力を行使しないで）」は、そのために軍事・非軍事どちらの手段を用いるかという目標である。

これらは、さらに謀、交、兵、城という攻略対象を交えて次の四つの目標になる。

①武力を行使せずに、敵の計謀・謀略を破る（最も望ましい）

②武力を行使せずに、敵の外交関係を断ち切る（次に望ましい）

③武力を行使して、敵の野戦軍を撃破する（望ましくない）

④武力を行使して、敵の城を攻め落とす（最も望ましくない）

最も効率的なのが①であり、最も非効率なのが④である。③④は、敵の軍隊を討ち破って屈服させることから、味方の損害もまぬがれず、しかも④は長期戦による多大な損害や莫大な戦費さえも覚悟しなければならない。

目標を「戦って勝つ」とするならば、「いかに少ない損害で達成するか」を考察しなければならない。その定量的な基準は、敵との兵力差が十倍であれば敵を囲み、五倍であれば敵を攻め、二倍であれば敵を分断して相対的に有利な兵力差にさせ、互角であれば攻守を正しく選んで戦い、敵より少なければ退却し、まったく及ばなければ敵との戦いを回避するのである。

戦いに勝つために君主や将軍に求められる条件は、「戦うべきか否かの判断ができる」「大兵力と小兵力の運用法を知っている」「上下の意志が統一されている」「万全の準備を整え、敵を不意急襲できる」そして、「将軍が有能で、君主がその指揮権に介入しない」ことである。

▼古今東西で共通する「戦勝の原則」

戦場で我が軍に有利な態勢を作り、兵の勢いを増し、これにより虚と実を制するという「戦いの原理・原則」は、現代の戦いにおいてもそのまま通用する。それは、戦いの本質というものが、今も昔も変らないからである。

第四篇「軍形」では、まず「守勢と攻勢」について説いている。戦いは、我も敵も攻・守を選択する自由意思を有するが、戦場では、兵力が足りなければ地形の助けを得て防御し、兵力が充実すれば攻撃に転移することになるので、戦域において守勢に立てば全軍の戦力に余裕が生じ、同じ戦力で攻勢に出れば不足することもある。

そこで、まず我が守りを固めて、敵が我を攻めても勝てないようにし、次いで、敵が弱点をあらわして、我が攻めれば勝てるようになるのを待つ。そのためにも、開戦前の「廟算」では、この「勝敗の道理」をよくわきまえ、敵と我の態勢を、①「度」＝戦場の広さ・距離・高さなど、②「量」＝投入しうる物量、③「数」＝動員可能な兵力数、④「称」＝敵我戦力の比較・計量、⑤「勝」＝いかにして勝つか（勝利をもたらす態勢）の五段階で勝算を見積り、作戦の方針を確立し、作戦計画を具体化しておく。

このように事前に敵の出方を想定して漏れなく手を打っておけば、戦場で主動的に動くことにつながる。実際は、敵にも自由意思があるので、「こうすれば勝てる」と知ることはできるが、それを実現するのは難しい。

また、第五篇「兵勢」では、軍を機に乗じ、時に応じて生ずる「本然の勢い」にまかせて戦わせることを説く。部隊を斉一にして秩序正しく編成し、信号・号令を末端まで徹底することにより多数の兵士を少数であるかのように動かし統制する。そして、正面からの攻撃（正攻法）などの正兵と、側面・背面攻撃、不意討ちなどの奇兵により、敵のいかなる出方にも対応して勝つ。このように巧妙に戦うときの軍隊は険しく狭い水路に多量の水を流すように、一瞬にして激しさを増し、兵士たちの勢いは千仞《せんじん》の高い山から丸い石を転がしたようになる。兵士が勇敢か臆病かはこうした勢いに左右され、それは条件次第で変化する。

さらに、第六篇「虚実」では、「我は充実した十分な備えを持ち、敵が空虚で不十分な備えであるのを撃つべし」と説く。敵の行動を自在に操って、敵の思いどおりにはされず、常に先手をとって主動に立ち、後手にまわって受動に陥らない。敵が実であるならば、まずは敵にとって最も重要なものを奪い取って、敵の心を我が意のままにする（虚にする）。

こうした虚と実の駆け引きで敵を惑わし、その態勢をあらわにさせ、我は態勢を隠すことで、我の兵力を集中し、敵の兵力を分散できる。その結果、全体として我が小勢で敵が大勢であっても、一つの戦場では我のほうが大勢となり、敵を撃破できるようになる（虚実の理）。

こうした「主動」「集中」「奇襲」は、古今東西で共通の「戦勝の原則」である。

▼「奇正」は我にあり、「虚実」は敵にあり

敵と我に関していえば、第四篇「軍形」、第五篇

「兵勢」のいずれも、主に「我」の立場から「軍の形」や「奇と正」「兵の勢い」などを論じている。つまり、敵の虚実にかかわらず「いかにして我を『実』にするか」を具体的に説いている。これに対して第六篇「虚実」では、「人を致して人に致《いた》されず」や「人を形《かたち》して我に形無し」のように、「虚実」を「敵」と「我」の双方に用いることを説いている。つまり、同じ「戦いの原理・原則」を説くにしても、第四篇「軍形」と第五篇「兵勢」が「我」を主体にしているのに対して、第六篇「虚実」では「敵」を主体にした論理になっている。

たとえば、奇兵と正兵をうまく使い分ける優れた用兵は、勝利を確信する全軍の兵士たちに「勢い」を生じさせ、気力を充実させるとともに、戦場における彼我の態勢に次々と「変化」をもたらす。その結果、充実した我が兵の動きに振り回される敵は、不利な形勢に陥り、心身ともに疲れはて、空虚で隙だらけになってしまう。つまり、「奇正」とは、敵の「虚実」を左右するものであり、虚実の多くは、我の奇正によりもたらされる。それはあたかも一枚のコインを、我のほうから見れば「奇正」、敵のほうから見れば「虚実」に見えるようなものである。

このように戦いが「形」と「勢い」により「虚と実」を制して勝つことから、戦いに勝つための原理・原則を説くこれら三篇の内容は一体にして不可分なものである。そして、第四篇「軍形」、第五篇「兵勢」、第六篇「虚実」と篇を重ねるにつれて、その内容も徐々に高度で、難易度の高いものになっていく。

第四篇「軍形」では、「勝は知るべし、而して為《な》すべからず（こうすれば勝てると知ることはできるが、それを実現するのは難しい）」と述べていたのが、第六篇「虚実」では、こうして虚実の理をもってすれば、敵に勝つことを「知る」だけではなく、「勝は為すべきなり（実際に兵を用いて勝ちを為すことができる）」とまで論じているのである。

▼現代にも通用する「勝つための戦術・戦法」

戦術とは、戦場において状況に即して任務達成に最も有利なように、作戦を実行する術策であり、戦法とは、戦略・戦術上の決定を受けて編み出された具体的な戦い方であるが、ひとたび勝てたからといって同じ戦術・戦法で再び勝てると思ってはならない。このことを、第六篇「虚実」では、戦場は変化に富んでおり、敵に柔軟に対応して勝ちを制するものであるから、定められた勢いも、常に適用できる型も存在しないと説く。

第七篇「軍争」で示す「迂直《うちょく》の計」は、敵と我が相対して先制・主動の利を争う場合の戦術である。敵よりもまわり道を進むときや出発が遅れるときには、敵を利益で釣って遅らせながら、我の速度を速めて、敵より先に有利な地形に到着する。こうして敵の機先を制し、不利を有利に転ずるのである。まず「地の利」を得て、戦いは敵を偽って我の「実」を現わさないようにし、有利な条件下で動き、分散と集中を繰り返して絶えず変化する。これが「軍争の法」である。

また、敵の変化を待って有利に戦う四つの戦法がある。（1）気力は、朝は鋭く、昼には衰え、夕には尽きるので、敵の気力が鋭いときを避け、衰えて尽きたのを撃つ「気を治める」、（2）我は備えを整えて、敵の備えが乱れるのを待つ「心を治める」、（3）我は戦場の近くで休息しながら、敵が遠くから来て疲れるのを待つ「力を治める」、（4）そして、敵の旗が整然と並んでいれば向かわず、堂々とした陣立てであれば攻撃しない「変を治める」の四つである。

第八篇「九変」では、この「変を治める」をさらに発展させ、「敵陣地には撃ってはならない所がある」「土地には争奪してはならない所がある」など、敵国の地形に応ずる九要則を掲げ、こうしたケースでは、将軍は君命を変更してでも勝利を得よ（九変の利）と強調している。これにより、将軍は正しく兵を用いることができ、「地の利」を得ることができるのであるが、さらに九変を応用する戦術（九変の術）により、兵士ら「人」を十分に用いなければ、実のある兵法にはならない。この「九変の術」は、第十一篇「九地」で詳述している。

戦術では、我・敵・地・天の四要素を考察するなかで、必ず利と害を交え合わせて多面的に物事を考える。それゆえ戦いは、敵が来ないことを当てにするのではなく、いつ敵が来ても大丈夫な物心両面の備えがあることを恃《たの》みとする。また、敵将が智・信・仁・勇・厳のいずれかに欠けているならば、その弱点を突くような戦い方をする（将の五過）。

そして、第九篇「行軍」では、「山岳地では谷に沿って進み、高い所から攻め下る」「河川では川から離れて、敵の半渡を撃つ」など、山岳地・河川・沼沢地・平地の四つの地形における基本的行動（四軍の利）や地形にも虚と実があることを説き、次いで、「敵の軍使の言葉遣いがへりくだっていながら備えを強化しているのは、進撃するからであり、逆に言葉遣いが強行で侵攻するかのようであるのは、退却するからである」「勝利を目前にしながら進撃しないのは、疲労しているのである」「馬を殺してその肉を食べているのは、軍に食糧が尽きているのである」など、表面に現われる各種の兆候から敵の行動・意図や虚実の状態を見抜く術である「三十三相の法」を論じている。

このように、戦術・戦法の本質は、同じ「人」である敵との智恵比べなので、現代社会における「人」を相手とする業務や交渉術などにも大いに活かせるのである。

▼用間（スパイ）を駆使して敵の内実を知る

第十三篇「用間」では、戦争に負ければ、莫大な戦費や失われた命がすべて無駄になるので、戦争を計画する段階ではできるだけ多くの情報資料（インフォメーション）を集め、情報（インテリジェンス）を確かなものにして、勝利を手にせよと説く。そのためには、間者（スパイ）を用いる。間者には、因間《いんかん》、内間《ないかん》、反間《はんかん》、死間《しかん》、生間《せいかん》の五つがあり、これらが同時に活動して、しかもそれぞれ情報の伝達経路や指令系統が敵にも味方にも知られてはならない。

因間とは、敵側の民間人を味方にする情報収集である。内間とは、敵側の役人を味方にする情報収集である。反間とは、敵側の間者を味方にする情報収集、つまり二重スパイである。死間とは、我の間者による謀略であり、偽情報を敵に与えるものである。生間とは、我の間者による情報収集であり、帰還して報告するものである。

敵の内情を知るには、反間が最も役に立つ。そもそも、反間による情報なくしては、因間や内間を得られず、死間、生間といえども十分な活動ができない。それゆえ、必ず敵の間者が紛れていないかを探索し、潜入しているのを見抜いたならば、親しそうに近づいてその者に利益を与え、うまく誘ってこちらの反間（二重スパイ）にさせるのである。

これらの間者がもたらす情報を通じて、はじめて「五事七計」が可能になる。それゆえ、物事の本質をすぐに理解できる俊敏な思考力がなければ間者を用いることができず、部下への深い思いやりがなければ、危険な任務である間者を使うことができず、人心の機微まで察知する深い洞察力と幅広い教養がなければ間者が収集する錯綜した情報の中から真偽を判別し、価値ある情報を嗅ぎ分け、真実を把握することができない。

人並みはずれた智と勇を兼ね備えた人物を見いだして我の間者にさせることで、敵と我の国力や兵力などをあらかじめ知り、戦争に勝つことができるのである。

▼日常業務に、戦略的思考を取り入れる

第六篇「虚実」では、実の敵を避け、虚の敵を撃

つには、次のような敵情解明のプロセスを踏んで、敵の態勢を把握せよと説いている。

①七計により、敵と我を比較して、敵の特質と利・不利を把握する。

②敵のこれまでの行動から一定の規則性を発見し、基本的な行動パターンを把握する。

③廟算により、敵の能力と利・不利を明らかにして、その企図と行動を推察する。

④警戒行動（敵の接近などを見張る）により、敵の存在と兵力・行動などを明らかにする。

⑤隠密偵察（斥候を派遣する）により、敵の配備と地形上の利・不利を明らかにする。

⑥威力偵察（敵と軽く交戦する）により、敵の配備の重点と弱点がどこかを明らかにする。

このプロセスは、敵の立場に立ち、「自分が敵であればどうするか」を真剣に考えることが鍵となる。敵とは自由意思を有する「人」であり、敵情はその心の表れだからである。現代社会における「人」を相手とする日常業務やカウンセリング、交渉術なども、残された記録や表面に出てきた兆候から相手の心を読み、そこから真相を解明して、何らかの道筋を探り出そうとするものであり、その本質は、「敵情解明のプロセス」そのものである。

現代ビジネスに孫子の戦略的思考が役立つ最大の理由は、それが環境に反応する将兵（人）の心理に根ざしたものだからであろう。

第十篇「地形」では、地形に応じて勝敗の運命が定まる道理（地の道）を述べながらも、その地形の上に離合集散する「人」が、地形以上に勝敗を左右するものであるとしている。

軍隊には、敵前逃亡、軍紀の弛緩、士気の沈滞、内部崩壊、混乱、敗走といった将軍の指揮・統率上の過失がもたらす敗因（敗の道）がある。また、将軍の務めとは、今ここで戦えば勝てるか、敗れるか

現代戦に通じる『孫子』の教え

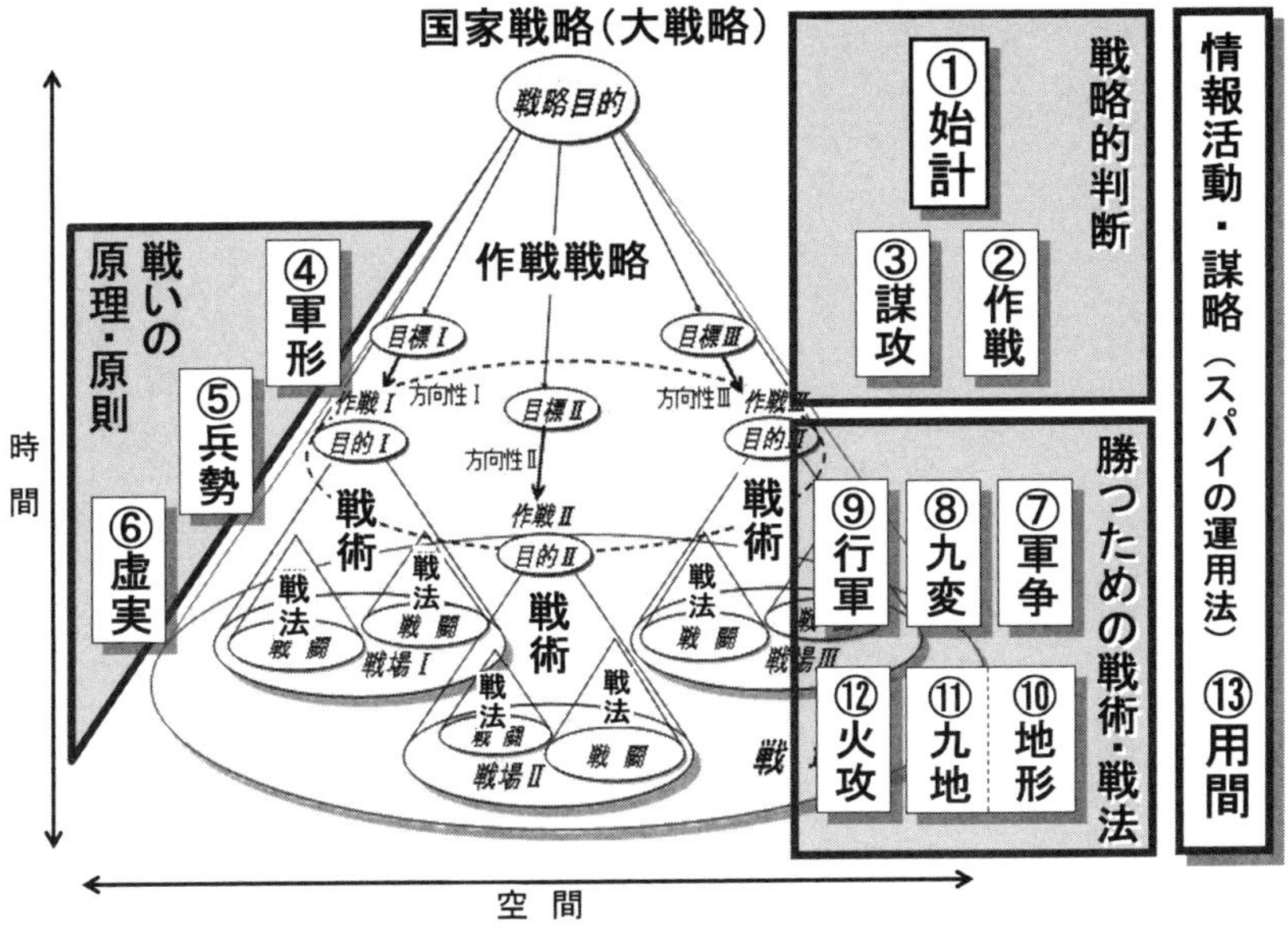

を十分に考察して、進むべきときは進み、退くべきときは退くことで、兵士を無駄死にさせないことである。

さらに、平素から仁慈《じんじ》の心で兵士と接することで、彼らと生死をともにできるようになる。そうして、敵地では自軍をわざと逃げ場のない場所に投入して、死んでも敗走できないようにすれば、兵士は決死の覚悟となり、一致団結して互いに助け合うようになる。このように、地形は不変であるが、兵士は将軍の心次第で強くも弱くもなるのである。

第十一篇「九地」では、兵士を死地に投ずるには、号令により動作（いかにせよ）を命じるだけで、その目的（何のために）や目標（何をする）を示してはならず、部隊の士気を高揚するためには、有利なことだけを知らせて、害になることを告げてはならない。一方で、部隊の気を引き締めさせるためには、不利な状況だけを知らせて、その裏にある有利な面を教えてはならないとも述べている。

孫武が呉王闔廬《ごおうこうろ》に仕えて楚を破ったのは、春秋時代末期、紀元前五〇六年のことであるが、こうした『孫子』の教えは現代戦における戦略的思考や指揮・統率の要訣《ようけつ》とまったく同じことを述べているのである。

「我を知り、敵を知り、地・天を知る」とは、すなわち「人を知る」ことなのである。

第二章 『孫子兵法』が日本に及ぼした影響

『孫子兵法』は、いつ、どのようにして日本に入ってきたのか、そして我が国の歴史にどのような影響を及ぼしたのであろうか。第二章では、このことについて、時代を追って見てみることにする。

▼焚書坑儒で焼失した『孫子兵法』

春秋時代末期の紀元前五〇〇年頃、呉王闔廬《ごおうこうろ》の軍師である孫武がまとめた十三篇からなる兵法書が『孫子兵法』である。

それから一五〇年後の戦国時代には、孫武の子孫である斉の孫臏《そんぴん》が魏の軍を破る。当時、この孫臏がまとめた兵法書を『孫臏兵法』というが、長い間、孫武という人物は実在せず、この孫臏こそが『孫子兵法』の著者であろうという説もあった。

この時代にはまだ紙がなかったので、いずれも竹簡《ちくかん》に書かれた巻物（竹簡本）であったが、これらの書は、戦国時代に多くの諸侯に愛読された。しかし、紀元前二二一年に秦の始皇帝がシナを統一すると、専制君主として愚民化政策をとり、諸子百家の書をすべて焼却してしまう。禁書とされていた『孫子兵法』と『孫臏兵法』も、この焚書坑儒《ふんしょこうじゅ》によりシナ社会からことごとく姿を消すことになる。

▼謎の兵法書『兵法秘術一巻書』

秦がわずか一五年で滅亡し、漢の武帝の時代になって間もない前一四〇年、中書侍郎《ちゅうしょじろう》馬取の乙石丸《おついしまる》という役人が『兵法秘術一巻書』という書物を開化《かいか》天皇に献進した（乙石丸は、孝霊《こうれい》天皇の御代〔前二一九年〕に徐福《じょふく》とともに秦から日本にやって来た移民の子孫であろうと思われる）。この兵書は開化朝以来、ずっと秘伝になって忘れ去られていたが、神功《じんぐう》皇后が霊夢によって感得して、応神天皇へと譲られたという。

この『兵法秘術一巻書』は、平安時代中期以降になって『張良一巻書』『義経虎之巻』あるいは『兵法四十二箇条』などの異なる名称で伝えられ、その内容もまちまちであることから、その正体が何であるかは、いまだに定説とされたものがない。これら『兵法秘術一巻書』のうち、大江家代々や大江家から源氏に伝えられたとされる書物では、共通して「さかんなる猛火の中をのがれいづる事」という言葉があり、また正和三（一三一四）年に書かれた『兵法秘術一巻書』の奥書文には、「この一巻書には、顕《あきら》かにされているものと、秘密にされているものの二種類がある」と記述されているが、それらが何を意味するのかについては諸説あり、はっきりしたことはわかっていない。

▼魏の武帝・曹操が編纂した『魏武注孫子』

前九〇年頃、漢の司馬遷《しばせん》がまとめた『史記』の巻六十五「孫子伝」には、「孫子十三篇」と書かれていたが、焚書坑儒のため、それがどのようなものかはわからなくなっていた。

一四〇年ごろ、後漢でまとめられた史書『前漢書』には、「呉孫子兵法八十二篇、斉孫子兵法八十九篇」と書かれていた。漢代の文芸復興により、バラバラになってわずかに焼け残っていた『孫子兵法』と『孫臏兵法』の竹簡をかき集めて再編纂した結果がこうした膨大な数の篇区分になったのであった。また、判読不明な部分は、当時の学者たちの推測により書き加えられた。そして、後漢末期の二〇〇年ごろ、魏の武帝・曹操《そうそう》が現存する「呉孫子兵法八十二篇」を二巻十三篇にまとめ直して注釈を加えた。これが『魏武注孫子』（以下、本章ではこれを『孫子』とする）である。

隋や唐などの時代に出される『孫子』の注釈本は、すべてこの『魏武注孫子』が元になり、宋代に編纂された『武経七書』や『十家孫子会注』をはじめ、明や清の時代に書かれた数多の『孫子』の校注本もすべて『魏武注孫子』を元にしている。

一方、曹操が『孫子』を再編してから半世紀後、履陶公《りとうこう》という者が訪日し、『六韜三略兵図《りくとうさんりゃくへいず》』という書を応神天皇に伝えた。兵法の起源を前一〇二二年に建国された周・呂尚（太公望）の教えに求めるこの書が、後世になって邪悪な野望を抱く者に広まり、平和な日本が戦乱の巷になることを心配された応神天皇は、崩御に際してこれを焼却された。

▼継体天皇と『孫子兵法』

五二七年、第二十六代継体《けいたい》天皇は、新羅《しらぎ》に破られた任那《みまな》を復興するため、約六万の兵を派遣されたが、その途中で新羅から賄賂を受けた筑紫国造《くにのみやつこ》磐井《いわい》が筑前・豊後で叛乱し、任那派遣軍を阻止した。そこで、物部麁鹿火大連《もののべのあらかびおおむらじ》らの軍勢を遣わして、磐井を討伐された。

『日本書紀』によれば、この時、継体天皇は詔《みことのり》して、「良将の軍であるからには、恩を施して恵みを与え、自らの行いをよく慮って人々を治め、攻める勢いは河の堰を決するかのようであり、その戦いぶりは疾風のようにせよ」。そして「大将は万民の命をつかさどり、国の存亡を決するものである。つつしんで天誅を加えよ」と仰せになられた。

これらは皆、『孫子』第二篇「作戦」や第四篇「軍形」、第五篇「兵勢」、第十二篇「火攻」などに書かれている言葉そのものである。このことをもって、『日本書紀』の編纂者に『孫子』の素養があ

『孫子兵法』の変遷

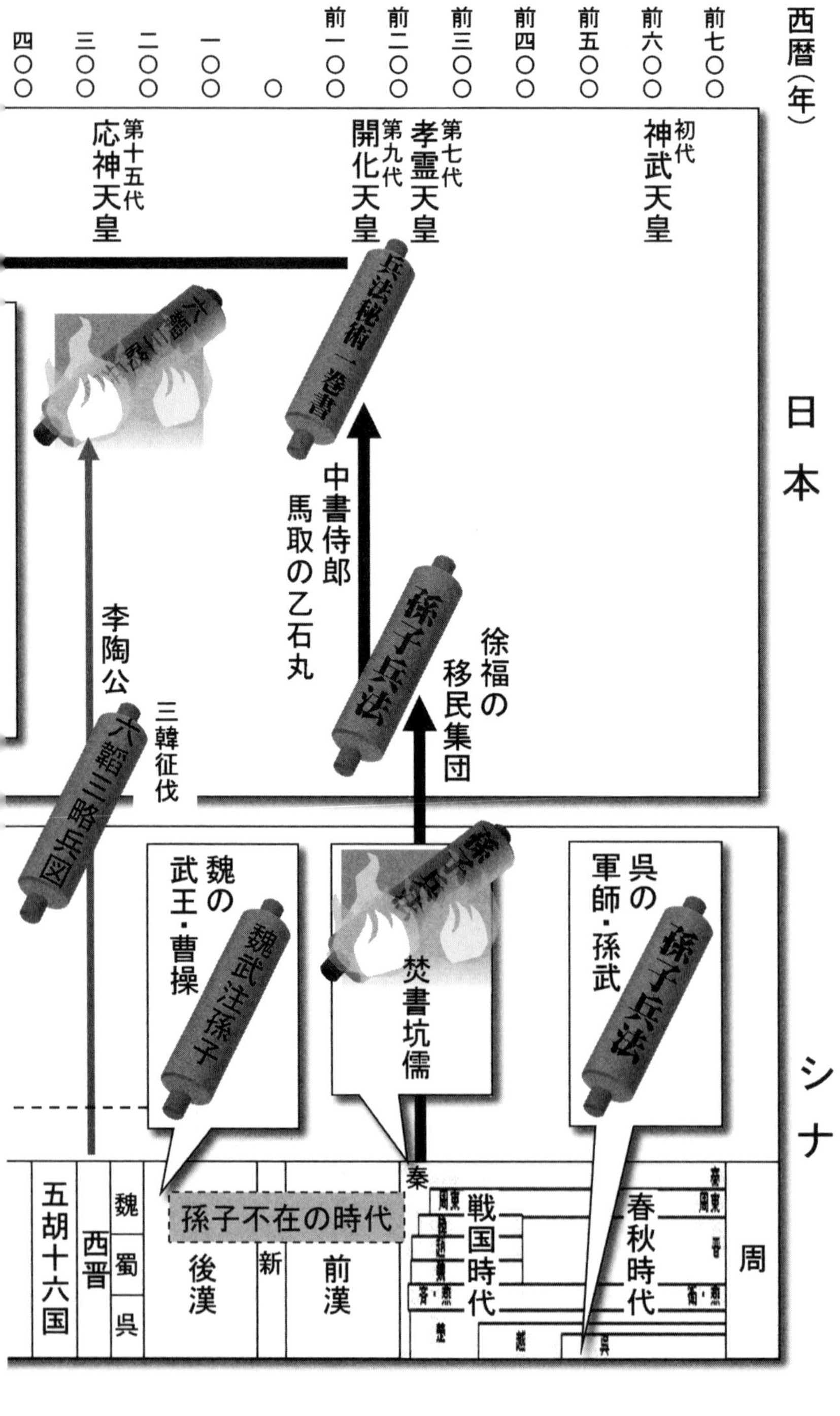

西暦（年）
前七〇〇
前六〇〇
前五〇〇
前四〇〇
前三〇〇
前二〇〇
前一〇〇
〇
一〇〇
二〇〇
三〇〇
四〇〇
初代 神武天皇
第七代 孝霊天皇
第九代 開化天皇
第十五代 応神天皇
日本
シナ
呉の軍師・孫武
孫子兵法
焚書坑儒
徐福の移民集団
中書侍郎 馬取の乙石丸
兵法秘術一巻書
魏の武王・曹操
魏武注孫子
孫子不在の時代
三韓征伐
六韜三略兵図
李陶公
周
春秋時代
戦国時代
秦
前漢
新
後漢
魏
蜀
呉
西晋
五胡十六国

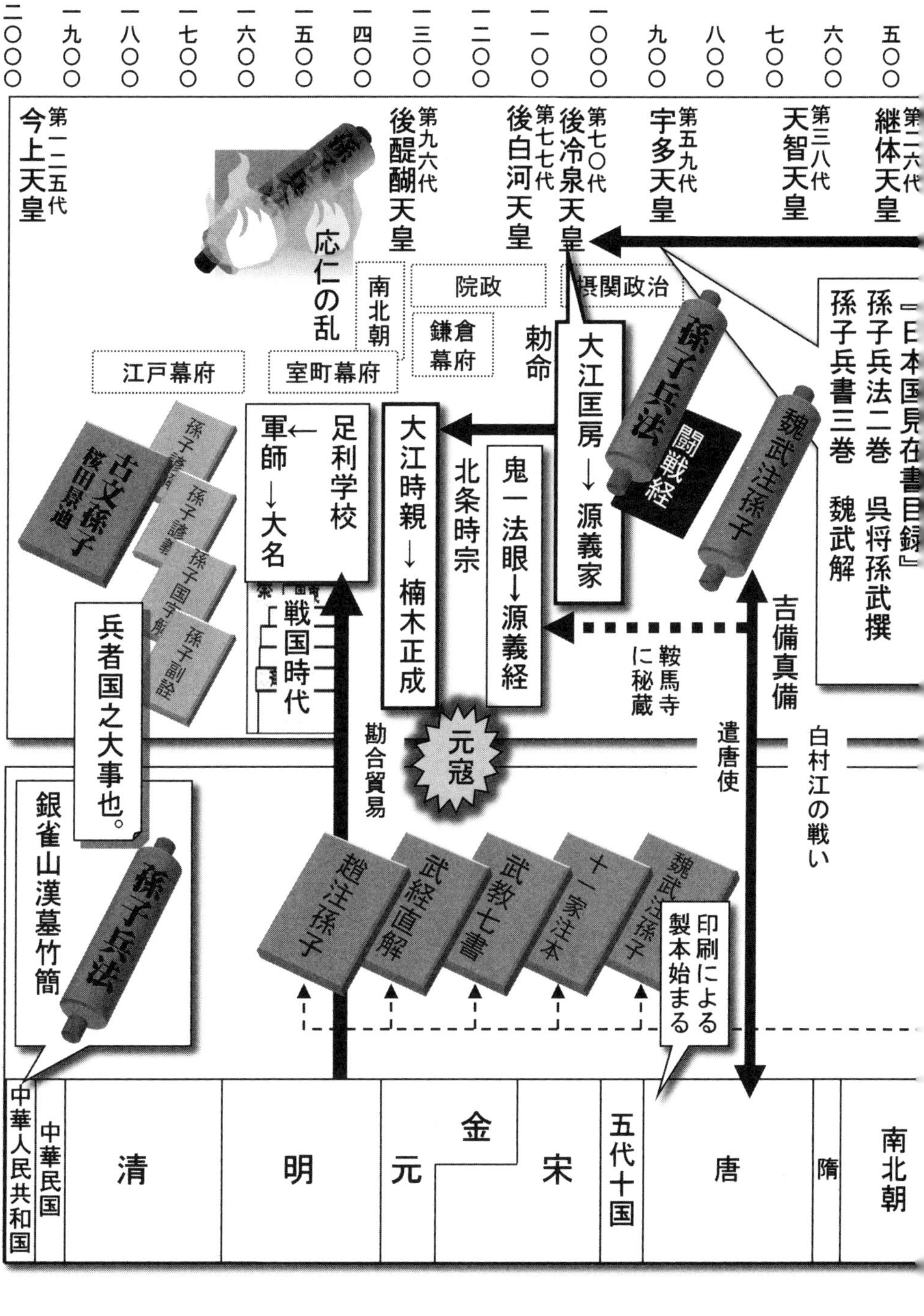

二〇〇〇
一九〇〇
一八〇〇
一七〇〇
一六〇〇
一五〇〇
一四〇〇
一三〇〇
一二〇〇
一一〇〇
一〇〇〇
九〇〇
八〇〇
七〇〇
六〇〇
五〇〇
第一二五代 今上天皇
第九六代 後醍醐天皇
第七七代 後白河天皇
第七〇代 後冷泉天皇
第五九代 宇多天皇
第三八代 天智天皇
第二六代 継体天皇
応仁の乱
南北朝
院政
摂関政治
鎌倉幕府
江戸幕府
室町幕府
勅命
大江匡房↓源義家
孫子兵法
闘戦経
魏武注孫子
『日本国見在書目録』 孫子兵法二巻 呉将孫武撰 孫子兵書三巻 魏武解
古文孫子 桜田景迪
孫子国字解
孫子副詮
足利学校 軍師←大名
大江時親↓楠木正成
北条時宗
鬼一法眼↓源義経
鞍馬寺に秘蔵
吉備真備
戦国時代
元寇
勘合貿易
遣唐使
白村江の戦い
兵者国之大事也。
銀雀山漢墓竹簡
孫子兵法
趙注孫子
武経直解
武教七書
十一家注本
魏武注孫子
印刷による製本始まる
中華人民共和国
中華民国
清
明
元
金
宋
五代十国
唐
隋
南北朝

ったのだとする説もある。しかし、『日本書紀』が編纂された頃には、まだ日本に『孫子』は入ってきていない。継体天皇は、『孫子兵法』をお読みになられていたのであろうか。

▼遣唐使・吉備真備と恵美押勝の乱

五世紀半ばに日本と新羅の関係が悪化し、白村江《はくすきのえ》の戦い（六六三年）で百済《くだら》救援の日本軍が唐・新羅の軍に敗れると、天智天皇は唐や新羅の脅威に備えるため、唐の律令にならって「近江令」を制定され、これを発端として、文武天皇の御代には「大宝律令」（七〇一年）、元正天皇の御代には「養老律令」（七一八年）が次々に制定されて、国家としての法的体制が整えられた。

大化の改新やこうした律令により、中央の兵制や諸国の軍団制といった国防体制も次第に強化されていった。こうしたなかで、元正天皇の御代に吉備地方の下級武官の子・吉備真備《きびのまきび》が遣唐使として唐に入り、一九年間かけて『孫子』や諸葛孔明《しょかつこうめい》の兵法などを学んでいた。

七五四年に二度目の渡唐から帰朝して太宰大弐《だざいだいに》となった吉備真備は、筑前での築城や新羅征討の作戦計画を立案したほか、七六〇年には春日部三関《かすかべみせき》や土師関成《はじせきなり》など、大宰府に派遣されてきた六人の下級武人に諸葛孔明の「八陣の法」や『孫子』の「九地」を伝授した。

七六一年に新羅征討のため東海・南海・西海の三道に節度使《せつどし》が任命されたとき、最も重要な西海節度使に任命された真備は、大宰府に駐在しながら、各道にひとしく「五行の陣法」と呼ばれる方・円・曲・直・鋭の五つの陣形を徹底して訓練させた。

七六四年、軍事上の権限を独占していた大師・恵美押勝《えみのおしかつ》（藤原仲麻呂）が謀叛を企てた。

かねてから吉備真備の出世を妬んでいた恵美押勝は、真備を軍職から遠ざけて左遷し、腹心の佐伯宿禰毛人《さいきすくねのけひと》を太宰大弐にするとともに、自分の子

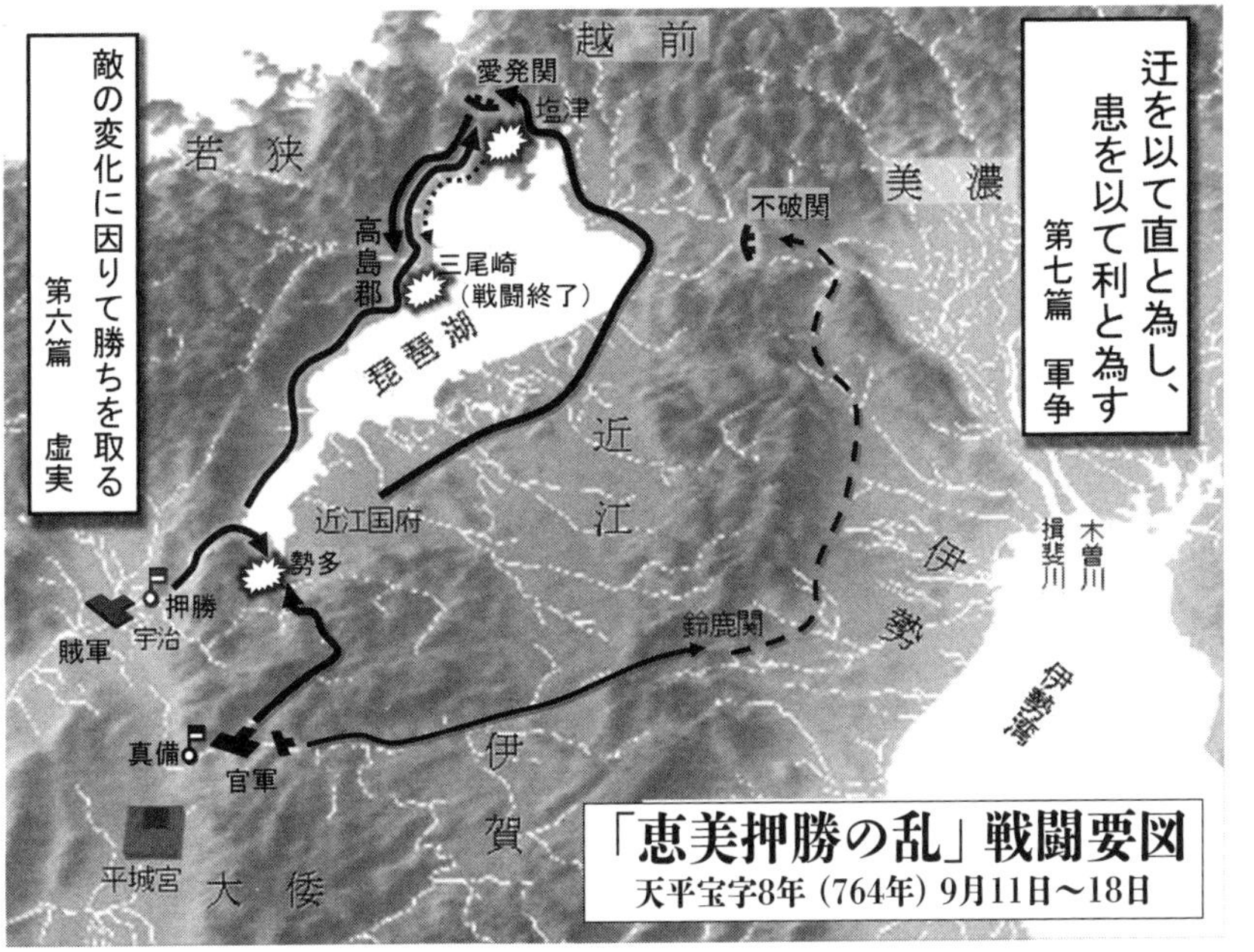

「恵美押勝の乱」戦闘要図
天平宝字8年（764年）9月11日～18日

を美濃・越前の知事とさせた。そして自らは淳仁《じゅんにん》天皇に強要して都督使《ととくし》となり、併せて四畿内や山関・近江・丹波・播磨などの兵事使に任命された。押勝は、各国の兵を都督衙《ととくが》に集め、自分の子らには愛発関《あらちのせき》と不破関《ふわのせき》を守備させて、密かに反乱を準備した。しかし、この陰謀は、密告されて事前に発覚した。九月一一日、押勝は本拠地である近江へと逃走した。

孝謙《こうけん》上皇から軍事権を委託された吉備真備は、宇治から近江へと急ぐ押勝勢とは別経路で官軍を進ませ、遅れて出発しながらも先んじて勢多を占領して、反乱軍の近江進出を阻止し、同時に反乱軍の琵琶湖西岸からの越前入国を阻むため、湖北の愛発関に軍を進めて占領させた。愛発関で阻止された反乱軍が進退に窮しているところを官軍は別動隊で攻撃し、大混乱に陥れた。反乱軍は高島郡まで退却し、そこで氷上塩焼という男を帝に立てて、独立国を宣言する。しかし、九月一八日には三尾崎での戦いに大敗し、恵美押勝は捕えられて殺された。

このように吉備真備は、『孫子』にある「迂直《うちょく》の計」の戦術で反乱をわずか八日間で鎮圧した。その後、称徳《しょうとく》天皇の右大臣にまで昇進した吉備真備は、七七五年に亡くなる際、自らの兵法書を「その器にあらざる者には伝うるなかれ」として密かに鞍馬寺の宝庫に納めた。

▼日本に存在した「孫武撰『孫子兵法』」

唐や新羅の脅威が薄れていくと、律令制のもとで整えられた日本の国防力が徐々に削減されていく。桓武《かんむ》天皇は、農民にとって大きな負担となっていた兵役の義務を、九州と東北以外は廃止された。そんななかで、嵯峨《さが》天皇の御代に租税を取り立てるため検非違使《けびいし》という地方警察を置いたことで、諸国で豪族が起こり、私有地を守るための「私兵」化へと向かう。これが、武士の起源である。

一〇世紀になると、唐の制度を真似した公地公民制が戸籍の偽りなどによりうまくいかずに荘園制へと移行し、藤原氏などの貴族が財力をつけていくことになる。藤原氏は、すでに九世紀半ばから、それまで皇族でなければなれなかった太政大臣や摂政・関白といった高位高官を一族で独占し、絶大な政治権力を手に入れていた。こうして、藤原氏による摂関政治が二〇〇年以上も続いていくことになる。

この頃、宇多《うた》天皇は藤原佐世《すけよ》に朝廷が保管している書物の目録を作るように命じられた。この『日本国見在書目録』には、遣唐使が持ち帰ってきた『魏武注孫子』『司馬法』『六韜』『三略』などを含め、当時我が国に存在した膨大な数の兵法書が記されているが、その中に秦代に焚書坑儒で消滅し、唐代には存在しなかったはずの『孫子兵法二巻（呉将孫武撰）』がある。孝霊天皇の御代に秦から日本に持ち込まれ、開化天皇の御代に乙石丸が献進した『兵法秘術一巻書』とは、この「孫武によって書かれた『孫子兵法』」だったのであろうか。

朝廷の書物を先祖代々管理してきた大江家では、『孫子兵法』をはじめとする兵書のすべてを「人の耳目を惑わすもの」との理由で門外不出としていた。

▼秘伝兵法、大江匡房から源義家へ伝授

後冷泉《ごれいぜい》天皇の御代、朝廷に叛旗をひるがえした陸奥の安倍一族が、現在の岩手県南部の北上川に沿って、延々八〇キロにわたる縦深に一〇列の陣地を築いて守っていた。これを攻略しようとした鎮守府将軍・源頼義《よりよし》は、一〇年にもわたり悪戦苦闘したが、攻め落とすことができなかった。これが「前九年の役」(一〇五六〜一〇六四年)である。そこで、息子の義家に命じて大江家から兵法を学ばせることにした。少年の頃からこの戦に参加していた源義家は、父の命にしたがって京都の大江家を訪れたが、門外不出であるとしてこれを拒否された。

しかし、義家はあきらめることなく、兵法の伝授を後冷泉天皇に歎願した。勅命を受けてやむなく『孫子兵法』を源氏に伝授することになった大江家三十五代の匡房《まさふさ》は、「兵は詭道なり」が誤解されて謀略ばかりが重んじられ、やがては古代シナの春秋戦国時代のような群雄割拠、戦乱の巷をもたらしかねないと危惧した。そこで、『孫子兵法』を義家に伝授するにあたっては、古来、日本武人が大切にしてきた「剛毅《ごうき》」や「真鋭《しんえい》」の精神や戦い方を簡潔にまとめ、これも併せて伝授した。これが『闘戦経《とうせんきょう》』である。

『孫子兵法』を伝授された義家は戦地に復帰し、「火攻」や「囲む師は欠く」といった戦術・戦法を駆使して戦うことにより、難攻不落と思われていた安倍軍の陣地を陥落させた。さらに、「後三年の役」(一〇八三〜一〇八六年)では、敵陣近くを前進中に雁《がん》の群れが乱れて飛び立つのを見て、敵がいるものと判断し、敵の伏撃《ふくげき》を免れた。

▼『孫子』の兵法を極めた源義経

この頃、大江匡房が親しくお仕えした後三条《ごさんじょう》天皇は、藤原氏を抑えて政治の実権を取り戻すことで、天皇親政を実現し、堀河《ほりかわ》天皇の御代には、白河上皇が院政を始められたことで、摂政・関白の力が低下していった。それと同時に、白河上皇は御所の警護に平氏を中心とする武士団を重用されたので、平氏など武士の地位が向上していく。

平氏が台頭する契機となった「保元の乱」（一一五六年）や「平治の乱」（一一五九年）では、それまでの天皇中心の礼節や社会秩序が崩れ、皇族・貴族・武士の親子兄弟が入り乱れて戦うという前代未聞の事態になった。そうした戦乱のなか、京都の堀川で軍学と刀術を指南していた陰陽師《おんみょうじ》・鬼一法眼《きいちほうげん》（今出川義円）が、鞍馬寺の宝庫から四〇〇年前に吉備真備が隠した兵法書を見つけ出し、これを研究していた。

平清盛が太政大臣に任命され、絶大な政治権力を手に入れた頃、法眼は鞍馬寺で発見した『孫子』などを『虎の巻』と称して源義経《よしつね》に伝授した。これにより兵法の奥義を極めた義経は、一の谷、屋島、壇ノ浦の合戦で天才的な戦術・戦法を披瀝して、一一八五年には平氏を滅亡させた。その年、源氏の棟梁・源頼朝《よりとも》は、後白河《ごしらかわ》法皇から守護・地頭の設置を認められ、さらに後鳥羽《ごとば》天皇から征夷大将軍に任命されて、鎌倉幕府を開いた。ここに江戸幕府の大政奉還まで六五〇年以上にわたる武家執政時代が始まった。

▼鎌倉幕府と朝廷の対立

大江匡房のひ孫である大江広元《ひろもと》（三十八代）は、鎌倉幕府創業時の功臣として、源頼朝から実朝《さねとも》までの三代に仕えた。頼朝は貴族により文弱に流れた京都を離れ、東国に武家中心の社会を形成することで、「弓馬《きゅうば》の道」「もののふ」といった剛毅な精神文化を醸成していった。

三代将軍・源実朝は、公武融和策を採られた後鳥羽上皇から「幕府の政治を朝廷にお返しするように」との御沙汰を受け、これに応じようとするが、あくまで武家政治の存続を謀ろうとした北条氏により暗殺されてしまう。この一件で朝廷と幕府は激しく対立することになり、「承久の乱」（一二二一年）となるが、武力で勝る鎌倉幕府が朝廷側を抑える結果になった。

そして、第八十七代　四条天皇が一二歳で突如崩御すると、北条氏は皇位継承にも直接介入するようになる。一方で大江広元は、北条氏により鎌倉幕府から遠ざけられてしまう。

▼蒙古襲来を切り抜けた若き執権・北条時宗

大江広元には、親広《ちかひろ》、時広《ときひろ》、宗元《むねもと》、季光《すえみつ》の四人の子があったが、長男・親広が承久の乱で失脚したことから、二男の時広が大江家三十九代となった。しかし、時広と宗元には男児がなく、毛利氏の養子となっていた四男・季光は、その息子らとともに宝治合戦（一二四七年）で討ち死にしてしまう。そのため、この毛利季光の四男で、越後に預けられて難を逃れた経光《つねみつ》が大江家四十代となる。毛利季光には、経光のほかに娘がいたが、この娘（大江広元の孫）は第五代執権・北条時頼《ときより》の正室となり、その子が第六代執権・北条時宗《ときむね》である。

蒙古襲来という国難を克服した若き執権・北条時宗は、剛毅にして「将に胆有り」そのものであった。時宗は、海岸線に膨大な石塁を築かせるとともに、敵の侵攻に際しては、第一線の武士たちに「直ちに前《すす》んで賊を斬り、顧みるを許さず」と厳命した。武士たちもそれに応じて敵を懼《おそ》れることなく、小舟で海上まで出向いて戦った。時宗が大江家から兵法を伝授されたという記録は残っていないが、その優れた指揮統率ぶりから、『孫子兵法』と『闘戦経』を表裏で学び、実践したことは間違いない。

▼鎌倉幕府を滅亡に追いやった兵法の天才・楠木正成

国難が去って時宗が三四歳の若さで亡くなると、次の執権・北条貞時《さだとき》は、再び皇位継承に介入するようになる。貞時は一二八六年に「大覚寺・持明院両皇統迭立《てつりつ》の議」を発して、後宇多《ごうだ》天皇以降の皇位継承を幕府が統制できるようにした。その当時、大江家四十二代の時親《ときちか》は、河内の観心寺で楠木氏に兵法を伝授していた。

兵法の天才・楠木正成《まさしげ》は、幼少から大江時親の下で『孫子兵法』と『闘戦経』を表裏で徹底的に学び、元弘元年九月に後醍醐《ごだいご》天皇の笠置山挙兵に応じて下赤坂城で兵を挙げてから、建武三年五月に湊川《みなとがわ》で討ち死にするまでの五年間、それらの教えを実際の場で遺憾なく発揮した。元弘の戦いでは、千早城での徹底した防御、渡辺橋での防御と反撃などの戦術を駆使した。とくに千早城の戦いでは、落石、丸太や「藁人形」を用いた戦法で敵の意表を突き、長期にわたる持久戦で鎌倉幕府を滅亡に追い込んだ。こうした正成の兵法は、「奇正・虚実」や「迂直の計」など『孫子兵法』の教えをそのまま実践したものであったが、最後の戦いである「湊川」だけは、『闘戦経』の教えに基づくものであった。

こうした楠木正成の働きにより鎌倉幕府が滅亡したことで、後醍醐天皇は大昔の天皇親政の時代に戻そうとなされたが、源氏の再興を謀ろうとする足利《あしかが》尊氏《たかうじ》の野望により、南北二つの朝廷が半世紀以上にわたり戦い合う時代を迎えることになる。

▼『孫子』の大量流入により「軍師」が登場

一三三八年、北朝の光明天皇から征夷大将軍に任じられた足利尊氏は、京都に幕府を開く。この室町幕府は、地方の守護に自国の荘園や公領の年貢の半分を取り立てる権限を与えたので、守護はこれらを自分の領地に組み入れ、地元の武士たちを家来にすることで勢力を強め、やがて守護大名へと成長した。こうして、室町幕府は守護大名による連合政権のようなものになっていく。

また、室町幕府は、元との交易を積極的に行ない、さらに三代将軍・義満《よしみつ》は、自らを「日本国王」と名乗って明皇帝の冊封《さくほう》（金印と明の暦）を受けることで国交を開き、一四〇四年には明との大々的な貿易を開始した。これにより、元や明から『孫子』やその注釈本などが大量に日本に入ってきた。これらは、かつてのように朝廷が管理するのではなく、すべて民間へと広まっていった。もはや『孫子』は、誰でも読める書物となり、「秘伝」ではなくなった。

一四三二年には関東管領で守護大名の上杉憲実《のりざね》が、下野国《しもつけのくに》の足利学校を復興させ、全国から学生を集めて、無料で兵学や儒学・易学を教えた。ここで戦略・戦術や築城技術などの専門知識を身につけた卒業生らは、大名家に雇われて、軍略や政策、外交交渉など主家のブレーンとなった。こうして、日本史上、これまでにはなかった「軍師」が登場するようになる。

▼「応仁の乱」は第二の焚書坑儒

義満の死後、守護大名の中でも大きな勢力である細川勝元《かつもと》と山名宗全《やまなそうぜん》が幕府の実権をめぐって対立し、将軍家や管領（将軍の補佐役）の跡継ぎ争いがもとで、一四六七年に「応仁の乱」が始まった。東軍と西軍で合計二〇万以上にものぼる兵が、京都を主戦場として一一年間にわたり戦った。

この応仁の乱を契機として「足軽《あしがる》」という匪賊《ひぞく》のような雑軍《ざつぐん》が現出することになる。「足軽」は長期にわたる戦乱に乗じ、隙をうかがっては寺院や民家を放火、略奪し、相手が武士であろうと農民・町人であろうと虚に乗じて乱暴狼藉をはたらいた。まさに『孫子』にある「郷を掠《かす》むれば衆に分かち（第七篇　軍争）」や「重地には則ち掠めよ（第十一篇　九地）」を、国情の違いも顧みることなく、そのまま実行したのである。その結果、京都は荒れ果て、大半が焼け野原となり、朝廷が保管していた書物は、ことごとく焼失してしまった。

このように、応仁の乱とは、『孫子』の大量流入が、秦の始皇帝から一七〇〇年後の日本にもたらした第二の「焚書坑儒」だったのである。

▼日本にも戦国時代がやってきた

応仁の乱により、室町幕府や守護大名の力が衰え、下克上《げこくじょう》の風潮に乗って、戦いに強く、領民統治に優れた者が、実力で戦国大名となっていった。戦国大名の多くは、兵法に長けた「軍師」を召し抱え、鉄砲や長槍を組織的に用いて「足軽」を早急に統制のとれた「戦力」としていった。

こうして日本の中に多くの「戦国」が群雄割拠し、国中が戦乱の世と化した時代が一三〇年近くも続くことになる。その様相は、あたかも孫武や孫臏のような「軍師」を輩出した古代シナの春秋・戦国時代そのものであった。戦国大名や黒田官兵衛《かんべえ》、山本勘助《かんすけ》などの軍師たちは皆、『孫子』とその注釈本や『六韜』『三略』などを通じて、戦いに勝つための兵法を学んだだけではなく、知らず知らずのうちに古代シナへの「あこがれ」さえも抱くようになっていったのであろう。

『孫子兵法』が秘伝とされていた時代の兵法の達人、すなわち吉備真備、源義家、源義経、楠木正成らは、いずれも勅命（天皇の命令）を受けて、正しく兵を用いていた。すなわち、恵美押勝のように不敬の反逆を目論み、藤原氏や平氏のように天皇の権威を利用して私腹を肥やし、あるいは北条氏のように皇位継承まで支配しようとする「非道」を討つため、『孫子兵法』が用いられてきた。しかし、戦国時代には『孫子』を学んだ者たちが、勅命とは関係なく、勝手に兵を用いて戦うようになったのである。

▼『古文孫子』の出現と竹簡本『孫子兵法』の発掘

関ケ原合戦や大阪夏・冬の陣を経て、江戸時代に至り、戦国乱世を体験した者が尽きてしまうと、盛んに兵法書が世に出されることになる。こうして、日本の兵法は戦国時代の実戦体験を踏まえて学問的に総合整理され、甲州流軍学、越後流軍学、その他の諸流が生まれた。この時代には、林羅山《はやしらざん》、山鹿素行《やまがそこう》、新井白石《あらいはくせき》、荻生徂徠《おぎゅうそらい》など数多くの兵法家や朱子《しゅし》学者が『孫子』の注釈本を著したが、これらは、長い「太平の世」にあって、武士が武士らしく生きていくための「教養書」の役目を果たした。維新回天の大業を成し遂げた幕末の志士たちも皆、その思考と行動の根底には『孫子』の教えがあった。

こうした時代を経て、ペリー来航の前年である一八五二年、仙台藩の儒者・桜田景迪《さくらだけいてき》が古くからその家に伝えられた写本を校正した『古文孫子』を出版した。これは、『魏武注孫子』より以前の古い文面を伝えるものであった。

さらに一九七二年には、中国山東省臨沂《りんぎ》県の銀雀山にある漢代初期（紀元前一四〇年以前）の墳墓の中から、多くの竹簡本が発掘された。これらは、春秋・戦国時代に書かれ、焚書坑儒の難を逃れて秘蔵されていた『孫子兵法』と『孫臏兵法』であった。

▼孫子曰く兵者国之大事也。

『孫子』の冒頭には、ほとんどの本に「孫子曰、兵者国之大事、死生之地、存亡之道、不可不察也（兵とは国の大事であり、国民の死生が決まり、国家の存亡がかかっているのであるから、十分に考察しなければならない）」として、「兵」を主語にした一つの文章が書かれている。ここでは、「国之大事」は、「死生之地」「存亡之道」と同列同格である。

ところが、桜田景迪の『古文孫子』と一九七二年に発掘された『銀雀山漢墓竹簡（壱）』には、「孫子曰、兵者国之大事也。死生之地、存亡之道、不可不察焉（兵とは国の大事である。国民の死生が決まり、国家の存亡がかかっているのであるから、慎重に判断しなければならない）」と書いてある。つまり、「兵者国之大事」とそれ以下を区切って二つの文章で構成されているのである。「国之大事」が主体的な地位を占める前者のほうが、戦国乱世を生きた呉の軍師・孫武の戦争観をそのまま反映した文章であると言えよう。

そして、このことは、かつて日本に、焚書坑儒を免れた『孫子兵法』が実在していたということの証しである。

『日本書紀』によれば、第二代綏靖《すいぜい》天皇から第九代開化《かいか》天皇まで、国内では争いごともなく、外国ともほとんど交流がない平穏無事な時代であったが、中書侍郎馬取の乙石丸により『兵法秘術一巻書』が天皇に献進されて以降の日本は、内外ともに大きく発展していく。

唐古・鍵から三輪山西麓の纒向《まきむく》に宮を移された第十代崇神《すじん》天皇は、ここに大規模な都市を建設され、鉄器を生産された。そして、前八八年、四道将軍を北陸・東海・西海・丹波に派遣されて、各地を平定され、人民を調査し、調役を課した。この時代には、河川や運河も整備され、本格的な造船業が始まった。前三三年には、建国して一〇年後の任那国が蘇那曷叱智《そなかしち》を遣わして朝貢し、第十一代垂仁《すいにん》天皇の御代になると、前二六年に新羅の王子・天日槍《あめのひほこ》が宝物を持って来日した。前二五年には、垂仁天皇が軍勢を率いられて、謀反を企てた狭穂彦王《さほびこのみこ》を討たれ、前五年には皇女倭姫により、天照大神を伊勢国に鎮座させられた（伊勢神宮）。

第十二代景行《けいこう》天皇の御代には、淡路島などで鉄の鋳造が盛んになり、八二年には天皇が軍勢を率いられて、筑紫にて熊襲《くまそ》を討たれた。九七年には日本武尊《やまとたけるのみこと》を熊襲征討に、さらに一一〇〜一一三年には蝦夷《えぞ》征討に遣わされた。まさに「覇王《はおう》の兵（『孫子』第十一篇九地」）の時代だったのである。

第三章　『孫子兵法』全篇を読む

第一篇「始計」

【概要】

「始計《しけい》」の「始」とは、始めにおいて終りを考える心得であり、「計」とは、敵と我の様子をよく考え、詳細に比較検討するという意味である。

『孫子』の大綱である第一篇「始計」では、まず始めに、戦争をするかしないかを「五事七計《ごじしちけい》」で判断することを述べる。次いで、開戦後の戦場における状況に応じた臨機応変の処置「勢」について述べ、それに関連して、「兵とは詭道なり」、つまり戦いにおいては詐《はか》り欺《あざ》いて敵の裏をかき、その判断を誤らせて不意を突くのが常であることを説いている。

そして最後に、再び開戦前の準備段階における作戦会議「廟算《びょうさん》」について簡単に述べている。この「廟算」において、どのようなことを考察するかについては、第三篇「謀攻《ぼうこう》」と第四篇「軍形《ぐんけい》」に具体的に記されている。

一

孫子曰く、兵は国の大事なり。死生の地、存亡の道、察せずんばあるべからざるなり。故に、これを経するに五事を以てし、これを校するに計を以てして、其の情を索《もと》む。

一に曰く道、二に曰く天、三に曰く地、四に曰く将、五に曰く法なり。

道は、民をして上と意を同じくせしめ、これと死すべくこれと生くべくして、危を畏《おそ》れざるなり。

天は、陰陽・寒暑・時制なり。

地は、遠近・険易・広狭・死生なり。

将は、智・信・仁・勇・厳なり。

法は、曲・制・官・道・主・用なり。

凡そ此の五者は、将聞かざる莫《な》かれ、これを知る者は勝ち、知らざる者は勝たず。

故にこれを校するに計を以てして、其の情を索む。主孰《いづ》れか道有り、将孰れか能有る。天地孰れか得る。法令孰れか行わる。兵衆孰れか強き。士卒孰れか練れたる。賞罰孰れか明なる。吾《われ》此れを以て勝負を知る。

【現代語訳】

孫子は言う。戦争とは国家の大事である。国民の死生が決まり、国家の存亡がかかっているのであるから、最初に戦争するか、しないかを慎重に判断しなければならない。それには五つの事について知り、我と敵を比較してどちらが有利であるかを考察する。

第一に「道」、第二に「天」、第三に「地」、第四に「将」、第五に「法」であり、これらをまとめて「五事」という。

道とは、民衆と君主の心を一つにさせ、軍においては兵士と将軍の心を一つにさせるもので、これにより兵士は将軍と死生を共にしようと思い、いかなる危険をも恐れなくなる。

天（天候・気象）とは、日陰・日向、寒暑、四季の推移である。

地（地形・地理）とは、遠近、険しい緩やか、広狭、高低である。

将（将軍の資質）とは、智力・信頼・仁愛・勇気・厳格さである。

法（軍法・規律）とは、曲（軍隊の編成区分）、制（鐘《かね》・太鼓・旗などの統制手段）、官（指揮命令系統）、道（交通・宿営）、主（業務区分・職務権限）、用（軍用品・兵站）である。

これらの五事について、将軍であれば聞いていないなどということがあってはならない。それを知っている者は勝ち、知らない者は勝てないからである。それゆえ、五事を知ったならば、次の視点で我と敵のどちらが有利であるかを考察する。これを「七計」という。

①君主（統治者）はどちらが道理を踏んでいるか？
②将軍はどちらが有能か？
③天の時・地の利はどちらにあるか？
④法令はどちらがよく守られているか？
⑤兵器と民衆はどちらが強いか？
⑥兵士はどちらがよく訓練されているか？
⑦賞罰はどちらが公正明大であるか？

私は、この五事七計によって勝敗を知るのである。

二

将、吾が計を聴きてこれを用うれば必ず勝たん、これに留まらん。将、吾が計を聴かずしてこれを用うれば必ず敗る、これを去らん。計、利あらば以て聴《したがえ》ゆるせ、乃ちこれが勢を為し、以て其の外を佐《たす》けよ。勢とは利に因《よ》りて権を制するなり。

兵とは詭道なり。故に、能《よ》くしてこれに能くせざるを示し、用いてこれに用いざるを示し、近くしてこれに遠きを示し、遠くしてこれに近きを示し、利してこれを誘い、乱してこれを取り、実ならばこれに備え、強ならばこれを避け、怒らしてこれを撓《みだ》し、卑しくしてこれを驕らせ、佚《いっ》すればこれを労し、親しまばこれを離す。其の備無きを攻め、その不意に出ず。此れ兵家の勝、先ず伝うべからざるなり。

【現代語訳】

もしも将軍が、私の五事七計を聴き容れ、戦《いくさ》を始めるのであれば必ず勝てるので、私も軍師としてここに留まる。将軍が五事七計を聴き容れずに戦を始めるのであれば必ず負けるので、私は速やかに去っていく。五事七計で判断して我に利があれば、これに従って開戦する。それでも、敵と戦場で戦おうとする時には（不確定の要素が多く、偶然性にも支配されることから）、「勢」によりこれを補わねばならない。勢とは、こちらに五事七計の利があることを活かして、その場に適した臨機応変の処置をとることである。

戦いとは「詭道《きどう》」である。つまり、敵を詐《いつわ》り欺《あざむ》くことで裏をかき、判断を誤らせるのを常とする。それゆえ、能力があっても無いように見せかけ、能力が無くて謀を用いても、能力があるように見せ、近くにいても遠くにいるように思わせ、遠くにいても近くにいるように錯覚させ、利益を与えて敵を誘い出し、混乱させて討ち取り、敵が充実しているときは備《そなえ》を固くし、敵が強ければこれを避け、敵が怒るように挑発して心をかき乱し、こちらからへりくだって驕《おご》りたかぶらせ、安んじて疲れていなければ疲労させ、親しみあっていれば分裂させる。敵が備えていないところを攻め、敵の不意を突いて奇襲する。このように「詭道」とは兵法家が用いる「変化に応じ勝ちを取る術」であり、五事七計による戦略判断や正攻法の戦術などの「正道」より先に伝授すべきものではない。

三

夫《そ》れ未だ戦わずして廟算《びょうさん》するに、勝つ者は算を得ること多きなり。未だ戦わずして廟算するに、勝たざる者は算を得ること少なければばなり。算多きは勝ち、算少なきは勝たず、而《しか》るを況《いわ》んや算なきに於いてをや。吾れ此れに於いてこれを観れば、勝負見ゆ。

【現代語訳】

さて、戦争をすると決めたならば、開戦に先立って「廟算（祖先の霊廟における作戦会議）」をする。勝つべき者とは、この廟算であれこれと議論を重ね、漏れの無い作戦を数多く立てている者のことである。開戦前に廟算しても勝てない者とは、怠けて通り一遍の議論ですまし、抜けだらけの作戦を少しだけしか立てなかった者である。作戦の数が多ければ勝つが、作戦が少なければ勝てない。まして作戦さえも立てずに開戦するなどは言うに及ばない。

私には、この廟算において、どれだけ議論を重ねているかを観察するだけで、勝敗が事前に見えてくるのである。

第一篇「始計」の解説

▼『孫子』が前提とする「戦争」とは？

第一篇「始計」では、戦争をするかしないか、するとすればどのようにして確実に勝つかを漏れなく考察する戦略・戦術的な思考過程を述べているが、ここで言うところの「戦争」とは、「敵を屈服させるため、こちらから敵国に攻め込むこと」であり、敵国が攻めてきた場合、すなわち「国土防衛戦」のような概念ではない。それは、敵国が攻めてきたにもかかわらず「戦争をしない」と判断することは、そのまま国家の滅亡を意味するものであり、また、第二篇「作戦」では「食糧は敵地で調達する」とし、第十一篇「九地」の大半が「国を去り、境を越えて」軍隊を派遣するものであることからも明らかである。

したがって、戦争するか、しないかを判断すると

始計（しけい）

戦争とは国家の大事
― するか、しないかを慎重に判断

五事を知る

（我）（敵）

道

天

地

将

法

七計
― 我と敵を比較し実情を把握

①君主（道理）

②将軍

③天の時・地の利

④法令

⑤兵器・民衆

⑥兵士

⑦賞罰

我に利があるか？

なし

あり

あり

開戦前 ― 国内
（準備段階）

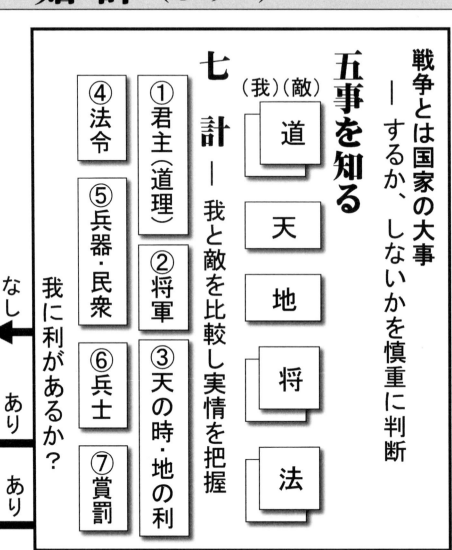

第一篇

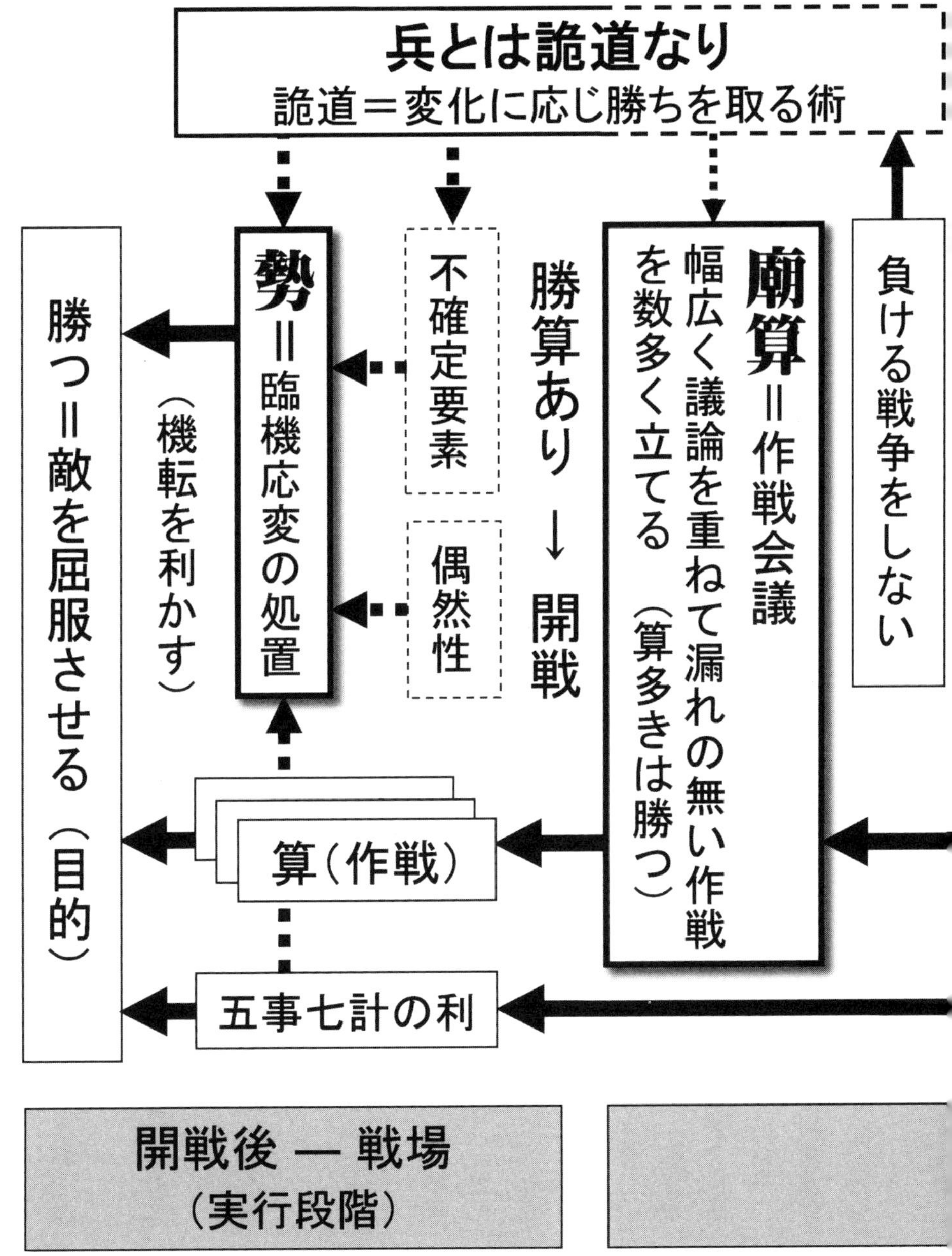
兵とは詭道なり
詭道＝変化に応じ勝ちを取る術
負ける戦争をしない
廟算＝作戦会議
幅広く議論を重ねて漏れの無い作戦を数多く立てる
（算多きは勝つ）
勝算あり
↓
開戦
不確定要素
偶然性
勢＝臨機応変の処置
（機転を利かす）
勝つ＝敵を屈服させる（目的）
算（作戦）
五事七計の利
開戦後 — 戦場
（実行段階）

は、「他国に進攻するか、しないか」を判断するということである。

さらに、第三篇「謀攻」で「上兵は謀を伐ち、其の次ぎは交を伐ち、其の次は兵を伐ち」と述べていることからも、『孫子』の戦争観が、「戦争は他の手段をもってする、政治の継続にすぎない」とするクラウゼヴィッツの戦争観と基本的には同じものであるといえよう。

▼戦争に勝つための三つの判断

第一篇「始計」では、戦争に勝つための戦略・戦術的思考に時系列で次の三つの判断があるとしている。

①戦争をするか、しないかの戦略的判断である「五事七計」

②戦争に勝つための戦略・戦術的判断である「廟算」

③戦場における臨機の戦術的判断である「勢」

同じ戦略でも、「五事七計」が国家戦略（大戦略）を考えるのに対して、「廟算」は作戦戦略を考えるものであり、時間的・空間的・内容的な幅と深さが異なる。

また、「五事七計」と「廟算」は開戦前の国内における準備段階で「勝ちを知る」ものであり、「勢」は開戦後の戦場における実行段階で「勝ちを為す」ものである。

▼「始めにおいて終りを考えよ」

「五事」とは兵法の根源であり、平素から常に考慮しておくべきものである。「五事」の内、自然が造り出す「天」と「地」は敵と我にかかわらず存在するが、人が作り出す「道」「将」「法」は敵と我それぞれで異なるものがある。これらの「五事」を我が常に治めたうえで、敵の「道」「将」「法」を知り、「七計」ではいっさいの主観や願望を排除し、敵と我の状況を客観的に考察する。その結果、我に利があると判断されたならば戦争を決断するのである。

つまり、まず「五事七計」で「戦争をして勝つ＝敵を屈服させる」という戦略的判断をし、次に「いかにして有利に勝つか」という作戦戦略・戦術的判断をするのであり、この逆ではない。これが「始めにおいて終りを考える」ということである。

このことについて、クラウゼウィッツも『戦争論』で、ナポレオン戦争を例にして、「戦争の終末を考えないで、その第一歩を踏み出すことはできない」と述べている。

▼「廟算」を徹底して行ない、漏れのない作戦

戦争に勝つためには、さらに「廟算」を妥協せずに徹底して行ない、あらゆるケースを想定して漏れの無い作戦をより多く立てなければならない。

「廟算」で具体的に何をやるのかについて第一篇では触れていないが、その中心を為すのは、第四篇「軍形」で述べている「態勢見積り」である。「廟算」における戦略・戦術的思考には、第二篇から第十二篇まですべての記述を踏まえた幅広い知識と総合的な判断が求められる。このため、全般の方針や謀略、経済、兵站などの作戦戦略には、主として第二篇「作戦」や第三篇「謀攻」を、また戦場における具体的な戦い方を考察するには、第四篇「軍形」から第十二篇「火攻《かこう》」までに記された「戦いの原理・原則」「勝つための戦術・戦法」や地理的・気象的な環境が軍事行動に与える影響を熟知しておかなければならない。同時に「兵とは詭道なり」という大原則を常に意識していなければ、敵の偽情報に振り回されることになる。

「廟算」における戦略・戦術的思考のアウトプットが「算」、すなわち作戦計画である。

▼作戦計画に固執せず、機転を利《き》かせて勝つ

「五事七計」で我が有利であると判断し、さらに廟算を重ねて漏れの無い作戦を立てたつもりでも、戦場では「想定外」に直面するものである。なぜなら、戦場とは錯誤と混乱が常であり、また敵も自由な意思を有するからには常にこちらの思いどおりになるとは限らず、あるいは運がよければ思わぬチャンスにも恵まれるからである。

このような戦争の性質について、クラウゼヴィッツは『戦争論』で「戦争は推測の世界であり、データの四分の三までは不確実である。知力をもって真相を見通すとともに、勇気と自信をもって不確実性を征服しなくてはならない」と述べ、また、シャルル・ド・ゴールも、著書『剣の刃』の冒頭で「戦争の本質は偶然性にある。作戦は変幻きわまりない敵と相互関係を為す」としている。

そこで『孫子』では、「勢」という臨機の判断でこれを補うのだと説く。例えば「五事七計」で我のほうが敵よりもよく訓練されており、上下の心が一致していることがわかっていれば、この利点を最大限に活かしながら、状況を急変させ、にわかに「勝敗を決定づける決め手」を生み出す。つまり、計画段階から実行段階に移行して、当初想定していた条件が変われば、これまでの作戦計画に固執せず、機転を利かして勝つのである。そこで、七計の「計」は、必然であり、熟慮であるのに対して、「勢」は、偶然であり、機転であると言われるのである。

▼『孫子』と『闘戦経』の「詭道」をめぐる解釈

もしも「五事七計」の結果、戦争をしても勝てる見込みがないと判断されたならば、当然のことながら戦争をしない。こちらから仕掛けないのはもちろんであるが、敵にも戦争をさせてはならないので、積極的に「詭道」を用いることになる。例えば、実際には敵より弱くても、強いように見せて判断を誤らせる。そうして時間を稼ぎながら密かに軍備を増し、強固にしていく。同時に直接の武力行使を上手く避けながら、敵を挑発して心をかき乱し、へりくだって慢心させ、さらに内部工作で分裂させる。

これが第一篇「始計」の一般的な解釈であるが、こうした『孫子』の「兵は詭道なり」について、日本最古の兵法書である『闘戦経』は、「シナの文献では相手を偽り欺くのがよいとしており、日本の教えでは、真鋭《しんえい》を尊ぶべしと説く。偽って勝つのがよいというのは偽りであり、鋭いのがよいというのは鋭いことである。狐を使って犬を捕えようとするのがよいか、犬を使って狐を捕えるのがよいか」と批判している。この違いは、『孫子』が書かれた春秋時代のシナと古代日本との兵制の違いによる。

春秋時代のシナでは、郡県制度的な行政組織を通じて若い農民を徴兵するという国民皆兵の常備軍制度が普及していた。これにより各国は動員兵力を競い合うという、質より量を重視した風潮があった。『孫子』もこうした大衆による軍隊を前提として記述されている。

これに対して、大昔の日本では、天皇自ら軍を統率され、久米、大伴、物部といった代々天皇の親衛を司《つかさど》る家系が多くの軍兵を擁《よう》していた。それゆえに武人の忠誠心は高く、勇武に満ち溢れていたのである。律令時代には隋の軍事的脅威に備えて、全国皆兵の制もしかれたが、それでも軍隊の統率が天皇に直属していたことから、軍の統帥指揮は極めて良好であり、忠誠心や武勇を尚《たっと》ぶ気風があった。『闘戦経』は、こうした精鋭な軍隊を前提として書かれたものである。つまり、衆兵《しゅうへい》主義と精兵《せいへい》主義との違いであるといえよう。

『闘戦経』はいっさいの「詭道」を否定しているものと誤解されがちだが、そうではない。

『闘戦経』が批判しているのは、『孫子』が戦術・戦法のみならず、作戦戦略から大戦略、国家戦略にいたるまで、すべてのレベルでの戦いを「詭道である」としていることに対してである。つまり、『孫子』では時間的・空間的・内容的な幅と深さにかかわらず、「相手を偽り欺くのがよい」あるいは「奇策がよい」と論じているので、国家戦略までもが「詭道」になってしまうのだが、そうではないと主張するのが『闘戦経』である。

『闘戦経』は、第十七章で、「軍のような大部隊の運用は、進む・止まるが基本であり、奇・正は瑣末《さまつ》なことである」と述べているが、これは戦域における作戦戦略レベルの大部隊運用のことであり、まさにそのとおりである。その一方で、第三十九章では「進軍の太鼓が打ち鳴らされ、合戦が繰り広げられる最中にあっては、敵に対する仁義などは無く、お互いに刃を交えているような戦闘の最中に常理などは存在しない」として、むしろ戦場で勝つための戦術・戦法では、「詭道」に徹しろとさえ言っているのである。

戦争は勝たなければ意味がない。しかし、国家として戦争の大義名分は、やはり「道義」にかなったものでなければ、本当の勝利は得られない。たとい相手の国を騙して勝っても、いつかはその反動で痛い目に遭うというのが、日本人の戦争観なのであり、古来、我が国における優れた兵法家たちは、『孫子』についても、そうした視点で読み解いてきたのである。

第二篇「作戦」

【概要】

第二篇の「作戦」とは、「戦争を起こす」という意味であり、その内容は、第一篇「始計」の「兵は国の大事なり」を経済と兵站の面から詳述するものである。

　戦争をするか、しないかの戦略的判断「五事七計」で、敵より我が有利であるとの結論を得たとしても、必ず戦争の利害得失を考慮しなければならない。そこで、本篇ではまず戦争をすれば、十万の軍隊を遠征させて戦わせることになり、一日に千金を費やすことになるという「害」を述べ、次いで、その対策として、長期戦を避ける、食糧を敵地で調達する、敵に勝って強さを増す、つまり鹵獲《ろかく》兵器と投降兵を積極的に活用するという三つのことを論じている。

　そして、兵法を知る将軍こそが、速やかに戦いを終えることができるので、国民の命を守り、国家の安危を決するのだと結論づけている。

一

孫子曰く、凡そ兵を用うるの法、馳車千駟《ちしゃせんし》・革車千乗・帯甲十万。千里に糧を饋《おく》れば、内外の費《ついえ》、賓客の用、膠漆《こうしつ》の材、車甲の奉、日に千金を費やし、然る後十万の師挙《しあ》がる。

【現代語訳】

孫子は言う。一般的な戦争の仕方として、戦車千両、運搬車千台、武装した兵士十万人を敵国内に進攻させることになる。そのために千里（当時は一里＝五町なので、約六百キロメートル）先まで食糧を運送するとすれば、国内や戦地での出費、使者や間諜（スパイ）の往来、膠《にかわ》や漆《うるし》といった兵具の材料、戦車や兵具の補充などで、一日に千金を費やすことになる。この条件を満たしてはじめて十万の軍隊を戦わせることができる。

二

其の戦いを用いて勝つや、久しければ則ち兵を鈍らし鋭を挫《くじ》き、城を攻むれば則ち力屈す。久しく師を暴《さら》さば則ち国用足らず。

夫《そ》れ兵を鈍らせ鋭を挫き、力を屈し貨を殫《つ》くさば、則ち諸侯其の弊に乗じて起こり、智者ありと雖《いへど》も、その後《しりえ》を善くする能わず。故に兵は拙速《せっそく》を聞くも、未だ巧なるの久しきを観《み》ざるなり。夫れ兵久しくして国に利ある者は、未だこれ有らざるなり。故に尽《ことごと》く兵を用うるの害を知らざる者は、則ち尽く兵を用うるの利を知る能わざるなり。

善く兵を用うる者は、役再び籍《せき》からしるさず、糧三たび載《の》せず。用を国に取り、糧は敵に因る。故に軍食足るべきなり。

【現代語訳】

このようにして戦って勝つとしても、野戦が長引くようでは兵器を損傷させ、兵士の鋭気をくじくことになり、ましてや城を攻め落とすのに月日をかければ、戦力も尽きてしまう。だからといって、ただ敵と対陣させ、長いあいだ軍隊を風雨にさらしておけば、やがて国の経費が不足してくる。

兵器が損耗し、士気が低下し、戦力も尽き、国庫も窮乏したということになれば、その疲弊につけこんで隣国の諸侯が挙兵し、侵攻してくる。このようになってしまったあとでは、どんなに智謀がある人でも、どう善処することもできない。したがって兵を用いるには、少々粗雑であっても簡明にしてすばやく討つほうがよいのであって、巧妙に手間をかけながらも、機に応じられずに長引くのをよいとするような例など未だにない。そもそも長期戦が国家に利益をもたらしたなどということを、これまで聞いたこともない。このように、兵を用いることにともなう損失をよく理解していない者には、兵を用いることによって得られる利益を十分に知ることもできないのである。

上手に兵を用いる将軍は、（すみやかに戦いを終えるので）民衆の課役を繰り返して割り当てず、食糧を三度も国内から前線に運ぶようなこともない。しかも、軍用品のほとんどは自国で調達するが、大きな輸送力を必要とする食糧だけは先んじて敵地で調達しておくので、兵糧が不足することもない。

三

国の師に貧しき者は、遠く輸《いた》せばなり。遠く輸さば則ち百姓貧しく、師に近き者は貴く売り、貴く売らば則ち百姓財《ざい》竭《つ》く。財竭くれば則ち丘役に急なり。力屈し財殫《つ》き、中原《ちゅうげん》の内は家に虚ならば、百姓の費《ついえ》、十にその七を去る。公《こう》家《か》の費、車を破りて馬を罷《つか》らし、甲冑弓矢、戟楯矛櫓《げきじゅんぼうろ》、丘牛大車、十に其の六を去る。故に智将は食を敵に務む。敵の一鍾《しょう》を食うは、吾が二十鍾に当たり、萁秆《きかん》一石は吾が二十石に当たる。

【現代語訳】

国が軍隊を遠征させることで貧窮するのは、遠くへ食糧を運ぶからである。食糧を遠くまで運べば、その輸送に使役される民衆はことごとく貧しくなる。なぜならば軍隊の近くに集まる商売人が足もとをみて値段を高くして物を売り、それを買うしかない民衆は蓄財が底をつくからである。民衆の蓄えが無くなれば村ごとに課せられる牛馬の供出にも応じられなくなる。しかも戦場では物価高で軍資金が枯渇して軍隊の士気も落ち、国内の家々では家業を失うことで、民衆はその生活費の七割を削減しなければやっていけなくなる。国費も、長距離の食糧輸送にともなって壊れた戦車や疲れ果てた馬、甲冑、矢、大弓や槍《やり》、楯、蔽櫓《おおだて》、運搬車とそれを引く牛などの損耗を補充することで、その六割が失われる。それゆえ、優れた将軍は、敵地で食糧を手に入れるように努める。敵地で調達した一鐘《いっしょう》を食べるのは、自国から運んでくる二〇鐘に相当し、敵地で調達する牛馬の糧一石は、自国から運んでくる二〇石に相当するのである。

四

故に敵を殺す者は、怒《はげま》せばなり。敵の利を取る者は、貨《たから》すればなり。車戦に車十乗以上を得れば、先ず得たる者を賞して、その旌旗《せいき》を更《か》う。車は雑《まじ》えてこれに乗り、卒は善くしてこれを養う。是れを敵に勝ちて其の強を益《ま》すと謂《い》う。

【現代語訳】

敵兵を殺すのは、兵士の心を刺激し、励ますことによる。勇み進んで敵の軍需品を奪い取るのは、兵士への賞功を厚くし、功績に応じた財宝を与えるからである。例えば、戦車どうしの戦闘で敵戦車十乗以上を捕獲したならば、ただちに一番手柄のあった者を賞し、その旗じるしを新しいものに換えることで武勇功名を知らしめる。この際、鹵獲した戦車は味方のものに交えてこれらを用い、降参した敵兵をも厚くもてなし、味方にして用いる。これを、「敵に勝って強さを増す」というのである。

五

故に兵は勝つことを貴びて久しきを貴ばず。故に兵を知るの将は、民の司命、国家安危《あんき》の主なり。

【現代語訳】

こうしたことから、戦争は勝つことが重要であるが、だらだらと長引かせるのは好ましくない。それゆえ、兵法を十分に知っている将軍だけが万民の命をつかさどり、国家を安らかにするか危うくするかを決することができるのである。

第二篇「作戦」の解説

▼「兵を用うるの法」とは？

本篇では、『孫子』の中ではじめて「兵を用うるの法」という言葉が登場する。第一篇「始計」の「兵（＝戦争）は国の大事なり」を受けて記述された本篇では、これを「戦争の仕方」と解釈すべきであるが、「兵」には幅広い意味があることから、この「兵を用うるの法」も、あとに続く文章によりその意味が異なってくる。

第三篇「謀攻」では、「兵法」という意味で登場し、また、勝つための戦術・戦法を論じている第七篇「軍争」から第十一篇「九地」においては、これら「戦争の仕方」や「兵法」という意味のほかに、「戦場での変化に適切に応じる方法」や「軍隊を運用する方法」といった意味で使われている。

「兵を用うる」こと、すなわち「用兵」について、クラウゼヴィッツは『戦争論』で次のように定義している。

「用兵とは、闘争を一定の秩序のもとに配列し、実行することである。闘争は数個の独立性をもった行動、すなわち戦闘から成り立っている。戦闘とは物質力と精神力を競う、流血をともなう破壊的活動であり、最後の決算時に二つの力を多く残した方が勝者である」

このように、「用兵」とは、一般的には、戦略レベルから戦術レベルまで同時並行的に行なわれる「作戦指揮（Operational Command）」のことである。作戦指揮とは、情報を収集し、目標を立て、作戦を計画し、命令して実行する一連の行為、すなわち常に戦いの四要素を踏まえ、ＩＤＡサイクルを繰

作戦（さくせん）

久しきを貴ばず

十万の軍隊を遠征させて戦わせるには、一日に千金を費やす

（兵は国の大事なり）

長期戦を避ける

戦いに勝っても長期戦になれば、人的・物的・金銭的な損失が大

長期戦により国が疲弊すれば、隣国の諸侯による侵攻を招く

→ **兵は拙速を聞くも、未だ巧なるの久しきを観《み》ざるなり**

「用兵の害」を知らざれば、「用兵の利」を知る能わず。

国家安危の主なり

戦略

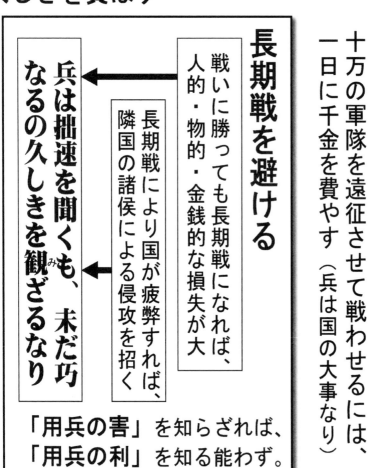

第二篇

兵は勝つことを貴びて、

食糧は敵地で調達する

軍隊を遠征させることで国が貧窮

食糧を運ぶには大きな輸送力が必要

→ 使役される民衆が貧しくなる

→ 輸送に伴う損耗補充

→ **智将は食を敵に務む**

敵に勝って強さを増す

兵士に進んで敵の軍需品を奪い取らせる

→ 鹵獲《ろかく》兵器や投降兵を味方として用いる

兵を知るの将は、民の司命、

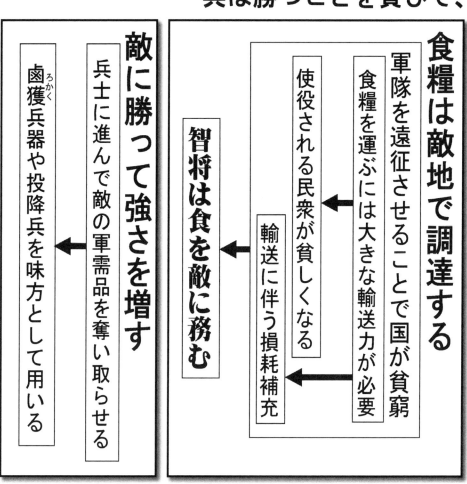

り返す「戦略的思考」により作戦や戦闘を実行することである。

また、用兵は国が軍事力を準備し、行使するという「軍略」の一部分でもある。軍略には、用兵のほかにも兵士を集め、部隊を編成し、これに訓練を施す「練兵」や、兵器を製造し、糧食を備蓄し、道路や城砦を構築するなどの「造兵」がある。

▼長期戦を避ける

『孫子』では、大軍勢を遠征させて戦わせるには、一日で莫大な戦費を要するので、戦いに勝っても長期戦になれば、人的・物的・金銭的な損失が大きく、それにより国が疲弊すれば、隣国の諸侯による侵攻を招くとしている。

また、クラウゼウィッツも『戦争論』で、「時間をかけることは、征服者よりも被征服者に有利である。（中略）最初の勝利を維持拡大するには、戦力の莫大な追加支出が必要であり、しかもこれは継続的に行なわねばならない。敵の領土を占領したことによる利益の増加では多くの場合、この支出の増加を補うことができないので、時間の経過とともに、攻防両者の戦勢は逆転しやすい」と述べている。

長期戦により国が疲弊したことで、隣国の侵攻を招いた顕著な例として、大東亜戦争末期の昭和二〇年八月九日、それまで「中立」を装っていたソ連の軍隊が満洲・朝鮮半島と樺太へ一挙に侵攻したことが挙げられる。しかも、大東亜戦争の終始を通じて、コミンテルンによる日本国内での敗戦革命工作が継続して行なわれていた。これらはいずれも、当時のソ連の最高指導者ヨシフ・スターリンの指令によるものであった。

▼大東亜戦争における日本の戦費

日清戦争の戦費は、台湾平定までを含む一年四カ月の戦争期間で、総額二億三二四〇万円であり、日露戦争の戦費は、一年六カ月の戦争期間で、総額一八億二六二九万円であった。これらに対して、大東亜戦争の戦費は、支那事変を含む約八年の戦争期間で、総額二〇三六億三六三四万円であり、日露戦争の百倍を超える金額であった。

しかしながら、日清・日露・大東亜戦争それぞれの時代では貨幣価値が異なるので、総額だけを単純に比べても実際的な比較にはならない。そこで、これら三つの戦争当時のGNPに対する戦費の年平均額の比率では、日清戦争当時のGNPが一三、四億円なので、日清戦争（二カ年度）の単年度あたり戦費（一億一六二〇万円）のGNP比は〇・〇八七倍であり、日露戦争当時のGNPは約三〇億円なので、日露戦争（二カ年度）の単年度あたり戦費（九億一三一五万円）のGNP比は〇・三倍である。一方、支那事変が勃発した当時のGNPは約二二八億円なので、大東亜戦争（九カ年度）の単年度あたり戦費（二二六億二六二六万円）のGNP比は〇・九九倍、ほぼGNPと同額になる。

つまり、大東亜戦争ではGNP比で日露戦争二カ年度分をはるかに上回る戦費を毎年負担し、それが延べ九カ年続いたのである。大東亜戦争の戦費がいかに多大な負担であったかがわかる。

また、日清・日露・大東亜戦争それぞれの戦費の使われ方では、日清・日露戦争までは、陸軍が八割以上、海軍が二割以下で配分されていたが、大東亜戦争では陸軍四八・七％に対して海軍が四〇・八％と、ほぼ均等に配分されるようになった。

この戦費の大半をなす「臨時軍事費特別会計」がどのようにして賄《まかな》われたかについては、それぞれの戦争により大きく異なる。日清戦争では、まだ陸海軍の規模も小さかったので、半分は国債で賄いながらも前年度の国庫余剰金や清国からの賠償金で十分埋め合わせることができた。

しかし、その後、陸海軍が増強され、兵士の給与など人件費や兵器・弾薬の調達に関わる経費が大幅に増加していったことから、次第に増税や借入金・

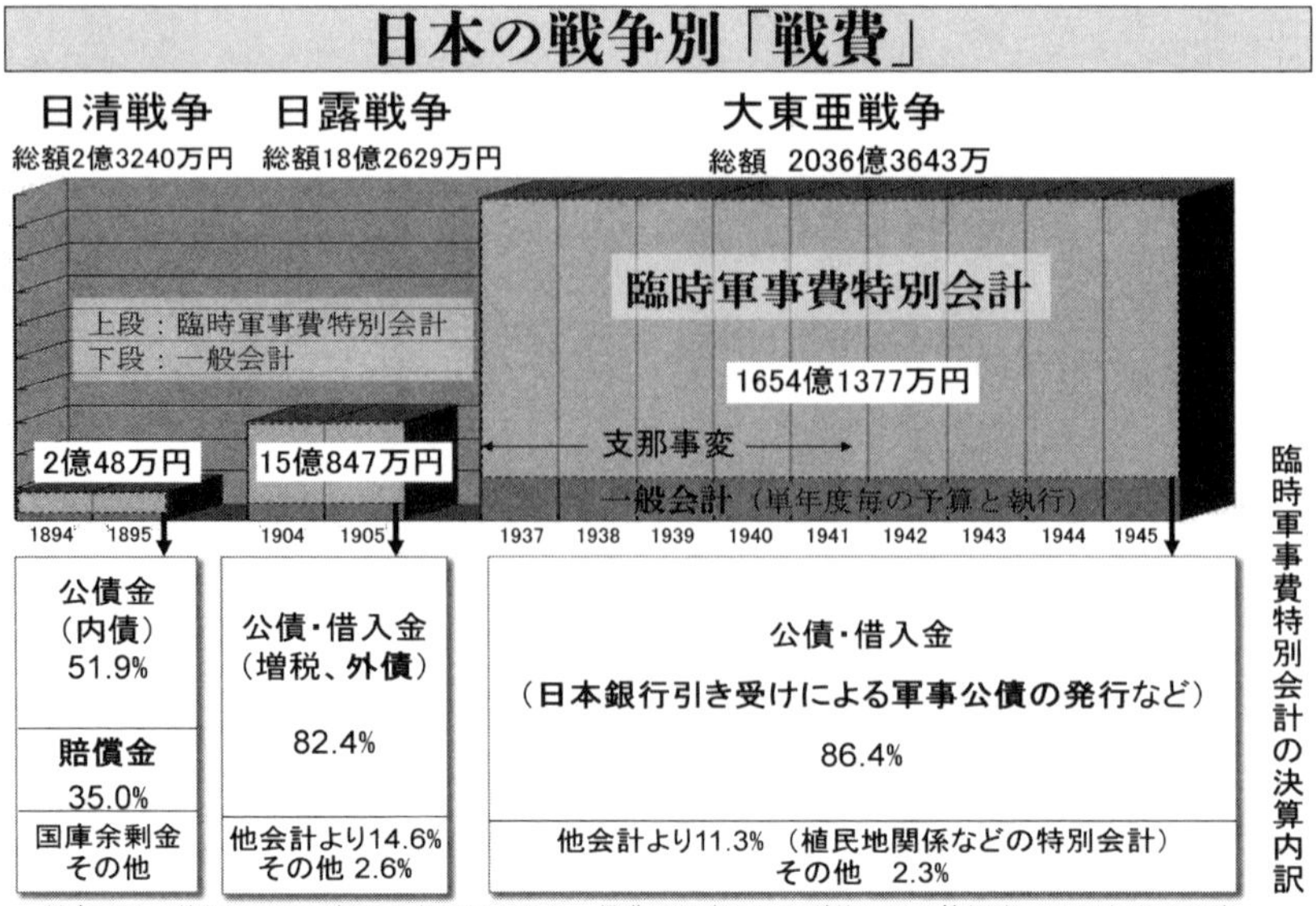

戦争はいつ終わるのか予想できないことから、戦費は通常の１年単位での予算編成では対応ができず、そのため、いずれの戦争においても戦費の８割以上は一般会計とは別に「臨時軍事費特別会計」という特別予算を組んで会計処理された。この「臨時軍事費特別会計」は、歳出は概要のみを示し、内容を秘匿したままでの支出が認められ、しかも必要に応じて随時に追加予算を要求できる仕組になっていた。

公債など最終的には国民の負担になっていく形での歳入が増えていく。日露戦争では、これらに加えてアメリカやイギリスで多額の外債を発行することで戦費の多くを賄うことができたので、巨額な戦費に対してロシアからの賠償金を取れなかったにもかかわらず、戦後に大きなインフレを招くことはなかった。だが、世界の主要国すべてが戦争当事国になった第一次世界大戦や第二次世界大戦では、こうした「外債の発行による戦費調達」は望めなくなった。

八年半に及んだ大東亜戦争では、増税や公債発行だけでは追いつかず、植民地関係などほかの特別会計からの流用も行なわれ、さらに「日本銀行の引き受けによる軍事公債の発行」が戦費の多くを支えることになった。この新たな手段によれば、その後の国民負担の増加やインフレの発生というリスクはありながらも、事実上無制限に戦費を調達できた。

しかし、このような無制限に近い戦費の調達と支出を重ねたことにより、大東亜戦争中には一般会計と特別会計全体の七～八割を軍事費が占めることになって民生費を圧迫し、インフレと生活物資の不足により国民生活は困窮した。政府は社会主義的な諸制度を次々に打ち出すことで経済活動を統制し、これにあたろうとした。

このように「兵は拙速を聞くも、未だ巧なるの久しきを観ざるなり」という『孫子』の教えから大きく外れて長期戦に陥った日本は、莫大な戦費を抱えて困窮したのであった。

▼なぜ敵地の一鐘は自国の二十鐘に相当するか？

食糧は個人の生存を維持するものであり、弓矢などの武器や武具などの軍用品と異なり、戦闘の有無にかかわらず、ほぼ一定の率で常続的に消費される。このため、一人一日あたりの数量×全兵士数×予想される作戦期間の日数分を確保しなければならず、兵士一〇万人であれば莫大な量となろう。

これらを国内から兵站線を通って前線に輸送すれば、運搬車のみならず多くの人員と牛馬が必要になる。作戦が長引けば、さらに追加分を輸送しなければならない。当然のことながらこうした輸送に従事する人や牛馬が日々食べる分も運ぶことになる。これらの消費量を含め、食糧輸送にかかるすべての経費を考慮すれば、「敵地で調達した一鐘を食べるのは、自国から運んでくる二十鐘に相当」するのである。なお、一鐘とは、現在の約五〇リットルである。

▼戦車十乗と戦車十両の違いは何か

第四段の文中で、「戦車どうしの戦闘で敵戦車十乗以上を捕獲したならば、ただちに一番手柄のあった者を賞し……」とあったが、この十乗とは、一〇両と何が違うのであろうか？

春秋時代の戦車とは、四頭の馬が引く戦闘馬車であり、車台には御者、その左後方に弓を持つ指揮官、右後方に戟《げき》を持つ戎右《じゅうゆう》と呼ばれる戦闘員が乗っていた。この戦車一台に歩兵が五二人〜一〇四人がつき、これらを一乗としていた。したがって歩兵が七五人とした場合、「敵戦車十乗を捕獲」とは、この一〇倍になるので、戦車一〇両を鹵獲し、三〇人の戦車乗員と七五〇人の歩兵を捕虜にしたということになる。これらがすべて味方の戦力に加わるからこそ、「敵に勝って強さを増す」と言えるのである。

また、鹵獲した戦車は、当然のことながら、捕虜となった乗員をそのまま用いなければ戦力にはならないので、乗員を殺さずに戦車ごと「生け捕り」にするのを手柄としたのである。

第三篇「謀攻」

【概要】

「謀攻《ぼうこう》」とは、「謀を以て敵を屈服させた後に攻める」という意味である。ここで用いる「攻」とは、城を攻め、堅固な陣地を破ることである。

この篇では、まず上は国家から下は末端の兵士まで、「武力を行使しないで敵を屈服させる」のが最も優れたやり方であるとし、これを受けて優先順に「謀」「交」「兵」「城」という攻略対象ごとに、四つ（または五つ）の戦略目標を列挙している。次いで、最も下策である「城攻め」による弊害を論じ、そこから最上策である「謀攻」の必要性を導き出す。

そして、はじめに挙げた戦略目標を戦術的観点から再び論じ、敵との兵力差に応じて「戦うべきか、戦うべきでないか」を明らかにしている。さらに軍隊を指揮・統率する観点から、君主とその補佐者である将軍の「理想的な関係と、避けるべき状態」について具体的に述べ、最後に、第一段から第四段までの内容を総括して、勝利を予知する五つの道理(勝を知るの道)を挙げ、有名な「彼を知りて己を知れば、百戦して危うからず」で結んでいる。

一

孫子曰く、夫れ兵を用うるの法、国を全《まっと》うするを上《じょう》と為し、国を破るはこれに次ぎ、軍を全うするを上となし、軍を破るはこれに次ぎ、旅《りょ》を全うするを上となし、旅を破るはこれに次ぎ、卒《そつ》を全うするを上となし、卒を破るはこれに次ぎ、伍《ご》を全うするを上となし、伍を破るはこれに次ぐ。是《こ》の故に百たび戦いて百たび勝つは、善の善なる者に非ざるなり。戦わずして人の兵を屈するは、善の善なる者なり。

故に上兵は謀《ぼう》を伐《う》ち、其の次ぎは交《こう》を伐ち、其の次は兵を伐ち、其の下は城を攻む。

【現代語訳】

孫子は言う。兵法においては、敵国の人を損なわず土地を荒らさずに屈服させるのが上策で、敵国の人を損ない土地を荒らしながら勝つのはそれに劣る。敵軍を無傷のまま降伏させるのが上策で、敵軍を討ち破り、降伏させるのはそれに劣る。敵の旅(兵士五百人)を無傷のまま降伏させるのが上策で、旅を討ち破るのはそれに劣る。敵の卒(兵士百人)を無傷のまま降伏させるのが上策で、卒を討ち破るのはそれに劣る。敵の伍(兵士五人)を無傷で捕獲するのが上策で、伍を死傷させるのはそれに劣る。このようなわけで、百回戦闘して百回勝つというのは、最も優れたやり方ではない。武力を行使せず、戦闘を避けながら敵兵を屈服させるのが、最も優れたやり方なのである。

そこで、兵法の達人は、まず敵の謀を察知し、それを失敗させることで勝つ。次いで敵の外交関係を断ち切る（戦略的な「交」）。その次に野戦において敵軍が備《そなえ》を乱して攻めかかってくるのを討ち（戦術的な「交」）、その次に敵軍がすでに備を堅くし、陣を列ねているのを討つ。最もまずいのは、敵の城を攻めることである。

二

城を攻むるの法、已《や》むを得ずと為す。櫓《ろ》・轒轀《ふんおん》を修め、器械を具《そな》う、三月にして後に成る。距闉《きょいん》又三月にして後に已む。将、其の忿《いかり》に勝《た》えずしてこれに蟻附《ぎふ》し、士卒三分の一を殺して、而《しか》も城抜けざるは、此れ攻の災いなり。

故に善く兵を用うる者は、人の兵を屈して、而も戦うに非ざるなり、人の城を抜きて、而も攻むるに非ざるなり、人の国を毀《やぶ》りて、而も久しきに非ざるなり。必ず全きを以て天下に争う、故に兵頓《やぶ》れずして利全うすべし。此れ謀攻の法なり。

【現代語訳】

城を攻める方法というのは、他の手段がなくてやむを得ずに行なうものである。巨大な楯や装甲兵員輸送車を作ったり、攻城用の兵具を必要な数だけ準備したりするには三カ月もかかり、土盛りの山を城と同じ高さに築くには、さらに三カ月をかけねばならない。将軍がこれらを待ちきれず、あるいは敵の挑発に乗って怒りを抑えきれずに、蟻が集まるように城下へ押し寄せて、無理矢理これを攻めることになれば、兵士の三分の一を戦死させることになる。それでも城が落ちなければ、こちらの戦力は日に日に衰えて、城中の勢いが強くなる。これらが、謀なくして城を攻めることの害である。

それゆえ、上手に兵を用いる将軍は、敵兵を屈服させるにもそれと戦闘するのではなく、敵の城を落とすにしてもそれを攻めるのではなく、敵国を破るにしても長期戦によらない。必ず人を損なわず土地を荒らさずに手に入れることで、天下に敵と利を争うので、兵士を少しも損ねずに争うところの利益を完全に得られる。これが謀で攻めるという方法である。

三

故に兵を用うるの法、十ならば則ちこれを囲む。五ならば則ちこれを攻む。倍ならば則ちこれを分かつ。敵せば則ち能《よ》くこれと戦う。少ならば則ち能くこれを逃る。若《し》からざれば則ち能くこれを避く。故に小敵の堅《かた》きは、大敵の擒《とりこ》なり。

【現代語訳】

そこで兵法においては、我が軍勢が敵の一〇倍であれば（敵城を）四方から取り囲み、五倍であれば（敵陣を）攻撃し、倍であれば我が軍勢を二手に分け（あるいは、敵を分断し）、等しいときは全力を発揮して戦い、少なければそこで戦わずに逃げ去り、（我が軍が乱れ、怯え、疲れ、飢えて「虚」である、あるいは敵に「地の利」があるなど）敵よりも戦力的に劣っている状態であれば、巧妙に避けて戦わない。そうであるから、小勢であればただ堅固に守備することしか考えないのは、大敵によってよい獲物にされるだけである。

四

夫れ将は国の輔《ほ》なり。輔周ならば則ち国必ず強く、輔隙《げき》あらば則ち国必ず弱し。故に君の軍に患《うれ》うる所の者に三あり。軍の以て進むべからざるを知らずして、これに進めと謂い、軍の以て退くべからざるを知らずして、これに退けと謂う。是れを縻軍《びぐん》と謂う。三軍の事を知らずして、三軍の政を同じうすれば、則ち軍士惑《まど》う。三軍の権を知らずして、三軍の任を同じうすれば、則ち軍士疑う。

三軍既に惑い且つ疑わば、則ち諸侯の難至る。是れを軍を乱して引いて勝たしむと謂う。

【現代語訳】

そもそも、将軍は国家における最高の補佐者である。君主がすぐれた資質・能力を備えた将軍を補佐者に選んで厚く信任するならば、国家は必ず強くなる。反対に、補佐者たる将軍の資質・能力に欠けるところがあり、あるいは君主が将軍に軍の指揮を一任しなければ、国家は必ず弱くなる。そこで、君主が軍事に介入することで軍隊を惑わし、害となる場合が三つある。一つには、軍隊が進むべきではない状況にあるのを知らないで進めと命令し、軍隊が退却すべきではない状況にあるのを知らないで退却せよと命令する。このように軍隊をつなぎとめて不自由にする場合である。二つには、軍隊の実情も知らないのに、法令・賞罰・人事などの軍政を将軍と同じように行なう場合であり、兵士たちはどちらに従うべきなのか迷うことになる。三つには、臨機応変の戦術も理解していないのに、将軍と同じように戦場で作戦を指揮する場合であり、兵士たちは勝利を疑うようになる。

軍隊が迷って疑うとき、敵国の諸侯はこれをうかがって間者を入れ、君臣を離反させ、それに乗じて兵を挙げる。これを「自軍を内から乱して、敵を引き込んで勝たせる」という。

五

故に勝を知るに五あり。以て與《とも》に戦うべく、以て與に戦うべからざるを知る者は勝つ。衆寡《しゅうか》の用を識《し》る者は勝つ。上下欲を同じうする者は勝つ。虞《ぐ》を以て不虞を待つ者は勝つ。将能にして君御《ぎょ》せざる者は勝つ。此の五つの者は勝を知るの道なり。

故に曰く、彼れを知りて己を知らば、百たび戦いて殆《あや》うからず。彼れを知らずして己を知らば、一たびは勝ち一たびは負く。彼れを知らず己を知らざれば、戦う毎《ごと》に必ず敗る。

【現代語訳】

それゆえ、勝つことを予知するには五つのことがある。一つには、戦うべきか戦うべきではないかを判断できれば勝つ。二つには、大軍の運用法と小勢の運用法をどちらも知っていれば勝つ。三つには、将軍と兵士が心を一つにして戦いを欲するならば勝つ。四つには、警戒を厳しくしながら、敵が油断し警戒を怠るのを待てば勝つ。五つには、将軍の資質・能力が優れていて、君主がその将軍に軍隊の指揮を任せ、不要な介入をしなければ勝つ。これら五つは勝利を知るための道理である。

そこで、敵の様子を知り、味方のことも知っていれば、百回戦っても危ういことがない。敵の様子を知らずに、味方のことだけを知っていれば、勝つこともあり、負けることもある。敵の様子を知らず、味方の事情も知らなければ、戦うたびに必ず敗れるといわれるのである。

第三篇「謀攻」の解説

▼春秋時代の軍隊の編成

第一段の中で軍隊の編成単位である「軍」「旅」「卒」「伍」という言葉（ほかに「師」「両」がある）が出てきたが、この中で最も小さな単位が、兵士五人から成る「伍」である。これは、今で言うところの「分隊」であり、この「伍」が五個で「両」を編成する。人員は二五人で、今で言うところの「小隊」である。この「両」が四個で「卒」を編成する。人員は約一〇〇人で、今で言うところの「歩兵中隊」である。

この「卒」と戦車一台で、第二篇で述べた「乗」

春秋時代の軍隊編成の一例

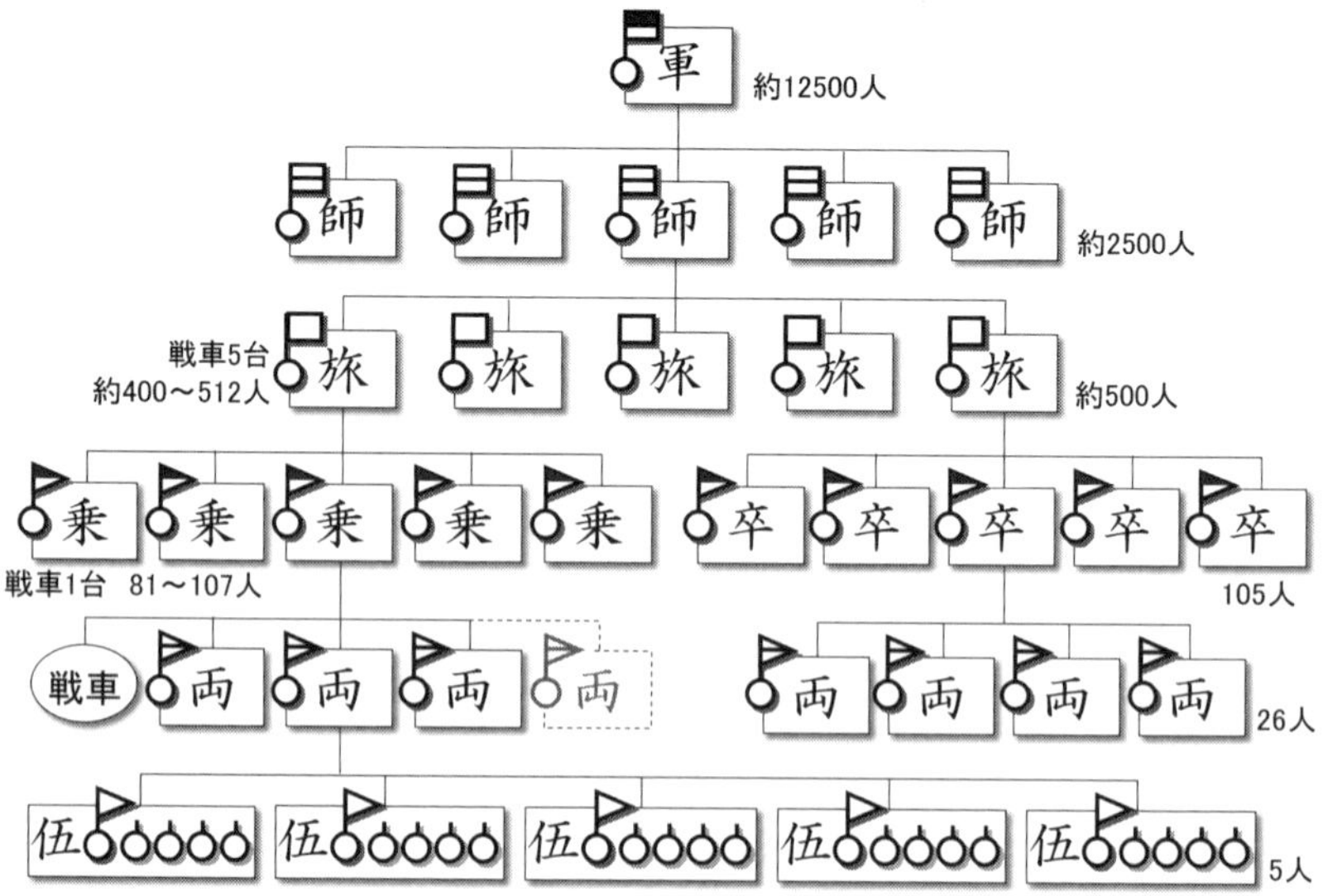

となり、今で言うところの「歩戦協同中隊」である。ただし、「乗」は必ずしも、「卒」と組むとは限らず、その時々の戦車と歩兵の数から、二個ないし三個の「両」と戦車一台で編成されることもある。

五個の「卒」または「乗」で編成されるのが、「旅」である。人員は約五〇〇人で、今で言うところの「大隊」である。第二篇「作戦」に出てきた「戦車十乗」とは、すなわち二個の「旅」ということである。この「旅」が一人の指揮官の号令で行動できる最大の部隊であることから、戦場における部隊運用の基幹となる部隊であった。

そして、五個の「旅」で「師」を編成する。人員は約二五〇〇人であり、今で言うところの「連隊」である。さらに、この「師」が五個で一個の「軍」となる。人員は約一万二五〇〇人、戦車は最大で一二五両となるので、今で言うところの「師団」に相当する。

このように、『孫子』が書かれた当時の軍隊は、五個単位、もしくは四個単位の編成が採られており、基本的な考え方は現代と大きな違いはない。『孫子』では、これら「軍」「旅」「卒」「伍」などを無傷のまま降伏させるのが最も優れた策なのだと述べているのである。

▼戦わずして人の兵を屈するは善の善なる者なり

敵を屈服させるには、戦闘により敵の戦力を破壊して勝利する、あるいは武力行使以外の手段でその目的を達成するという二つの戦略目標があり、「善の善」であるのは武力を行使しない、非軍事的な手段によるものである。それゆえ、「謀を伐つ」「交を伐つ」「兵を伐つ」「城を攻む」のうち、最も優れているのが「謀を伐つ」であると『孫子』は断じている。

クラウゼウィッツも『戦争論』で「敵の戦闘力を直接破壊することだけが戦略ではない」と述べ、敵戦力の撃滅という手段を用いずに、敵の戦勝に対する推測に打撃を与える手段として「政治的工作」を挙げている。これは、「敵の同盟国を離反させ、無力化し、また自国のために新しい同盟国を獲得し、あるいは自国に有利な政治的情勢を作り出す」などである。クラウゼウィッツは、これらの手段が「戦争の目的を達成するために、武力行使よりも近道であることがある」と述べてはいるが、決してこれらが「善の善なり」とは考えていなかった。

クラウゼウィッツの基本的な考えは、「成功は、戦いに勝つことにより得られたものが最高である」というものであり、それゆえに「敵の戦闘力の破壊という戦争本来の手段を、なるべく使わないですまそうとする戦略は誤りである」「流血を厭《いと》うことなく武力を行使するものは、これをなしえないものに対して、必ず勝つ。博愛主義は戦争哲学の中に持ちこむべきものではない」と主張するのである。そして、「敵の戦闘力を撃滅することは、他のいかなる

謀攻（ぼうこう）

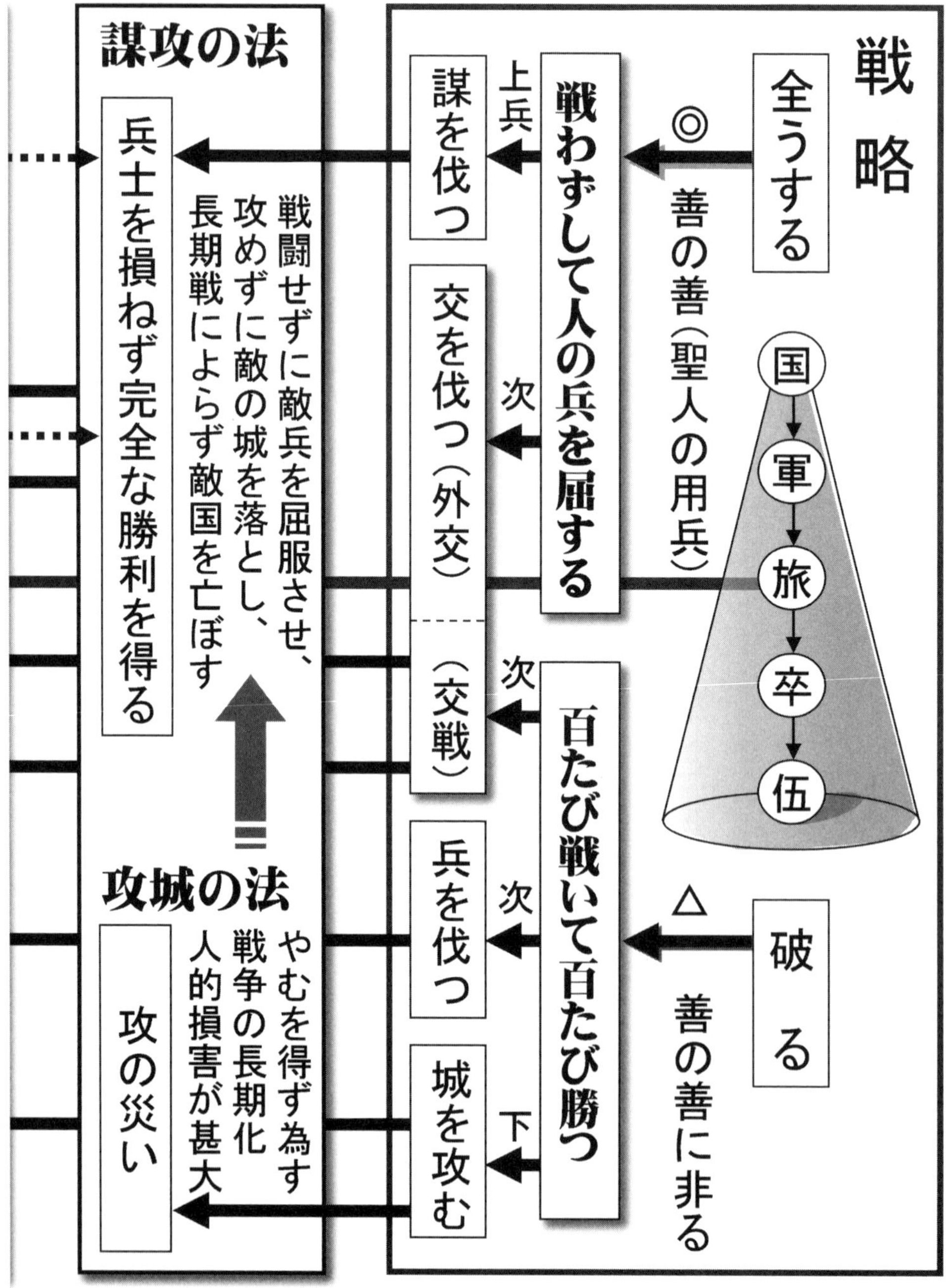
戦略
全うする
◎
善の善（聖人の用兵）
国
軍
旅
卒
伍
破る
△
善の善に非る
戦わずして人の兵を屈する
百たび戦いて百たび勝つ
上兵
謀を伐つ
次
交を伐つ（外交）
次
（交戦）
次
兵を伐つ
下
城を攻む
謀攻の法
戦闘せずに敵兵を屈服させ、
攻めずに敵の城を落とし、
長期戦によらず敵国を亡ぼす
兵士を損ねず完全な勝利を得る
攻城の法
やむを得ず為す
戦争の長期化
人的損害が甚大
攻の災い

第三篇

戦術

小敵の堅きは大敵の擒《とりこ》

- 若からざれば これを避く
- 少ならば これを逃る
- 敵せば これと戦う
- 倍ならば これを分かつ
- 五ならば これを攻む
- 十ならば これを囲む

勝を知るの道

①以て與に戦うべく、以て與に戦うべからざるを知る者は勝つ

②「衆寡の用」を識る者は勝つ

③上下欲を同じうする者は勝つ

④虞を以て不虞を待つ者は勝つ

⑤将能にして君御せざる者は勝つ

彼れを知りて己を知らば、百たび戦いて殆《あや》うからず

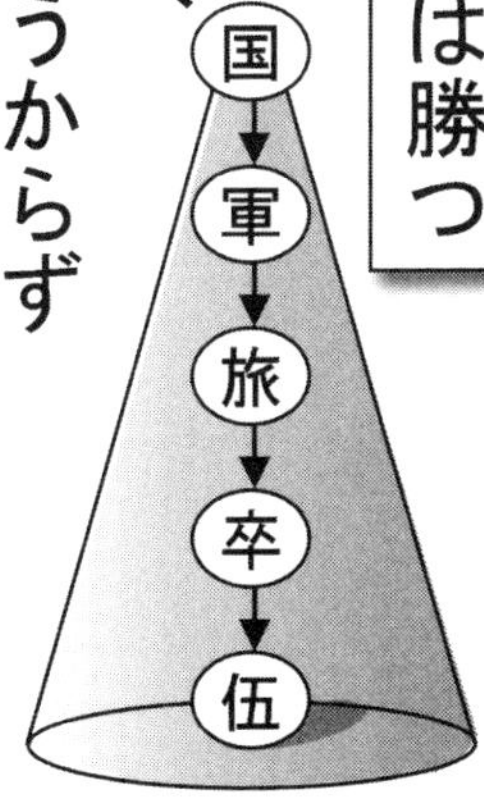

指揮・統率

夫れ将は国の輔《ほ》なり

輔周ならば則ち国必ず強く、輔隙あらば則ち国必ず弱し。

軍を乱して勝ちを引く

戦争手段よりも優れているが、高価な血の代償と危険をともなうものであることを忘れてはならない」として、失敗した場合には狙った効果が逆作用し、より大きな損害を受ける危険性があることも強調している。つまり、クラウゼウィッツは、敵にも自由意思があるからには、「ある程度のリスクを覚悟しなければ、最大の利益は得られない」と考えていたのである。

このように、『孫子』では戦わずに敵を屈服させるには、こちらが謀略を駆使し、敵の計謀を破るといった「謀」で攻めるのが最良の方法だとするのが一般的な解釈であり、クラウゼウィッツも、それが最良ではないにせよ、「敵戦力の撃滅」という手段を用いずに敵を屈服させるには、「政治的工作」という手段があると述べているのである。

▼道義と精兵をもって敵を屈服させる

こうした『孫子』の一般的な解釈に異を唱えたのが、山鹿流兵法の祖・山鹿素行である。山鹿素行は、自著『孫子諺義』の中で、この「戦わずして人の兵を屈する」の真意は、「道義」と「精兵」をもって敵に戦いを放棄させることだと述べている。

つまり、我の戦争目的に道義があり、軍隊が精鋭無比であって、しかも上下の者たちが志を同じくして、その道義をもって敵の心を感ぜしめるならば、敵はおのずから屈服する、と素行は説いているのである。こちらが正しければ、たとえ敵の大将が抵抗したとしても、人民や兵士らは皆、武器を捨てて服従する。前述のクラウゼウィッツの言葉を借りれば、戦術レベルでは「流血を厭うことなく武力を行使する」ことで、「これをなしえないものに対して、必ず勝つ」のであり、戦略レベルでは、「博愛主義」を「戦争哲学の中に持ちこむ」のである。これこそが、「善の善」なのであり、我々は神武天皇の東征や大東亜戦争の緒戦における欧米植民地からの解放にこうした例を見ることができる。

日本では古来、このようにして「戦わずして人の兵を屈する」やり方を、「神武にして人を殺さずの道」として重んじてきた。しかし、こうしたやり方は、聖賢《せいけん》が兵を用いてはじめて成功するものであり、凡人では実現不可能なことである。したがって、『孫子』においても、こうした「善の善」なるやり方は、『孫子』の真髄を論じる第十一篇「九地」の最後の部分で「覇王《はおう》の兵」としてわずかに論じているに過ぎないのである。

▼少ない損失で最大の利益を得る

第二篇「作戦」では、戦争からより多くの利益を得るためには長期戦を回避しなければならないとし、それを受けて第三篇「謀攻」では、戦争を長引かせる「城攻め」は最も下策であり、できる限り避けよと説く。しかし、劣勢な敵は野戦を避けて城にこもる。我は何とかしてこの敵を城から誘い出して野戦に持ち込もうとするが、それでも敵が城に立てこもれば、やむを得ずこれを攻めることになる。それには多くの時間と金を費やし、多大な損害を覚悟しなければならない。

したがって、城攻めの前に、間諜を放って偽情報を流し、敵の謀臣《ぼうしん》を殺し、腹心の臣を離れさせるなどにより敵の戦う意思をくじくことで、出費と損害を最小限にするのである。このように、「城を攻む」と「謀を伐つ」は、「少ない損失で最大の利益を得る」という観点において、裏表の関係にある。

謀を用いることで敵の城がことごとく落ち、堅固な陣がことごとく屈し、力を費やさずに敵を我が意のままにするというのが、『孫子』第三篇の趣旨であり、敵にとって最も堅固な陣地が「城」であることから、「謀攻」とは究極的には「城攻めの謀」を意味している。

城攻めの謀を論じるうちに、堅陣を攻撃する場合のこともおのずから含まれてくるのである。

戦略的解釈と戦術的解釈の関係（その1）

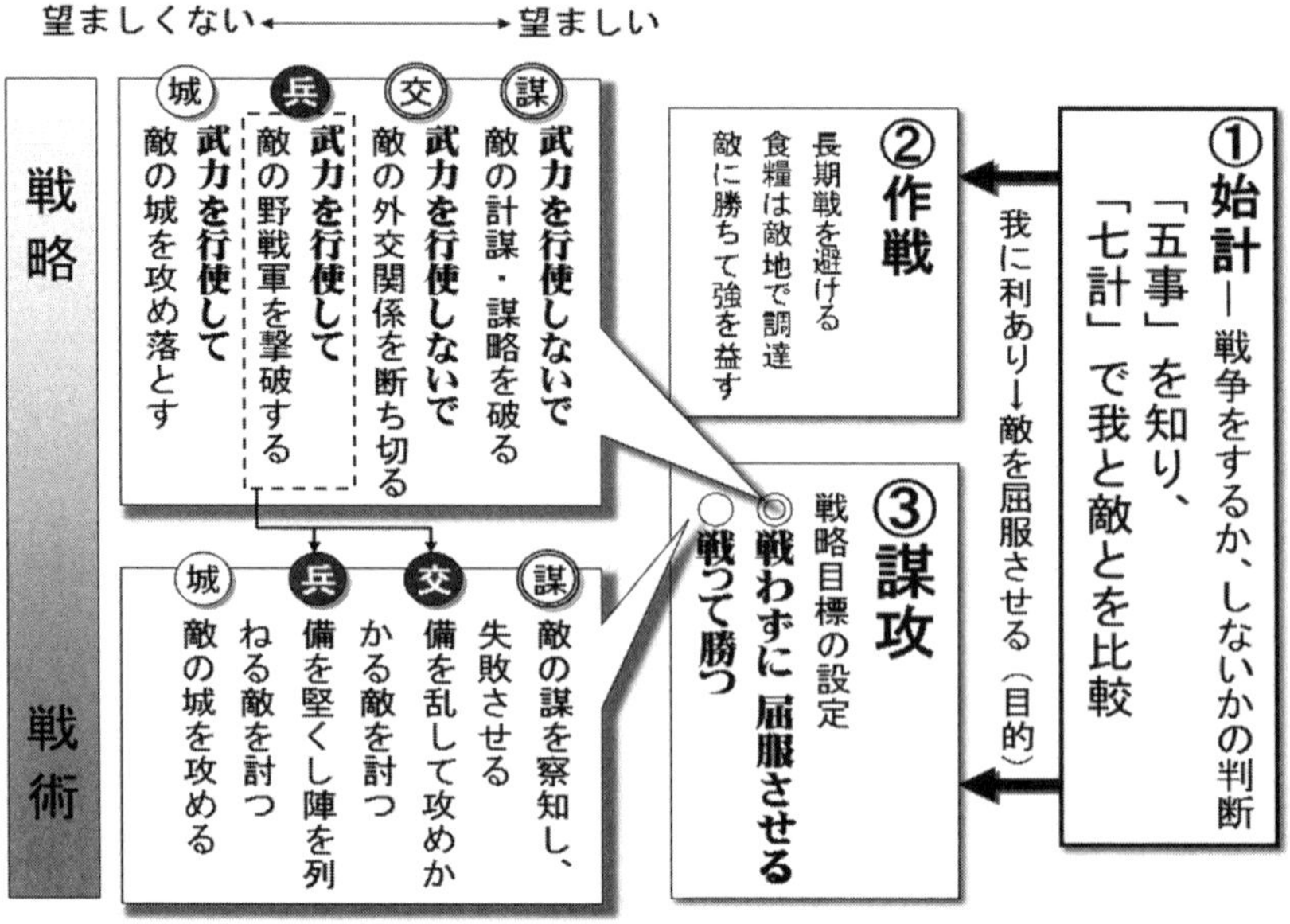

▼「交を伐つ」に二つの解釈あり

「交」には、「外交」という意味と「交戦」という意味がある。国と国が交われば「外交」であり、軍と軍が交われば「交戦」である。したがって、「交を伐つ」とは「敵の外交関係を断ち切る」と解釈することも、「備を乱して攻めかかってくる敵を討つ」と解釈することもでき、どちらも間違いではない。これは、『孫子』を戦略的に読むか、戦術的に読むかの違いである。

戦略的解釈の「敵の外交関係を断ち切る」とは、第十一篇「九地」の「覇王の兵、（中略）威、敵に加わらば則ち其の交合うを得ず」ということである。この場合、その次の「兵を伐つ」は、戦術行動を問わず「敵の野戦軍を撃破する」と広く捉えることになる。

これに対して、戦術的解釈の「備を乱して攻めかかってくる敵を討つ」とは、遭遇戦や防御による待ち受けである。「備」とは、陣形・隊形などのことであり、備が乱れたならば、足並みがそろわず、兵士は浮き足立って進退が一致せず、組織的に弱くなる。この場合、その次の「兵を伐つ」とは、「敵軍がすでに備を堅くし、陣を列ねているのを討つ」。つまり陣地攻撃ということになる。

このように、「交」を戦略的に解釈すれば、「戦わずに屈服させる」という戦略目標をさらに二段階に区分することになり、「交」を戦術的に解釈すれば、「戦って勝つ」という戦略目標のうち、「敵の野戦軍を撃破する」をさらに二段階に区分した具体的な目標となる。

本書の【現代語訳】では、これらの解釈を整理統合して、五つの目標を並べて記述した。

▼敵との兵力差に応じた戦い方

第三篇「謀攻」では、「交を伐つ」「兵を伐つ」「城を攻む」をさらに戦術的観点から論じ、敵との戦力差に応じて戦うべきか、戦うべきでないかを明らかにしている。

「十なれば則ち之を囲む」は、敵の城を攻めることを想定したものであり、「囲む」とあるのは、力攻めではなく兵糧攻めである。豊臣秀吉の小田原城攻め（一五九〇年）がこれである。

「五なれば則ち之を攻む」は、野戦において敵軍がすでに備を堅くし、陣を列ねているのを討つことを想定したものである。

「倍すれば則ち之を分つ」と「敵すれば能く之と戦う」は、野戦において敵軍が備を乱して攻めかかってくるのを討つこと（戦術的な「交」）を想定したものである。

「少ならば則ち能くこれを逃る」は、敵よりも兵力が少ない場合だけではなく、右に挙げた条件に兵力が満たない場合も含まれていると考えるべきであろう。

また、「倍すれば則ち之を分ち」には、我が敵の二倍であれば「敵を分断する」と「我が軍勢を二手

戦略的解釈と戦術的解釈の関係（その2）

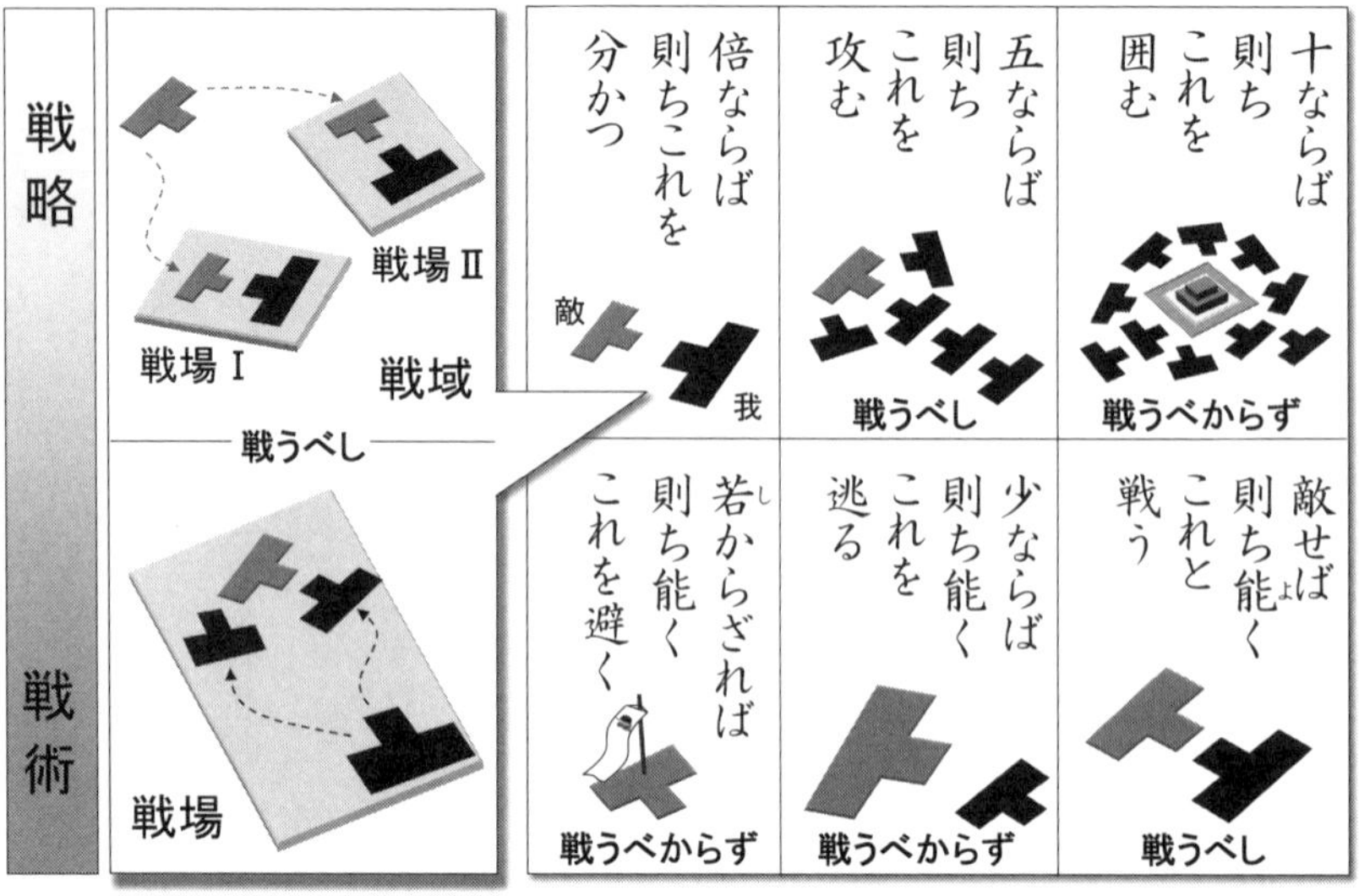

に分ける」の二通りの解釈がある。この分かれる側を「敵」とするか、「我」とするかも、『孫子』を戦略的に読むか、戦術的に読むかの違いによるものである。

　戦略的、すなわち戦域の広さで大軍を運用する観点から解釈すれば、我が敵の二倍であれば「敵を（二つ以上に）分断して、それぞれの戦場で相対的に有利な兵力差にさせる」というようになる。ところが、これを戦術的、すなわち一つの戦場で作戦部隊を運用する観点から解釈すれば、「戦場において我が敵の二倍であれば我が軍勢を二手に分ける」ことで、敵を挟み撃ちにする（あるいは包囲する）ということになる。

▼戦略と戦術の関係

　クラウゼウィッツは、こうした戦略と戦術の相互関係について、『戦争論』で次の三つのことを挙げている。

（1）戦略は戦術を準備する。いつ・どこで・どのくらいの戦闘力をもって戦うかを決める。

（2）戦略は戦術を収穫する。戦術的成果は、勝利でも敗北でも、すべて戦争目的達成に利用する。

（3）戦術的成功がなければ、戦略的成果はない。

第三篇「謀攻」では、最後の段落「勝利を予知する五つの道理」で、「衆寡の用を識る者は勝つ（大軍の運用法と小勢の運用法をどちらも知っていれば勝つ）」と述べている。これは、将軍が「軍」「師」といった大部隊の戦略的運用、「旅」「乗」「卒」といった戦闘部隊の戦術的運用、さらには「両」「伍」といった小部隊の戦法的運用のすべてを知り尽くし、それぞれの共通点と違いとを十分に理解していれば、どんな戦いにも勝てるのだという意味である。

▼小敵の堅きは、大敵の擒なり

『孫子』では、こちらが敵より少なければそこで戦わずに逃げ去ることを説き、小勢であればただ堅固に守備することしか考えないのは、大敵によってよい獲物にされるだけであるとしている。たとえ地形が我に有利であっても、ただ守備することだけに心が偏《かたよ》れば、力量の不足からその効果も限られ、やがては大敵によって捕獲されてしまうのである。

優れた将軍は、進む・退く・去る・留まるを皆、その時々の状況に適合させ、堅固に守備することだけに偏らない。大切なのは、「堅忍《けんにん》」の心である。堅く守るべきか、忍んで退くべきかを正しく見きわめればこそ、よく大敵を避け、よく大敵を逃れるのである。

すなわち、ここはひとつ屈辱を耐え忍んで、安全な場所まで退いてじっと時を稼ごう、ここでは己の勇をたのみ、兵法に達していることをたのみ、地形の堅固さをたのみ、糧食備蓄が十分であるのをたのんで、堅固に陣を取り、構えていようといった心である。

『孫子』がこのように論じているのは、その前提が敵を屈服させるため、こちらから敵国に攻め込む戦争だからである。

それでは、国土防衛戦のように、どうしても護らねばならないものがあり、小勢で大敵と戦うことを余儀なくされるような場合には、どうすればよいのだろうか。これについて『孫子』ではまったく触れていないが、日本最古の兵法書『闘戦経』には、小勢が大敵に立ち向かうには、次のようにせよと説いている。

①小さな虫が毒をもっているのは天が与えた性《さが》だろうか。少ない勢力をもって大敵を討ち倒すのもこのようなものであろうか。

②主力から離れて行動する小部隊で急襲して、敵兵を捕虜にするには、毒のある尾のように脅威が大きく、かつ比較的攻めやすい部位を一挙に討つことである。

③矢が激しい勢いをもって弦を離れるのは、寡兵をもって大敵を討つべき術そのものである。

▼君主は良将を選んで任せよ

第三篇「謀攻」の中でも、「君主と将軍の関係」については、非常に重要な位置づけにある。それは、上下が心を同じくする「道」において敵に勝っていなければ、謀が成功しないということに加えて、こちらの君主とその最高の補佐者である将軍との関係がこじれることは、敵にとっても計謀・謀略を成功させる最大のチャンスだからである。

そのような危機をもたらさないためにも、「勝利を予知する五つの道理」の五番目で「将能にして君の御せざる者は勝つ（将軍の資質・能力が優れていて、君主がその将軍に軍隊の指揮を任せ、不要な介入をしなければ勝つ）」として、君主と将軍の信頼関係について強調しているのである。

『孫子』が書かれた春秋戦国時代における君主と将軍の関係は、近代の立憲君主制におけるそれとは

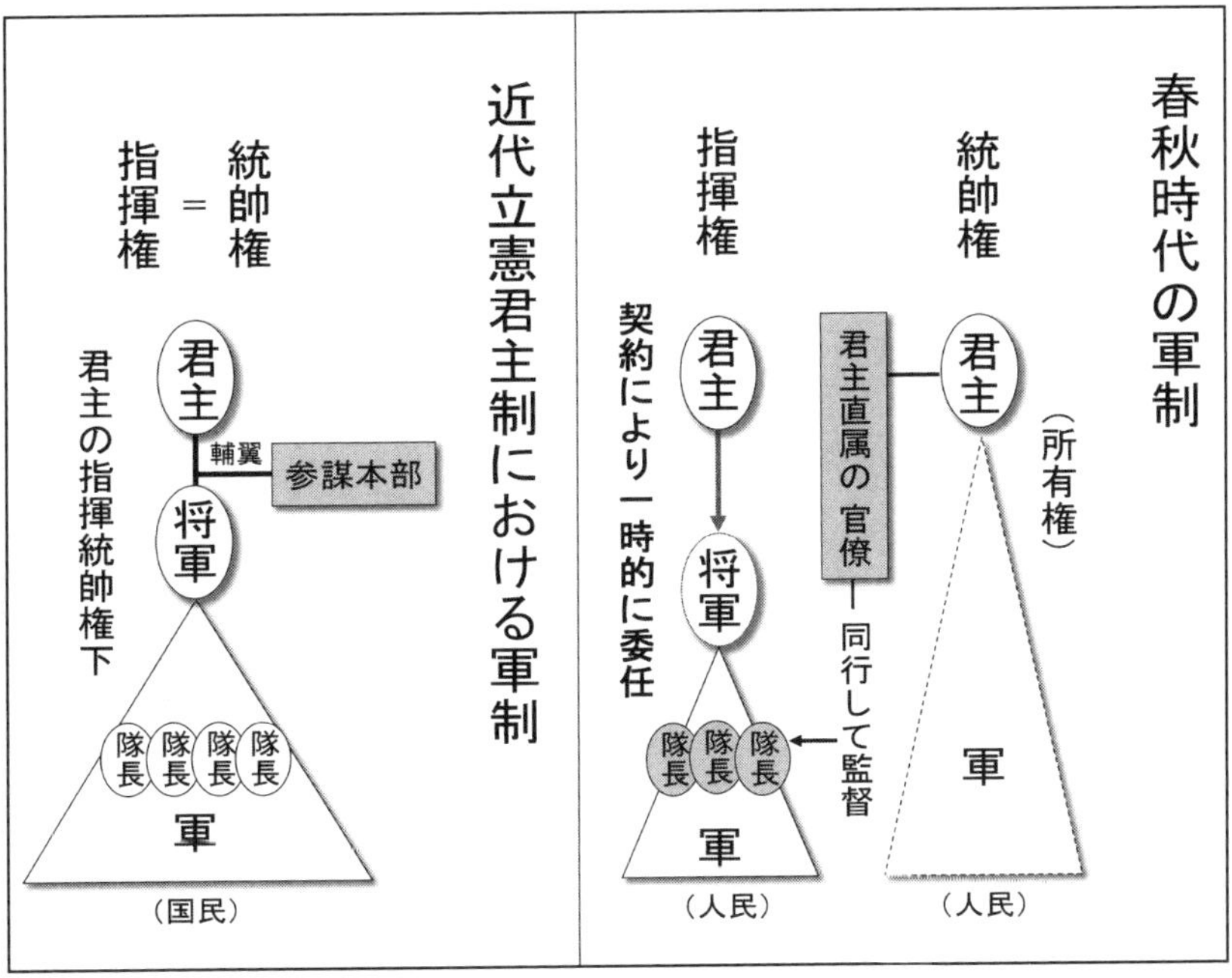

大きく異なるものであった。当時の軍制では、将軍とは軍の指揮権だけを契約により一時的に君主から委任された「お雇い将軍」に過ぎず、しかも、君主直属の官僚が将軍に同行して軍を監督していた。人民も軍隊も、すべてが君主の「所有物」だったのである。それゆえ、君主が状況を知らずに軍の進退を命令したり、実情を知らずに軍政に介入したり、戦術を理解せず作戦指揮に介入したりするといったことも珍しくなかったのであろう。

▼彼を知りて己れを知れば、百戦して殆《あや》うからず

『孫子』の中でも大変有名な言葉である「彼を知りて己れを知れば、百戦して殆うからず」は、第三篇「謀攻」の内容を総括した「勝利を予知する五つの道理」の結論部分である。

敵の様子を知るには、第一篇の「七計」を用い、味方の事情を知るには、第一篇「五事」による。敵の様子と味方の事情を承知することにより、はじめ

て「五つの道理」の各項目をチェックでき、この五つが満たされていることを確認できれば、百回戦っても確実に勝利を追及できるのである。

しかし、敵を知らなければ、たとえ己を知っていても「五つの道理」の全項目をチェックできないので、敵の出方や運不運に左右され、その結果、勝ったり負けたりを繰り返すことになる。さらには、敵も己も知らなければ、常に厳しい戦いを求められ、予期せぬことばかりが続いて、出たとこ勝負となり、まぐれ勝ちしかできなくなるのである。

敵は常に、その本当の姿を隠す。先入観や願望から敵を軽視し、実体のない勝利への幻想にひたることほど危険なことはない。そして、敵を恐れる気持ちは、「知らない敵」に対して実際以上に強大なイメージを抱かせてしまう。

一方で、己を知るには、自己の欠点や弱点にも素直に向き合うことで、過信や独善を排しなければならない。この世の悩みの大半は、判断の根拠となる知識が十分ではないのに、あえて判断を下そうとすることから生じるのである。

第四篇「軍形」

【概要】

第四篇「軍形《ぐんけい》」は、第五篇「兵勢」、第六篇「虚実」とともに「戦いの原理・原則」を論ずるものであり、その筆頭である第四篇では、軍の静的な「形」を論じつつ、第一篇「始計」にある「廟算《びょうさん》」、すなわち開戦前の作戦会議において、具体的に何をやるかを論じている。

この篇の前半では、戦場においてまず「負けない態勢」を整え、次に計画したとおりに戦って「勝ち易きに勝つ」こと、そのためにも将軍は、平素から兵士と心を一つにして教練に励み、いかなる形にも直ちに応じられる軍隊を練成しておくべきことを述べている。

また、後半では、こうした「攻守の理論」を踏まえて、開戦前の国内における準備段階で、敵と我の態勢を計数的に見積り、十分な勝算を得ておくことについて論じている。

そして、最後に「軍の形」を「水」に喩《たと》えることで、その本質を述べて結論としている。

一

孫子曰く、昔の善く戦う者は、先ず勝つべからざるを為し、以て敵の勝つべきを待つ。勝つべからざるは己れに在り、勝つべきは敵に在り。故に善く戦う者は、能《よ》く勝つべからざるを為し、敵をして必ず勝つべからしむる能わず。故に曰く、勝は知るべくして、為すべからず。

勝つべからざる者は守ればなり。勝つべき者は攻むればなり。守るは則ち足らず、攻むるは則ち余り有り（〈竹簡本〉守らば則ち余りあり、攻むれば則ち足らず）。善く守る者は、九地の下に蔵《かく》れ、善く攻むる者は、九天の上に動く。故に能く自ら保ちて全く勝つなり。

【現代語訳】

孫子は言う。昔の戦いの達人は、まず我の守りを固くして、敵が我を攻めても勝てないようにしてから、敵が弱点を表わして、我がそれに乗じて攻めれば勝てるようになるのを待った。敵が我を攻めても勝てない態勢は、我が備えを万全にすることによりもたらされるが、我が敵を攻めれば勝てる態勢は、敵に怠りがあり、備えていないことによるのである。だから、戦いの達人でも、我の守りを固めて、敵が我を攻めても勝てないようにすることはできても、敵が弱点を表わして、我が敵を攻めれば必ず勝てるような態勢にさせることはできない。そこで、「こうすれば勝てると知ることはできるが、それを実行するのは難しい」と言われるのである。

敵が我を攻めても勝てないのは、我が堅固に防御しているからである。我が敵を攻めれば勝てるのは、敵の弱点を攻撃するからである。（戦術的には）防御は地形を戦力化するので少ない兵力で可能であるが、攻撃をするには多くの兵力が必要である〔（竹簡本）戦略的には、守勢に立てば全軍の戦力に余裕が生じることもあるが、同じ戦力で攻勢に出れば不足することもある〕。上手に防御する人は、地形を最大限に活用して静かに隠れ、上手に攻撃する人は、機を失することなく縦横無尽に機動する。それゆえ、自軍は損害を受けることなく、完全な勝利をとげるのである。

二

勝つを見る衆人の知る所に過ぎざるは、善の善なる者に非ざるなり。戦い勝ちて天下善と曰うとも、善の善なる者に非ざるなり。故に秋毫《しゅうごう》を挙ぐるを多力と為さず、日月を見るを明目と為さず、雷霆《らいてい》を聞くを聡耳《そうじ》と為さず。古《いにし》えの所謂《いわゆる》善く戦う者は、勝ち易きに勝つ者なり。故に善く戦う者の勝つや、智名無く、勇功無し。故に其の戦勝忒《たが》わず。忒わざる者は、其の勝ちを措く所、已《すで》に敗るる者に勝つなり。故に善く戦う者は不敗の地に立ちて、敵の敗を失わざるなり。

是の故に勝兵は先ず勝ちて、而《しか》る後に戦いを求め、敗兵は先ず戦いて、而る後に勝つを求む。善く兵を用うる者は、道を修めて法を保つ。故に能く勝敗の政を為す。

【現代語訳】

未だ戦わずして勝利を予測することは、どんな凡庸な君主や将軍でもできることなので、最高に優れたものではない。戦いに勝って、その優れた用兵から智名や勇功を天下の人々が賞賛しただけでは、最高に優れたものではない。例えば、天下の人々は細い毛を持ち上げた者を力持ちとはいわず、太陽や月を見た者を目が良いとはいわず、雷鳴を聞いた人を耳が良いとはいわない。これと同じで昔の戦いの達人は、敵の弱点を看破してこれに乗じることで易々と勝ったのであるから、こうした戦いの達人の勝利には、奇策による逆転勝利も、智謀に優れたとの名声も、武勇をたたえる手柄もない。ただ作戦計画どおりに錯誤なく戦っただけである。このように計画どおり錯誤なくできるのは、その勝利の前提が、すでに弱点をさらして負けている敵に勝つものだからである。それゆえ、戦いの達人は、万全の作戦計画を立て、まず敵が我を攻めても破ることができない場所で守りを固めて動かず、その上で敵を破れるチャンスがあればこれを逃さず、ただちに攻撃する。

このように勝つべき軍というものは、開戦前に廟算（作戦会議）を重ねて十分な勝算を得てから、不敗の立場で敵との戦いを求めるのであるが、敗れるべき軍とは、勝算もなく無計画に戦いを始め、行きあたりばったりで勝とうとするのである。これらに加えて、上手に兵を用いる将軍は、自ら人としての道を修めて上下の心を一つにさせ、規律を維持して軍法や命令を厳守させるので、強い軍隊をもって戦うことができ、勝利を確かなものにする。

三

〔（竹簡本）善き者は、道を修めて法を保つ。

故に能く勝敗の正を為す〕

法、一に曰く度《たく》、二に曰く量、三に曰く数、四に曰く称、五に曰く勝。地は度を生じ、度は量を生じ、量は数を生じ、数は称を生じ、称は勝を生ず。故に、勝兵は鎰《いつ》を以て銖《しゅ》を称《はか》るが若《ごと》く、敗兵は銖を以て鎰を称るが若し。

【現代語訳】

優れた人は、（本篇の第一段で論じた「守勢から攻勢への二段構え」という）「勝敗の道理」をよくわきまえ、敵と我の態勢を度・量・数・称・勝の五段階による方法で見積る。それゆえ、勝敗の道筋を正しく把握するのである。

①「度《たく》」とは、距離や面積を測ることである。

②「量」とは、体積や容積を量ることである。

③「数」とは、多少衆寡を積算することである。

④「称」とは、全体のバランスを考えたり、二つを比較したりすることである。

⑤「勝」とは、勝算について考えることである。

形ある物はすべて土地に関わることから、まず戦域や戦場の広さ・高さ、根拠地から戦場までの距離などを考える（度）。そして、その戦場の地形的条件に応じて投入できる米穀・金銀などの物量を考える（量）。次いで、その物量に応じて動員可能な兵士の数と行動できる期間、すなわち継戦能力を算出する（数）。たとえ度・量・数が備わっても、全体のバランスを考えなければ、変化に応ずることもできず勝てないので、これらを総合して軽重や有余不足を見積った後に、敵と我の総合的な戦力を比較する（称）。この結果に基づいて、いかにして勝つかを判断するのである（勝）。

勝つべき軍には、この「態勢見積り（度・量・数・称・勝の五段階による見積り）」による十分な勝算がある。それはあたかも、鎰《いつ》（二十四両）という重さの物で銖《しゅ》（二十四分の一両）というきわめて軽い物を天秤にかけて量るようなもので、ほかに何ら力を加える必要もないが、敗れるべき軍とは、銖の軽さの物で鎰の重さの物をかけて量るように、いくら力を加えても持ち上がることがない。

四

勝つ者の戦、積水を千仭《せんじん》の谿《たに》より決するが若き者は、形《かたち》なり。

【現代語訳】

勝つべき者の戦いとは、数千メートルもある深さの谷に満々と貯えておいた水を、その堤を決壊させることで一挙に流すようなものである。この水のように常なる形もなく、それを測ることもできないのが軍の形である。

第四篇「軍形」の解説

▼勝は知るべし、而して為すべからず

第一篇「始計」では七計をもって戦争の勝ち負けを知るのであるが、戦場では不確定要素や偶然性により必ずしも勝てるとは限らず、たとえ勝てたとしてもこちらにも多くの損害が出ることもあり得る。そこで、「廟算」により漏れのない作戦を立て、完全な勝利を追求する。

廟算においては「態勢見積り」を行ない、そこで勝算があれば、それが作戦計画に反映される。この際、敵を侮らず、敵の立場になって考察し、すべての出方を想定して漏れなく手を打っておくことが重要である。これにより、戦場でも敵にふり回されず、こちらが常に主動的に動けるようになる。これ

軍形（ぐんけい）

り決するがごとき者は、形なり

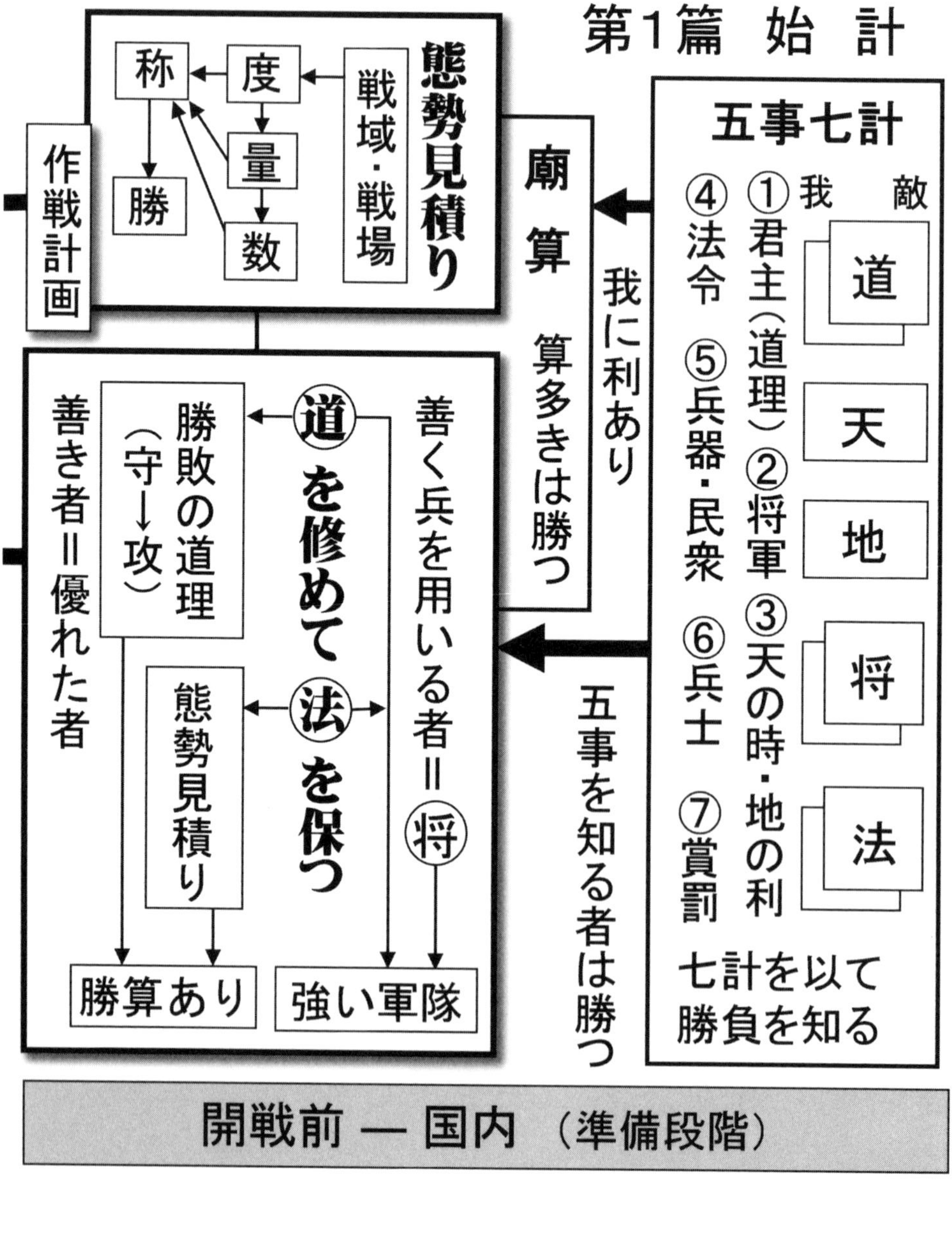

第四篇

勝者の戦い 積水を千仞の谷よ

負けない態勢を整える

①勝つべからざるを為す

②敵の勝つべきを待つ

勝は知るべし、而して為すべからず

敵の過失・弱点の露呈（＝敵の敗）

勝ち易きに勝つ

奇勝なし

↓

智名もなく勇巧もなし

戦い勝ちて忒《たが》わず

↑

已に敗るる者に勝つ

不敗の地に立ち、而して敵の敗を失わざる

攻撃（攻勢）	防御（守勢）
所要兵力・多（不足）	所要兵力・少（余裕）

開戦後 — 戦場（実行段階）

が、「勝は知るべし」ということである。

しかしながら、開戦前の廟算でありとあらゆる敵の出方を考察したとしても、実際の戦場では、敵も「自由な意思」を有するのであるから、すべてこちらの思いとおりになるとはかぎらない。これが「而して為すべからず」である。

まず「負けない態勢」を整え、次に「勝ち易きに勝つ」ことを論じる第四篇「軍形」では、あくまで「勝を知り、勝を待つ」ことまでを説いているのであり、この篇を学んだだけでは「勝を為す」には至らない。第四篇「軍形」に続く、第五篇「兵勢」、第六篇「虚実」までをしっかり学んで「戦いの原理・原則」に習熟し、戦場においても「形」と「勢」により「虚と実」を制することではじめて、「勝を為す」ことができるようになるのである。

▼「防御」と「攻撃」について

「勝つべからざる者は守ればなり。勝つべき者は攻むればなり」に続く文章が、『魏武注』以降の『孫子』では、「守は則ち足らざればなり、攻は則ち余り有ればなり」と記述されているが、『竹簡本』では、「守れば則ち余りあり、攻むれば則ち足らず」となっている。一見すると、これらの文章はまったく逆のことを書いているように思えるが、実はそうではない。

まず『魏武注』以降の文章であるが、主語は、「守」「攻」、すなわち「防御」「攻撃」といった戦術行動である。直訳すれば、「防御は兵力が足りないからであり、攻撃は兵力が余っているからだ」となり、これは戦場における戦術レベルの話である。

次に『竹簡本』の文章であるが、主語は明記されていないが「我」であり、「守れば」「攻むれば」はそれぞれ「守勢に立てば」「攻勢に出れば」といった場合を意味している。直訳すれば、「守勢に立てば兵力が余り、攻勢に立てば兵力が足りない」と

守勢・攻勢（戦略）と防御・攻撃（戦術）

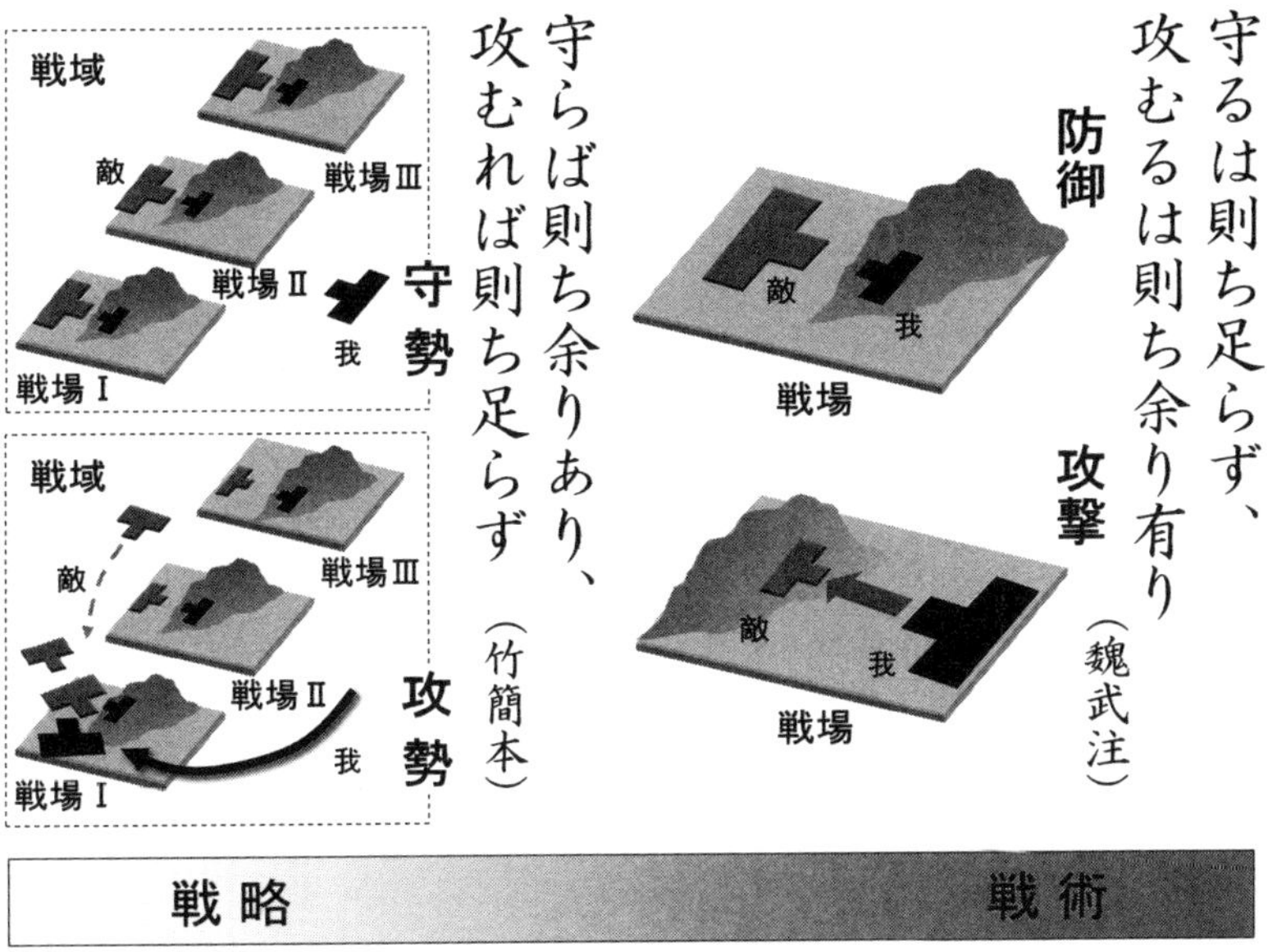

なり、これは戦域における戦略レベルのイメージで書かれている。

つまり、「守」と「攻」を戦術レベルで論じているか、戦略レベルで論じているかの違いであり、どちらも正しいことを述べているのである。

▼「道を修めて法を保つ」に二つあり

ここでも『魏武注』以降の『孫子』と『竹簡本』で文章の一部が異なるため、まったく違う意味になっているが、どちらも正しいことを述べているケースである。

『魏武注』などでは、「善く兵を用うる者は、道を修めて法を保つ。故に能く勝敗の政を為す」である。主語は「将軍」であり、「道を修めて法を保つ」ことにより、「強い軍隊をもって戦うことができ、勝利を確かなものにする」のであるから、「道」と「法」を第一篇「始計」の五事にある道・法と解釈するのが妥当である。

これに対して『竹簡本』では、「善き者は、道を修めて法を保つ。故に能く勝敗の正を為す」である。主語は「優れた人」であり、「道を修めて法を保つ」ことにより、「勝敗の道筋を正しく把握する」のであるから、「道」を本篇で述べる勝敗の道理、「法」を態勢見積りと解釈するのが妥当である。

また、前後の文章との関連性からすると、『魏武注』などの「道を修めて法を保つ」であれば、優れた将軍の戦い方を論じる第二段の結びの一文となり、『竹簡本』の「道を修めて法を保つ」であれば、態勢見積りについて述べている第三段の冒頭の一文となる。

このように、両方の「道を修めて法を保つ」を併記することで、はじめて『孫子』が完結するのである。

▼彼我の態勢を見積り、勝算を得る

第三段で述べている敵と我の態勢を度・量・数・称・勝の五段階で考察して見積り、我の勝算を明らかにする手法を『魏武注』などでは「兵法」とし、『竹簡本』では「法」としているが、本書ではこれを「態勢見積り」と現代語訳した。これこそが、開戦前に国内でなされる「廟算」で具体的に実施することなのである。

形ある物はすべて土地に関わることから、まず戦域や戦場の広さ・高さ、根拠地から戦場までの距離などを考える。

例えば、戦場の広さをXキロメートル×Yキロメートルとする。そして彼我の根拠地からの距離と、彼我の部隊や輜重隊《しちょうたい》（兵站部隊）の一日の移動距離から、敵と我の部隊や輜重隊が戦場到着に要する日数が算定できる。これが「度」である。

そして、その戦場の地理的条件に応じて投入できる米穀・金銀などの物量を考える。例えば、彼我の部隊や輜重隊が戦場到着に要する日数と、個々の兵士や牛が一日に消費する食糧・飼料の量から、敵と我の個々の兵士や運搬車が戦場到着までに要する食糧・飼料が算定できる。これが「量」である。

次いで、その物量に応じて動員可能な兵士の数と行動できる期間、すなわち継戦能力を算出する。

例えば、敵国と自国が備蓄する穀物の量と、彼我の個々の兵士が戦場到着までに要する食糧から、敵国と自国の最大動員可能な兵員数が算定できる。

また、敵国と自国が備蓄する飼料の量と、彼我の個々の運搬車が戦場到着までに要する飼料から、敵国と自国の最大動員可能な運搬車の数が算定でき、さらに運搬車一台あたりの積載量から、敵国と自国の戦場に運搬する補給物資の数量が算定できる。これらから、敵国と自国では、どれだけの兵力が、どれだけの期間、戦場で行動できるかが明らかになる。これが「数」である。

たとえ「量」「数」が備わっても、部隊と兵站のバランスなどが崩れていれば変化に応じられないので、これらを総合して有余不足を見積り、敵と我の総合的な戦力を秤にかけるように比較し、どちらが有利であるかを明らかにする。これが「称」である。

最後に「称」の結果に基づいて、いかにして勝つかを判断する。つまり、どのような勝利の仕方をすれば最も有利か、少ない損害で最大の戦果を得るにはどうするか、というような「勝利の基本形態」を設定するのである。これが「勝」である。

これら「度」から「勝」までの手順を踏んで、十分な勝算があれば、戦場でも極めて有利に戦うことができる。こうした態勢見積りの結果は、「作戦計画」に反映されるのである。

▼時々で変化する「軍の形」

水に常なる形がないように、軍の形にも定まった

態勢見積りの一例

度

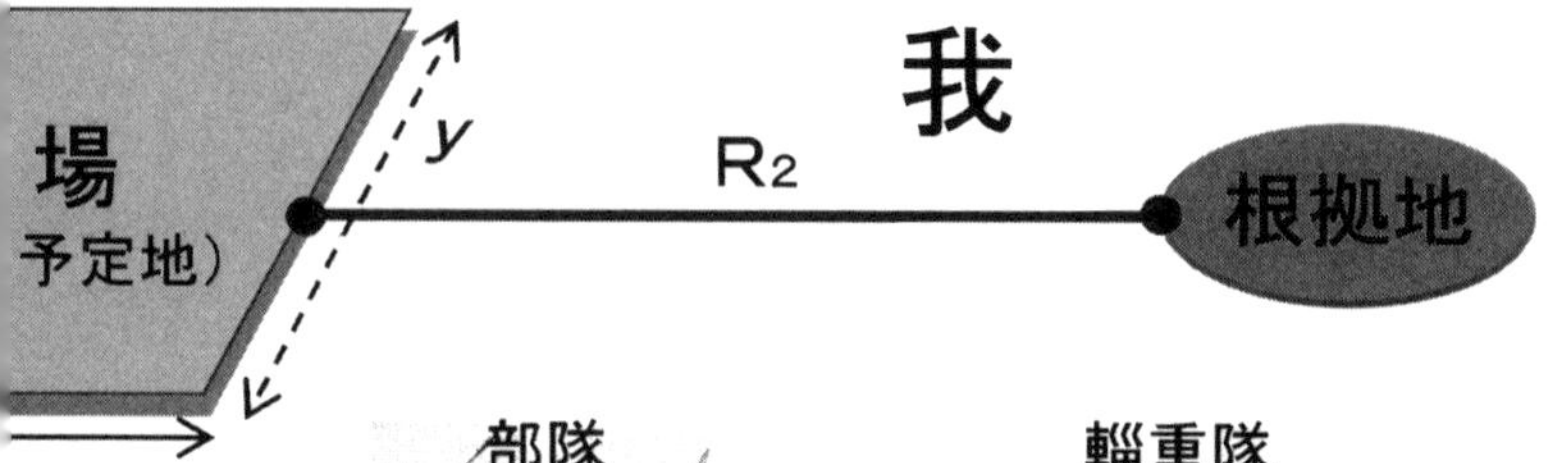

r_2／日　r'_2／日

1日に移動する距離

$R_2/r_2=\Delta$日：我の部隊が戦場到着に要する日数

$R_2/r'_2=\Delta'$日：我の兵站物資が戦場到着に要する日数

量

Δ日 $\times m_2 = t_2$：我の兵士1人が戦場到着までに要する食糧

Δ'日 $\times m'_2 = t'_2$：我の運搬車1両が戦場到着までに要する飼料

飼料の量

数

自国が備蓄する穀物の量

T_2/t_2 ＝自国の最大動員可能な兵員の数

自国が備蓄する飼料の量

T'_2/t'_2＝自国の最大動員可能な運搬車の数

×

1台あたりの積載量

‖（×減損率）

戦場に運搬する補給物資の数量

勝

形態を設定）

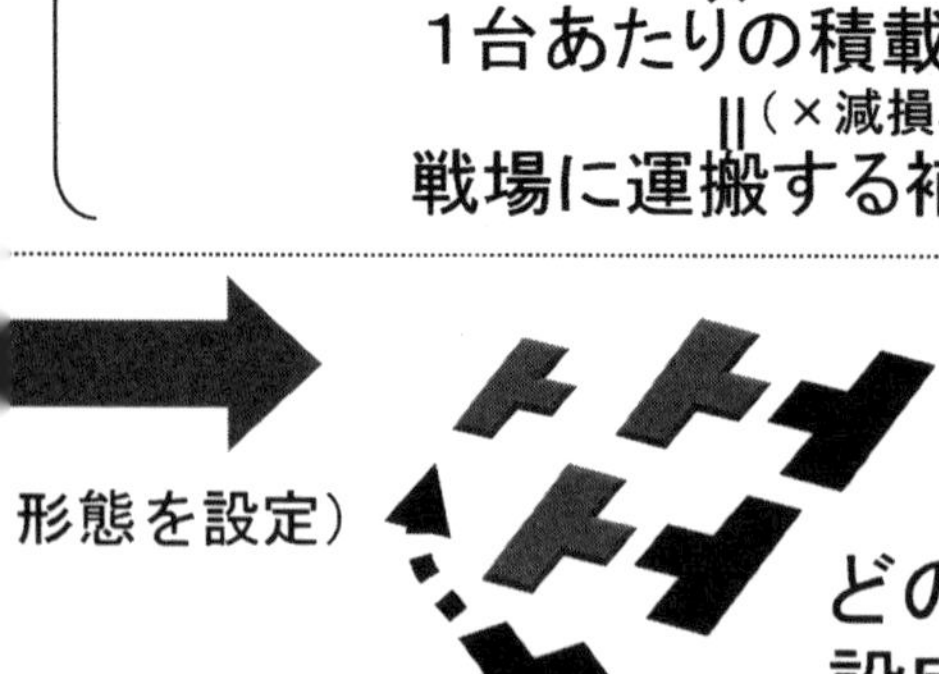

どのような勝利の仕方を設定すれば最も有利か。

敵

根拠地 —— R_1 —— 戦（会戦

輜重隊

r'_1／日

部隊

r_1／日

← X

1日に移動する距離

R_1/r_1 ＝〇日：敵の部隊が戦場到着に要する日数

R_1/r_1' ＝〇'日：敵の兵站物資が戦場到着に要する日数

兵士1人が1日に消費する食糧の量

〇日 × m_1 ＝ t_1：敵の兵士1人が戦場到着までに要する食糧

〇'日 × m'_1 ＝ t'_1：敵の運搬車1両が戦場到着までに要する飼料

運搬車1両を牽引する牛が1日に消費する

敵国が備蓄する穀物の量

T_1/t_1 ＝敵国の最大動員可能な兵員の数

敵国が備蓄する飼料の量

T'_1/t'_1 ＝敵国の最大動員可能な運搬車の数

×

1台あたりの積載量

‖（×減損率）

戦場に運搬する補給物資の数量

どれだけの兵力が、どれだけの期間、戦場で行動できるか

称 比較・計量

↓

総合的な戦力差

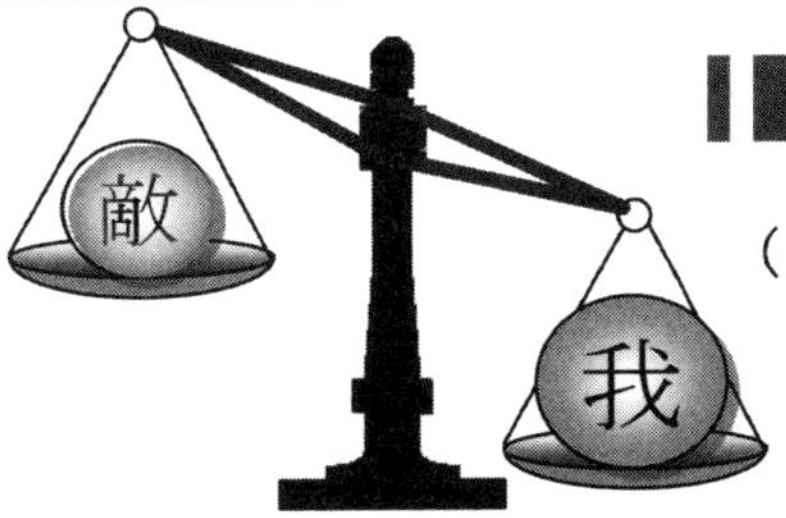

＝

（勝利の基本

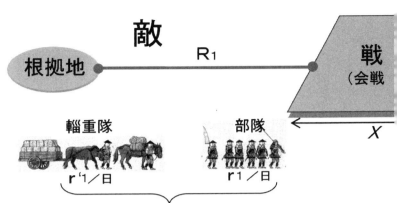

ものはなく、任務や敵、地形などに応じてその時々で変化する。攻撃開始前や守勢における軍の形は、千仞の谷に貯えている水に似ており、また攻勢における軍の形は、その堤が決壊して一挙に流れる水のようなものである。こうした軍の形について山鹿素行は、『孫子諺義』の中で、次のように述べている。

旧い説では、守・攻を以て軍の形としている。それは、この第四篇では守・攻を詳しく論じているからである。しかしながら守と攻は『戦《いくさ》の形』である。兵の形には、行列があり、陣法があり、営法（宿営の方法）があり、城の制（城の築き方や城での戦い方の規則）がある。この四つの形は、我に備わるところの形であるが、敵にもまた、この四つの形がある。これらすべてを合わせて『軍の形』と言う。これらを基に、篇の終わりに度・量・数・称・勝の五法を挙げて形を論じているのである。どうして、守・攻だけで軍の形だなどと云えようか。

第五篇「兵勢」

【概要】

「兵勢《へいせい》」の「勢」とは、敵よりも一致団結し、よく訓練されている、といった我の利点を活かし、戦場で臨機応変によく戦うことである。そして、「兵勢」とは、兵にこうした勢いがあり、気力旺盛にして敵がこれに対応できないことをいう。

第五篇では、まず、「形」を生み出す分数・形名、「勢」を生み出す奇正・虚実の定義を述べ、次いで、「正を以て合い、奇を以て勝つ」「環の端なきがごとし」といった奇正の本質を論じる。そして、第三段で「勢は険にして、節は短なり」として「勢い」と「節」の関係を論じ、第四段では「治乱は数、勇怯は勢、強弱は形」として、乱れず、怯えず、弱ならざる兵（これを「正兵」という）の戦い方を例示している。さらに、第五段では敵を誘い、こちらの思うように動かす術について述べ、最後に「円石を千仞《せんじん》の山に転ずる」ような、「兵勢」の本質について論じている。

このように、第四篇「軍形」が勢をもって形を論じていたのに対し、第五篇「兵勢」は形をもって勢を論じており、これらが表裏一体であることを理解しながら読まなければならない。

一

孫子曰く、凡そ衆を治むるは寡《か》を治むるが如し、分数是れなり。衆を闘わしむる寡を闘わしむるが如くとは、形名《けいめい》是れなり。三軍の衆、必ず敵を受けて敗なからしむべき者は、奇正是れなり。兵の加うるところ、碬《たん》を以て卵に投ずるが如き者は、虚実是れなり。

【現代語訳】

孫子は言う。大勢の兵士を指揮していても、少人数であるかのように簡単に指揮できるのは、軍隊を末端まで編成区分して、それぞれに指揮官を置くこと（分数）による。大勢の兵士を戦わせても、少人数を戦わせているかのように整然と行動させるのは、旗や鐘・太鼓などで命令を伝達すること（形名）による。三軍（先陣・本陣・後陣）の兵士らを、いかなる敵と戦っても敗れないようにさせるのは、状況の変化に応じて適時に処置するやり方（奇）と定石どおりの一般的なやり方（正）とによる。我が兵をもって敵を攻めれば、あたかも石を卵にぶつけるかのように撃ち砕くのは、空虚で隙だらけ（虚）の敵を、我の充実した戦力（実）で撃つからである。

二

凡そ戦は、正を以て合い、奇を以て勝つ。故に善く奇を出だす者は、窮《きわ》まり無き天地の如く、竭《つ》きざる江河の如し。終わりて復《ま》た始まるは、日月是れなり。死して復た生ずるは、四時是れなり。声は五に過ぎざるも、五声の変は勝《あ》げて聴くべからざるなり。色は五に過ぎざるも、五色の変は勝げて観るべからざるなり。味は五に過ぎざるも、五味の変は勝げて嘗《な》むべからざるなり。戦の勢は奇正に過ぎざるも、奇正の変は勝げて窮むべからざるなり。奇正の相生ずるは、循環の端《はし》なきが如し。孰《た》れか能くこれを窮めんや。

【現代語訳】

戦いとは、正をもって敵に当たり、奇をもって勝ちを決するものである。このように、巧みに正から奇を生み出す者の智謀は、広大な天地のように窮まりなく、大河の流れのように尽きることがない。

終わってはまた始まるのは、日と月が交互に出没するかのようであり、死んだようにじっとしていたり、活発に動いたりを繰り返すのは、春夏秋冬が移り変わるかのようである。音階は五つしかないが、その組み合わせによってできる曲は無限にあって聞き尽くすことができない。色には青・黄・赤・白・黒の五つの原色があるが、これらが混じり合った色彩は無限にあって見尽くすことができない。味は、酸っぱい、辛い、塩辛い、甘い・苦いの五つにすぎないが、これらが混じり合った変化は無限にあって味わい尽くすことができない。それと同じように、戦いの勢いは、奇と正の二つをうまく使うことにより生じるのであるが、戦場でこれらを用いればその変化は無限にあって窮めつくすことができない。正が変じて奇となり、奇が変じて正となり、正だけで定まることもなく、奇だけが窮まることもない。それは丸い輪に端がなく、どこが始まりでどこが終りともしれないようなもので、誰もそれを窮めることができない。

三

激水の疾《と》き、石を漂《ただよ》わすに至る者は勢《いきおい》なり。鷙鳥《しちょう》の疾き、毀折《きせつ》に至る者は、節なり。故に善く戦う者は、其の勢は険《けん》に、其の節は短し。勢は弩《ど》を張るが如く、節は機を発つが如し。

【現代語訳】

本来は柔弱な水も、深い谷に満々と貯え、その堤を一挙に決壊させて狭い水路に多量の水を流せば、重たい大石でも漂って転がるほどの激しい流れになる。これが勢いというものである。鷹《たか》や鷲《わし》などが獲物を捕ろうとすれば、狙い外さず一撃で獲物の骨や翼を打ち砕く。これが節というものである。このように戦いの達人であれば、その勢いは盛んにして激しく、その節は敵との間合いを詰めて、近距離から一瞬のうちである。つまり、勢いとは大きな弓を張るようなものであり、節とはこれを射ち放って狙い違わず当てるようなものである。

四

紛々紜々《ふんぷんうんうん》、闘い乱れて、而も乱すべからず。渾々沌々《こんこんとんとん》、形円《かたち》にして、而も敗るべからず。乱は治に生じ、怯《きょう》は勇に生じ、弱は強に生ず。治乱は数なり。勇怯は勢なり。強弱は形なり。

【現代語訳】

それぞれの陣が四方に分散して、前後左右から敵に攻めかかる。陣形を乱しながらも、兵士らは乱してはならないところを踏まえているので、敵によって乱されることはない（よく治まった陣から生じる乱れは、本当の乱れではないので、敵は我を乱すことができない）。

不利になれば一箇所に集まり、兵を列ねて円形に陣を敷く。こうすれば全周に隙がないので、たとえ敵に囲まれても敗れることがない（真の勇から生じる怯えは、本当の怯えではなく、真の強さから生じる弱さは深刻な弱さではない。我が円陣を敷けば、弱兵であるがゆえ、敵を恐れて動こうとしないようにさえ見えるが、敵はこれを破ることができない）。

陣営が治まっているか乱れているかは、「分数」によるものである。兵士らが勇むか怯えるかは、勢いに乗るか遅れるかによるのであり、これが「勢」である。軍隊が強いか弱いかは、兵士が「形名《けいめい》」に応じて機敏に動けるように教練されているか、敵に負けない態勢にあるかといった「形」によるものである。

五

故に善く敵を動かす者は、これに形すれば、敵これに従う。これを予《あた》うれば、敵必ずこれを取る。利を以てこれを動かし、本を以てこれを待つ。

【現代語訳】

それゆえ、人を致して我の思うままに行動させる達人は、敵を誘い出したければ、我がそのような形をなし、敵を退けたければそのような形をなして、敵の行動を皆、我の形に従わせる。また、敵にある場所を取らせてその優劣を見ようとすれば、敵は必ずそれを取りに来る。つまり、利益を見せて敵を誘い出し、我は「正兵」をもってこれを撃つべき好機を待つのである（正兵とは、分数・形名を整え、乱れず怯えず弱ならざる兵である）。

六

故に善く戦う者は、これを勢に求めて人に責《もと》めず、故に善く人を択《えら》びて勢に任ず。勢に任ずる者、其の人を戦わしむるや、木石《ぼくせき》を転ずるが如し。木石の性、安ければ則ち静かに、危うければ則ち動く。方ならば則ち止まり、円ならば則ち行く。故に善く人を戦わしむるの勢、円石を千仭《せんじん》の山に転ずるが如き者は、勢なり。

【現代語訳】

そこで、戦いの達人は勝敗を「勢」に求めて、兵数が多いことに頼ろうとはしない。だから、優れた兵士を選りすぐり、十分に訓練することで強くし、その勢いに任せて戦うのである。勢いに任せてこれらの兵士を戦わせるありさまは、木や石を転がすようなものである。木や石の性質は、これを平坦な場所に置けば静止して動かないが、急な斜面に置けば動き出し、方形であればじっとして動かないが、丸ければ転がって動き出す。これと同じで、選ばれて鍛えられた兵士たちを全力で戦わせれば、その勢いは千仭の高い山から丸い石を転がしたかのように強大なものになる。それが兵の勢いというものである。

兵勢（へいせい）

仞の山に転ずるが如き者は、勢なり

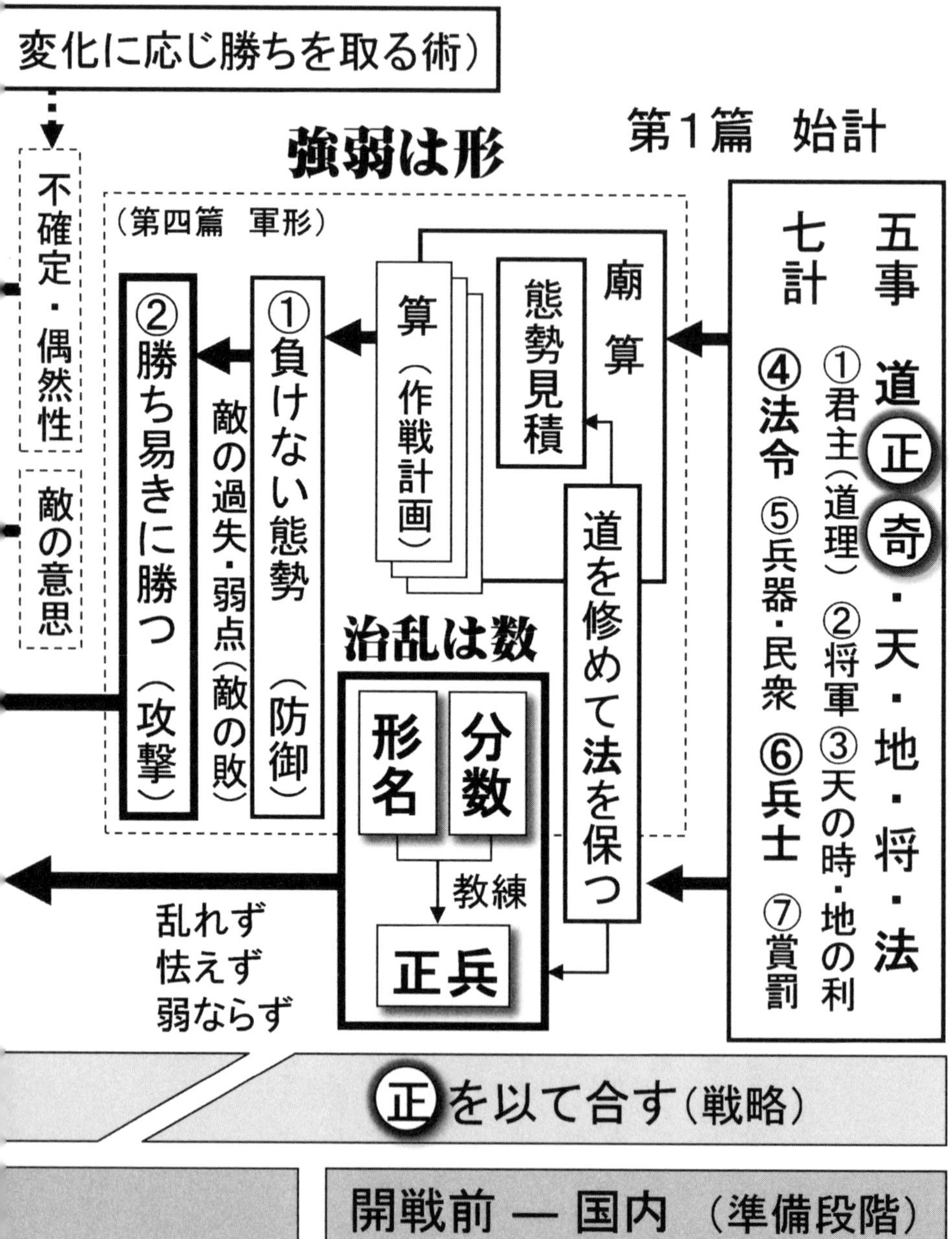

第五篇

善く人を戦わしむるの勢、円石を千

兵とは詭道なり（詭道＝

勇怯は勢

状況の変化
↓
戦機（権）

五事七計の利

勢は利に因《よ》りて権《けん》を制するなり

我の用兵

奇正

敵の態勢

虚実

正を以て合い、奇を以て勝つ

○先陣
○緒戦
○正面攻撃

戦機

○中陣・後陣
○戦果拡張・追撃
○側面・背面攻撃
（戦術）

環の端なきがごとし

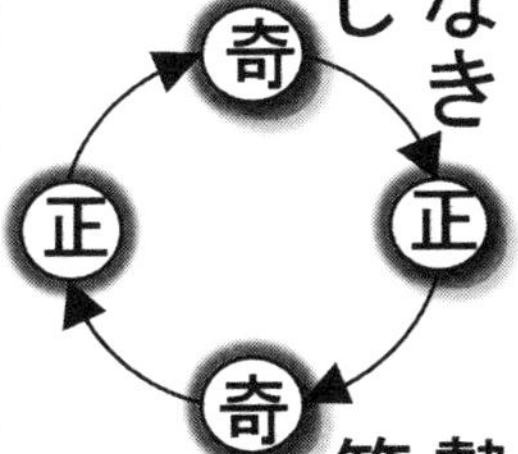

勢は険にして、節は短なり

奇を以て勝つ（戦略）

開戦後 — 戦場（実行段階）

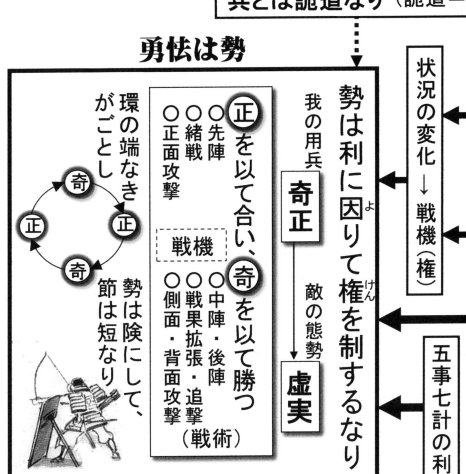

第五篇「兵勢」の解説

▼第四篇「軍形」と第五篇「兵勢」は表裏一体

第五篇「兵勢」は、第一篇「始計」に出てきた「勢＝五事七計の利を活かした臨機応変の処置」を「兵の勢い」の観点から詳述するものである。

戦いにおける軍隊の勢いとは、それを構成する兵士によってもたらされるものである。戦場では、状況が変化して戦機が訪れたとしても、疲れた兵士が気後れしてこれを逃すことが多々ある。将軍はそうなることを予測して、あらかじめ兵士の気力を旺盛にさせ、その勢いを貯えておくのである。

「軍」とは将軍に指揮・統制された兵の集合体であり、「兵」とは軍を構成する人や物の総称である。『孫子』では、まず第四篇で静的な軍の形を述べ、次いで第五篇で動的な兵の勢いを論じているが、これは同じものを異なる視点から述べているのである。同じ水であっても、積水のようにならしめるのは「形」であり、激流となって大石を漂わせるのが「勢」である。目に見える形がある積水には、形のない激水という勢いがその中に潜在している。もしも水が少なければ形は弱く、堤を決壊させても物を漂わせるような勢いにはならない。これが形と勢との関係である。

第四篇「軍形」と第五篇「兵勢」の関係で、もう一つ重要なことは、それぞれの篇の結言が、第四篇では「組織」である軍の形を水に喩《たと》える一方で、第五篇では、「人」を主体とする兵の勢いを丸い石に喩えていることである。

第四篇「軍形」の結言は、「勝つべき者の戦いとは、千仞の谷に満々と貯えておいた水を、その堤を決壊させることで一挙に流すようなものである。この水のように常なる形もなく、それを測ることもできないのが軍の形である」であった。「積水を千仞の谿より決する」とは、あくまでその流動的な形を述べているのであり、激水の勢いについて論じているのではない。

これに対して、第五篇「兵勢」では、「選ばれて鍛えられた兵士たちを全力で戦わせれば、その勢いは千仭の高い山から丸い石を転がしたかのように強大なものになる。それが兵の勢いというものである」としている。つまり、十分に訓練されて「形」が整った兵士とは、意気盛んであり、自然のうちに山から転がす円石のような勢いが備わってくるということである。

軍の形は、将軍が常に教練して守るも攻めるも変幻自在、無形にいたるかのようにする。

兵の形は、分数・形名により「乱れず、怯えず、弱ならず」となり、このような正兵には勢も自ら備わって、その形の及ぶところ、これを防ぐことはできない。そして、勢いに満ちた優れた兵であれば、機に変ずることは天地のごとく、大海のごとく、窮まりないものとなる。

▼「正を以て合い、奇を以て勝つ」に三段階あり

「奇と正」には、五事七計の「道」のレベルでの正と奇、戦略のレベルでの正と奇、さらに戦術レベルでの正と奇の三段階がある。

まず、最も大きな観点からの「奇と正」についてであるが、この世には正義と邪悪の二つの道がある。人として正しい道を踏み行って、無道を討ち、道義によって挙兵し、不義や非道を戒めるのは、すべて「正兵」であり、そうでないものが「奇兵」である。

しかし、このような正兵も、戦場で敵と戦うに及んでは、奇変を用いなければ勝つことはできない。このことを日本最古の兵法書『闘戦経』では、「大軍の運用は進む・止まるが基本であり、奇・正は瑣末なことであるが、戦場において戦闘中の第一線部隊や兵士には敵に対する仁義や常理など不要であり、ただ詭道に徹せよ」と説いている。

次に、戦略レベルでの「奇と正」についてである

五事七計の校は正なり、内謀なり
権詭の勢は奇なり、外佐なり

戦略レベルでの正と奇

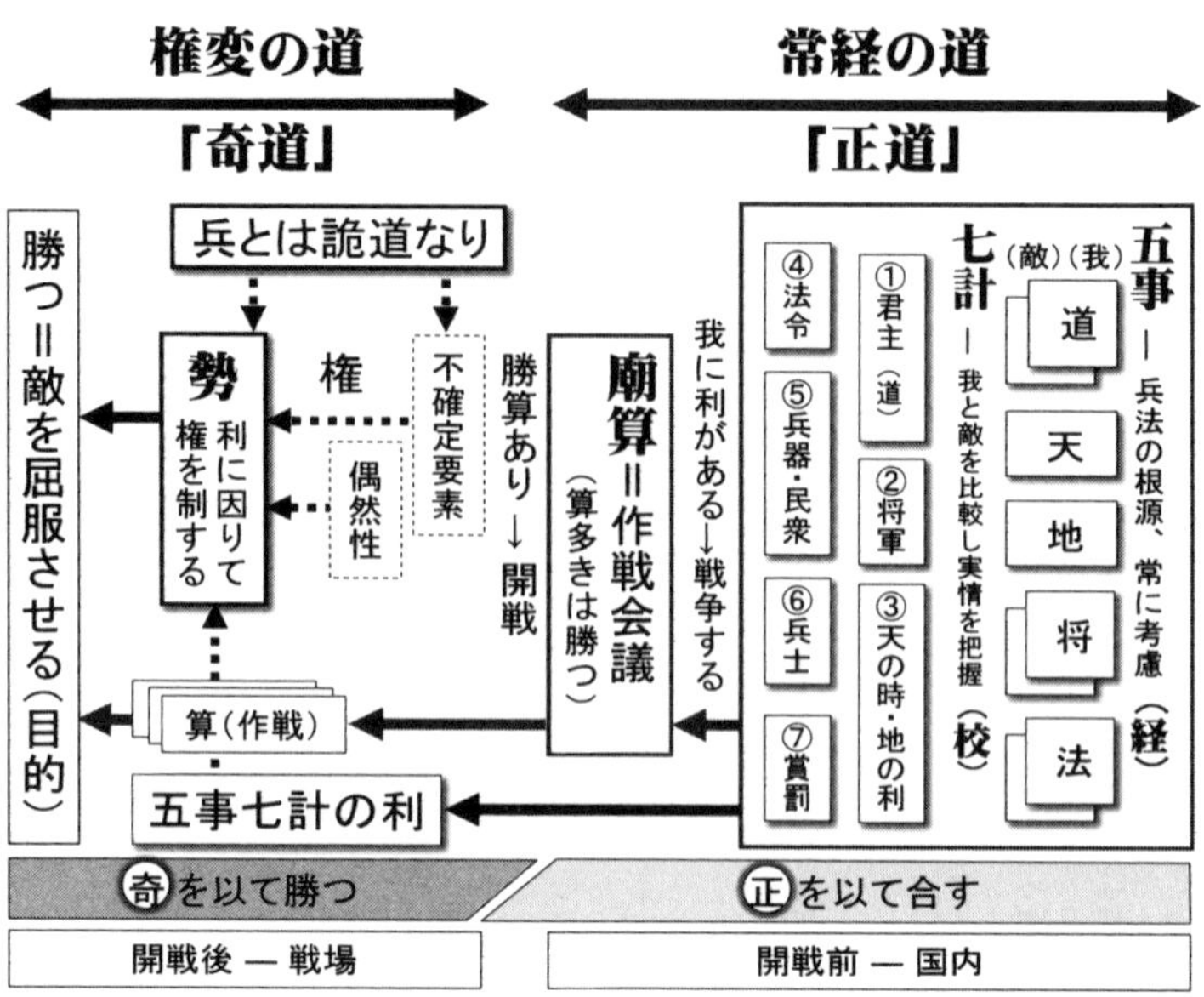

が、時系列的にみて開戦前に五事七計で勝ちを知り、廟算《びょうさん》を経て算多くしてから開戦するのが、「正を以て合す」であり、開戦後の戦場で勢、すなわち「利に因りて権を制する」ことで勝を為すのが「奇を以て勝つ」である。

開戦前にはまず、「五事七計」で敵と我の情勢を見積って、戦争をするか、しないかを戦略的に判断する。つまり、始めにおいて終りを考え、戦争すると判断したならば、次に、「廟算」により、敵と我の態勢を見積り、戦争に勝つための戦略・戦術的な判断を行なう。

「廟算」で幅広く議論を重ねて漏れのない作戦を数多く立てることにより、勝利を確実なものにしてから、いよいよ開戦に踏み込むのであるが、ここまでの段階を「常経の道」、あるいは「正道」という。そして、開戦後は「勢」という戦場における臨機の戦術的判断により、機転を利かして変化に柔軟に対応し、突如現れたチャンスを逃すことなく掴んで戦うことで敵に勝つ。この段階を、「権変の道」、あるいは「奇道」という。

こうしたことから、「五事七計の校は正なり、内謀なり。権詭の勢は奇なり、外佐なり」ともいわれる。外佐とは、外部からの要因によって助ける、援助するといった意味である。

そして、戦術レベルでの「奇と正」の一例であるが、敵と相戦うときは、まず陣形を整え、正々堂々としてみだりに攻めかからず、進退を秩序正しくし、部隊ごとに統制して前に進めて撃つ。これが「正を以て合い」である。敵陣が崩れ始めたならば、こちらも足並みを乱して一挙に攻め寄せ、敵に退却の兆候が表れたならば、すかさず追撃して勝ちを確かなものにする。これが「奇を以て勝つ」である。

また、正面攻撃（正を以て合い）では相互に勝敗がつかなければ、先陣で前から攻めるように見せながら、本陣や後陣が側面や背後に回りこみ、敵を包囲する（奇を以て勝つ）。このように智謀に優れた将軍は、戦場でいかなる戦機も見逃さず、巧みに正から奇を生み出すのである。

▼「奇正」と「虚実」の関係

戦いにおける勢いとは、奇正がもたらす効用である。我の将軍が状況の変化に応じて適時に処置する戦い方（奇）と、定石どおりの一般的な戦い方（正）をうまく使い分けて兵を用いれば、全軍の兵士たちはいかなる敵と戦っても敗れることなく、そうなれば、兵士の気力も旺盛になり、勢いづいてくる。これを「戦勢は奇正に過ぎず」という。

こうして勢いづいた兵は、充実した戦力である。また、奇と正を巧みに用いた戦術・戦法は、戦場における敵と我の態勢、すなわち「形」を次々と変化させる。その結果、充実した我が兵の動きにふり回される敵は、不利な形勢に陥り、心身ともに疲れはて、空虚で隙だらけになってしまう。こうして、あ

奇正虚実は勢

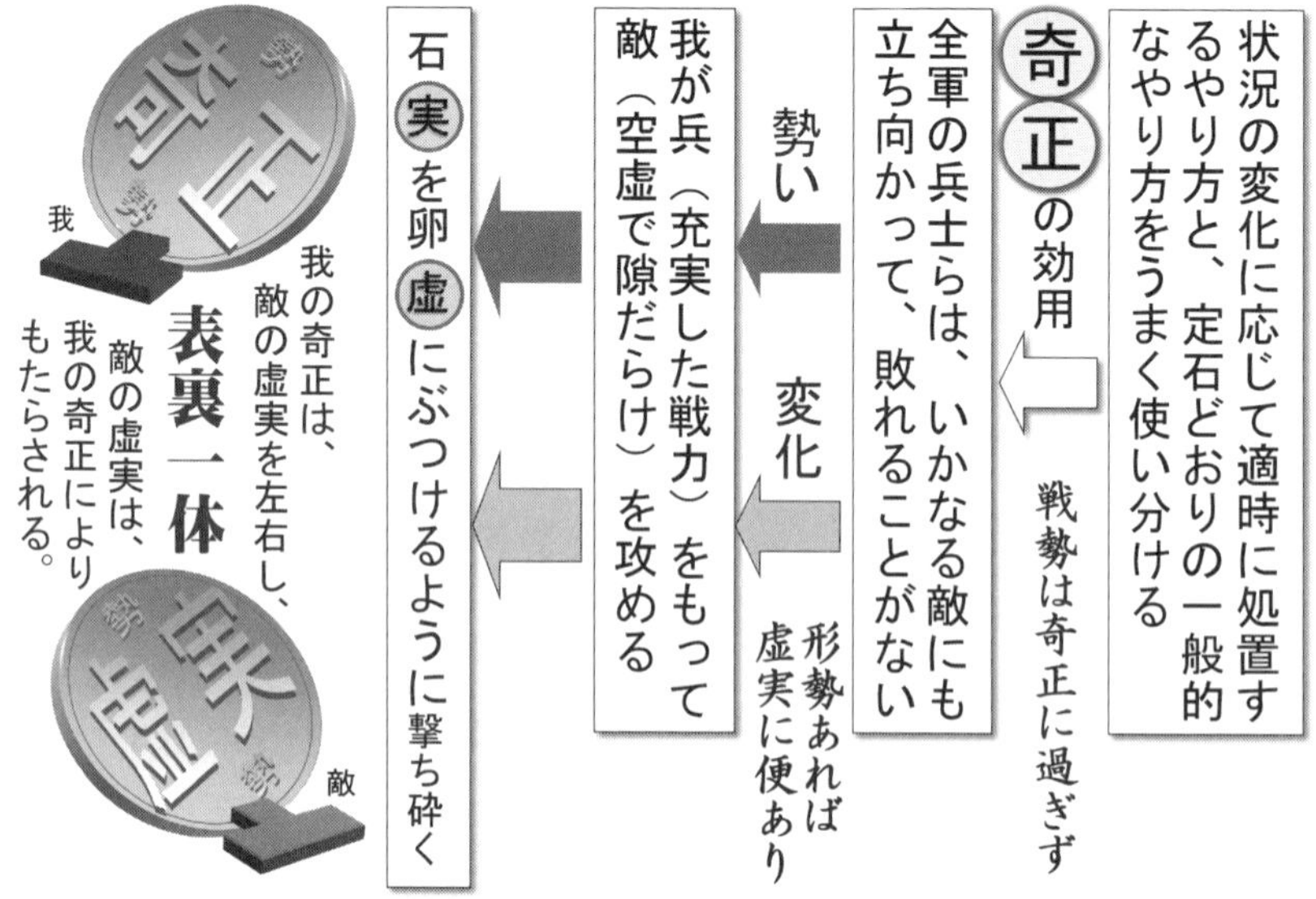

たかも石を卵にぶつけるかのように容易《たやす》く、一撃で敵を撃ち砕くのである。つまり、軍の「形」と兵の「勢い」こそが、彼我の「虚実」に重大な影響を及ぼすのであり、これを「形勢あれば虚実に便あり」という。

このように、「奇正」とは、敵の虚実を左右するものであり、「虚実」は、我の奇正によりもたらされるものであるから、これらは表裏一体で不可分の関係にある。それはあたかも、「勢」という一枚のコインを、こちらから見れば「奇正」であり、敵から見れば「虚実」であるというようなものである。

第六篇「虚実」

【概要】

第六篇「虚実」は、我が充実した十分な備えをもって、空虚で不十分な備えの敵を撃つことを説き、『孫子』における「戦いの原理・原則」の中心をなす最も重要な部分である。

この篇ではまず、「先制（先手は「実」、後手は「虚」になる）」「人を致して人に致されず」および「奇襲」の三つの原則から、主として「心の虚実」について述べ、併せて攻撃と防御における虚実の本質について論じている。

次に、「人を形して我に形無し」という「虚実の理」から「集中と分散」「主動と受動」の二つの原則を導き出し、「形の虚実」について述べる。そして、この「虚実の理」により「勝を為す」には、段階的に敵情を解明すべきであることを説き、最後に「無形に至る」「実を避けて虚を撃つ」など「兵の形」について論じている。

第四篇「軍形」、第五篇「兵勢」と、この第六篇「虚実」は、内容的に深く関わって不可分であるため、まず「軍形」と「兵勢」を理解し、次いで「虚実」を学ばなければならない。

一

孫子曰く、凡そ先に戦地に処《お》りて敵を待つ者は佚《いつ》し、後に戦地に処りて戦いに趨《おもむ》く者は労す。故に善く戦う者は、人を致して人に致されず。

【現代語訳】

孫子は言う。戦に臨む時、まず有利な地形に陣取って相手が攻めてくるのを待つならば、兵士を休ませて全力で戦わせることができる。相手がすでに有利な地を占領しているのに、後からそこへ来て休む間もなく戦闘するならば、兵士は疲れて気力も低下する。そこで、戦いの達人は、相手の行動を自由自在に操って、相手の思いどおりにされることがない。

二

能く敵人をして自ら至らしむる者は、これを利すればなり。能く敵人をして至るを得ざらしむる者は、これを害すればなり。故に敵佚《いっ》せば能くこれを労し、飽《あ》かば能くこれを饑《う》やし、安《やすん》ぜば能くこれを動かす。

其の趨《おもむ》かざる所に出で、其の意《おも》わざる所に趨く。千里を行きて労せざる者は、人無きの地を行けばなり。攻めて必ず取る者は、其の守らざる所を攻むればなり。守りて必ず固き者は、其の攻めざる所を守ればなり。故に善く攻むる者は、敵其の守る所を知らず。善く守る者は、敵其の攻むる所を知らず。微《び》なるかな微なるかな、形無きに至る。神なるかな神なるかな、声無きに至る。故に能く敵の司命為り。

【現代語訳】

敵を自分からやって来るようにさせるのは、利益を与えるからである。敵を来られないようにさせるのは、害になることを示すからである。そこで、敵が十分に休養して兵士の力が充実していれば、これを疲れさせるようにし、糧食が十分にあって満腹でいれば、これを飢えさせるようにし、安全な所にいて戦おうとしなければ、これを誘い出して撃つのである。

敵兵が絶対にやって来ないような所に兵を進出させ、敵が思いもよらない所に向かう。千里もの遠い道のりを行軍しながら疲れることがないのは、前進を妨げる敵がいない無人の地を行くからである。攻撃すれば必ず奪取するのは、敵が守備していないか、守備が手薄な所を攻めるからである。守れば必ず堅固であるのは、攻めるのが困難な地形で防御したり、未だ攻めてこない敵に反撃したりするからである。

そこで上手に攻撃する人には、（機を失することなく縦横無尽に機動するので）敵はどこを守ればよいのかわからない。上手に防御する人には、（地形を最大限に活用して静かに隠れているので）敵はどこを攻めればよいのかわからない。そこには常なる形も、音や声などの兆候もないので、敵はどうすることもできない。こうして、敵の生きるか死ぬかも皆、我が握ることになる。

三

進みて禦《ふせ》ぐべからざる者は、其の虚を衝けばなり。退きて追うべからざる者は、速かにして及ぶべからざればなり。故に我れ戦わんと欲せば、敵、塁を高くし溝を深くすと雖《いえど》も、我と戦わざるを得ざる者は、其の必ず救う所を攻むればなり。我れ戦いを欲せざれば、地に画してこれを守ると雖も、敵、我と戦うを得ざる者は、其の之《ゆ》く所に乖《そむ》けばなり。

【現代語訳】

我が兵を進めて敵を撃つのに、敵がそれを阻止できないのは、敵の「虚」を速やかに撃つからである。我が兵が後退するのに、敵がそれを追うことができないのは、「虚」を衝いてすばやく退くからである。そこで我が戦いたければ、敵は城を堅くして守り、絶対に出撃しないようにしても、戦わざるを得ないようになる。それは、（人質・妻子のある地、糧道や倉庫など）敵が必ず救援に出てくる所を攻撃するからである。我が戦いたくなければ、（堅固な地形に陣取るまでもなく）地面に線を画いて守るだけで敵は我を攻めることができない。それは、敵が考えている所のすべてにおいて、我がその不意に出るからである。

四

故に人を形して我に形無くんば、則ち我専《あつ》まりて敵分る。我は専まりて一為《な》り、敵分れて十為り、是れ十を以て其の一を攻むるなり。則ち我は衆《おお》く敵は寡《すく》なし。能く衆を以て寡を撃たば、則ち吾の共に戦う所の者は約なり。吾與《とも》に戦う所の地知るべからず、知るべからざれば、則ち敵備うる所の者多し。敵備うる所の者多ければ、則ち吾與に戦う所の者寡なし。故に前に備うれば則ち後寡なく、後に備うれば則ち前寡なし。左に備うれば則ち右寡なく、右に備うれば則ち左寡なし。備えざる所なければ、則ち寡なからざる所なし。寡なき者は人に備うる者なり。衆《おお》き者は人をして己れに備えしむる者なり。

故に戦《いくさ》の地を知り、戦の日を知らば、則ち千里にして会戦すべし。戦の地を知らず、戦の日を知らざれば、則ち左は右を救う能《あた》わず、右は左を救う能わず、前は後を救う能わず、後は前を救う能わず。而るを況や遠き者は数十里、近き者は数里をや。吾を以てこれを度《はか》るに、越人の兵、多しと雖も亦た奚《なん》ぞ勝に益あらんや。故に曰く、勝は為すべきなり。敵多しと雖も、闘う無からしむべし。

故にこれを策《はか》りて得失の計を知り、これを作《おこ》して動静の理を知り、これを形《あらわ》して死生の地を知り、これに角《ふ》れて有余不足の処を知る。

〔(竹簡本)故にこれを計《はか》りて得失の計を知り、これを蹟《あとづ》けて動静の理を知り、これを形して死生の地を知り、これに角れて有余不足の処を知る。〕

【現代語訳】

敵にはっきりした形をとらせて我はそれを認識し、我はその形を敵にわからないようにすれば(虚実の理）、こちらの軍勢は一つに集中し、敵は我を求めて軍勢を分散する。こちらは一つ、敵は十に分かれれば、こちらは十人で敵の一人を攻めることになる。つまり、こちらは大勢で敵は小勢である。当然のことながら我と戦う敵の兵力は小さい。しかも、我が決戦しようとする「主戦場」が敵にはわからないので、敵はあちこちに部隊を配備して我を待つことになる。配備する場所が多くなれば、それだけ兵力を分散して一つの戦場での兵数は少なくなる。さらに、前を堅く備えて守ると後ろが少なくなり、後ろを堅く備えて守ると前が少なくなり、左を堅く備えて守ると右が少なくなり、右を堅く備えて守ると左が少なくなり、すべて堅く備えて守ろうとすると、どこもかしこも手薄になる。小勢になるのは、相手の形勢を恐れて備えるからであり（受動）、大勢になるのは形をわからないようにして、相手をこちらの形勢に対応して備えさせる（主動）からである。

どこへ兵を出して戦おうとも、遠近・広狭・険易を考え、どこで、いつ、どのくらいの兵力で戦うべきかがわかれば、遠い道のりでも合戦すべきである。どこで、いつ戦うべきかもわからなければ、（不意を撃たれ、不備を衝かれることになり）左右前後で救援し合うこともできない。ましてや山川を隔てていたり、数十キロも離れて備えていれば、どうして互いに救援することができようか。私が呉にあって謀《はか》るからには、越の兵士がいかに多くても、呉に勝つことなどできないだろう。今、こうして虚実の理をもってすれば、（敵に勝つことを「知る」だけではなく、実際に）兵を用いて勝ちを「為す」ことができる。つまり、大勢の敵兵をして戦えないようにしてしまうのである。それには、次のような手順を踏んで敵情を解明しておく必要がある。

①七計により、敵と我を比較して、敵の特質と利・不利を把握する。

②敵のこれまでの行動から一定の規則性を発見し、

基本的な行動パターンを把握する。
③廟算により、敵の能力と利・不利を明らかにして、その企図と行動を推察する。
④警戒行動（敵の接近などを見張る）により、敵の存在と兵力・行動などを明らかにする。
⑤隠密偵察（斥候を派遣する）により、敵の配備と地形上の利・不利を明らかにする。
⑥威力偵察（敵と軽く交戦する）により、敵の配備の重点と弱点がどこかを明らかにする。

五

故に兵を形するの極、形無きに至る。形無ければ則ち深間も窺《うかが》う能わず、智者も謀る能わず。形に因りて勝ちを衆に錯《お》く、衆知る能わず。人皆な我が勝つ所以《ゆえん》の形を知りて、吾が勝を制する所以の形を知る莫《な》し。故に其の戦勝復《ふたたび》せず、形に無究に応ず。

夫れ兵形は水に象《かた》どる。水の形は、高きを避けて下《ひく》きに趨《おもむ》く。兵の形は、実を避けて虚を撃つ。水は地に因りて流れを制し、兵は敵に因りて勝ちを制す。故に兵に常勢なく、水に常形なし。能く敵の変化に因りて勝を取る者、これを神と謂う。故に五行に常勝なく、四時に常位なし。日に短長あり、月に死生あり。

【現代語訳】

兵の究極の形は、無形である。無形であれば深く入りこんだスパイでも窺う兆候がなく、智謀すぐれた者でもその企図を推察できない。敵の形にしたがって勝ちを得るが、敵はこの勝利がどのようにして実現したかを知ることができない。凡人は（その道を詳《つまび》らかにせず、その跡を知るだけなので）このような形で誰々が勝ったとだけ知っているが、我が勝ちを制した「無形の形」を知らないのである。戦勝の術は、一度これで勝つことがあっても、再びその形で勝つということはない。（つまり千変万化にして一定の形がない）無形なるがゆえに、敵の形によって我の形はさらに無窮《むきゅう》であり、しかも勝ちを制するのである。

そもそも兵の形とは、水のようなものである。水は高い所を避けて低いところへと流れるが、兵の形も敵がしっかり備えた「実」を避けて、備えが手薄な「虚」を攻めるのである。水は地形に従ってそのまま流れていくが、兵が敵に勝つ形も敵の形に柔軟に対応する。だから、兵が敵に従ってその勢いを生ずるのも、水に常なる形がないようなものである。

無形の極みは、敵の変化に応じて勝つことにあり、これを不測の神兵という。そこで、木火土金水の五行で一つだけが常に勝つのではなく、四季は常に移り変って循環する。日には長短があり、月には満ち欠けがある（このように、「虚」と「実」も栄枯盛衰を繰り返すのである）。

第六篇「虚実」の解説

▼「軍形」「兵勢」と「虚実」について

第六篇「虚実」は、第四篇「軍形」、第五篇「兵勢」とともに「戦いの原理・原則」を論ずるものであるが、これらを敵と我の観点から述べれば、第四篇、第五篇いずれも主に「我」の立場から「軍の形」や「奇と正」、「兵の勢い」などを論じてきた。これに対し第六篇では、「人を致して人に致されず」や「人を形して我に形無し」のように、「虚実」を「敵」と「我」の双方に用いることを論じている。このことは、同じ「攻撃」と「防御」についての、第四篇「軍形」と第六篇「虚実」の記述を比べてみればよくわかる。

「軍形」では、「上手に防御する人は、地形を最大限に活用して静かに隠れ、上手に攻撃する人は、機を失することなく縦横無尽に機動する。それゆ

原理・原則

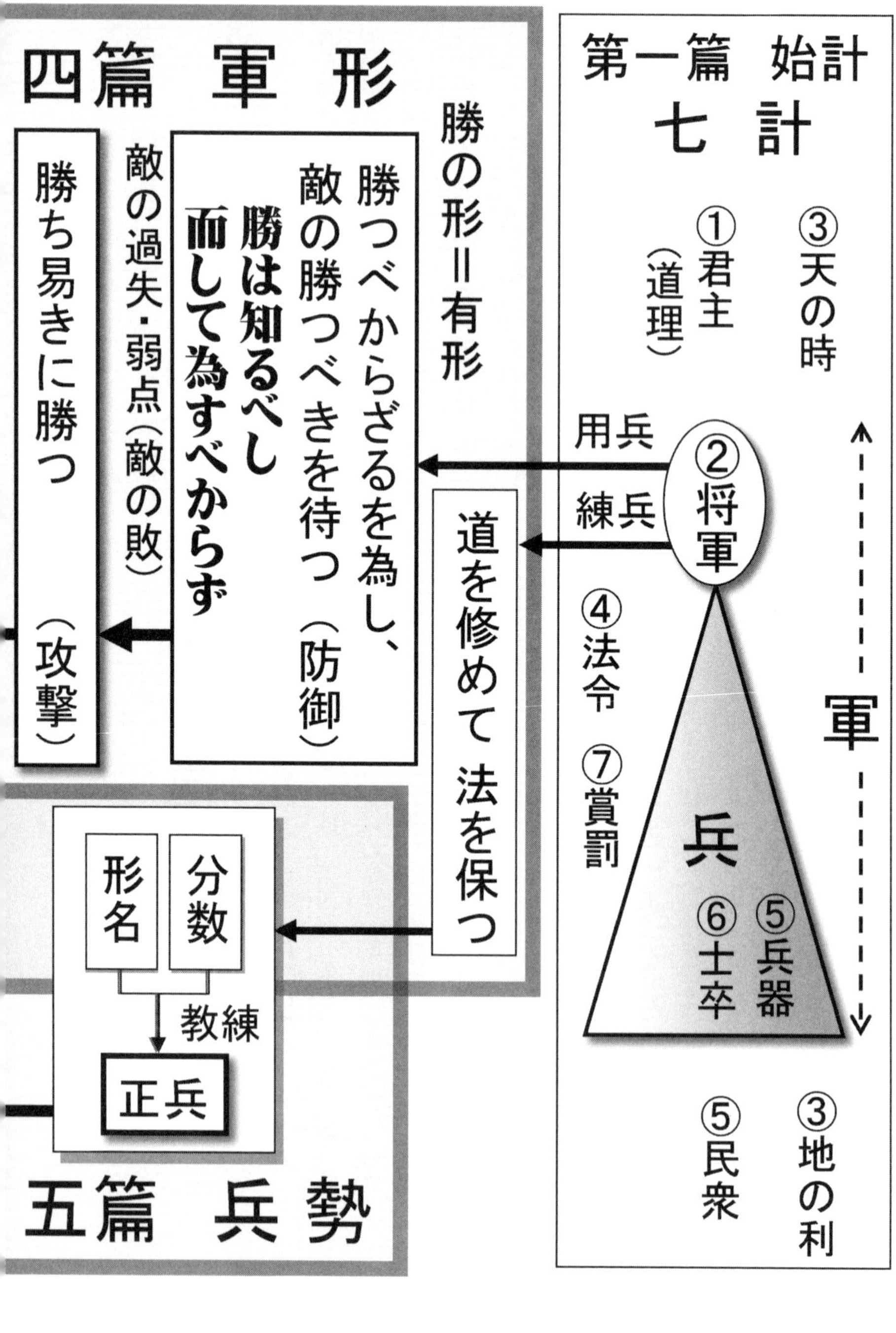
第一篇　始計
七　計
①君主
（道理）
③天の時
用兵
練兵
②将軍
④法令
⑦賞罰
兵
⑤兵器
⑥士卒
軍
③地の利
⑤民衆
四篇　軍形
勝の形＝有形
勝つべからざるを為し、
敵の勝つべきを待つ
（防御）
勝は知るべし
而して為すべからず
敵の過失・弱点（敵の敗）
勝ち易きに勝つ
（攻撃）
道を修めて法を保つ
五篇　兵勢
分数
形名
教練
正兵

戦いの

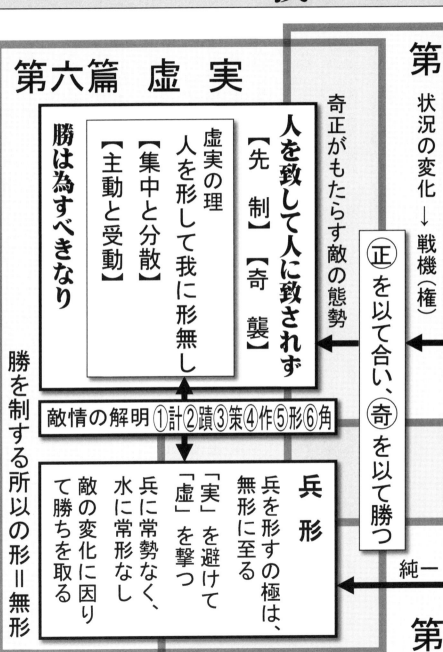

第

状況の変化
↓
戦機（権）

㊣を以て合い、㊅を以て勝つ

純一

第

奇正がもたらす敵の態勢

第六篇　虚　実

人を致して人に致されず

【先　制】【奇　襲】

虚実の理
人を形して我に形無し
【集中と分散】
【主動と受動】

勝は為すべきなり

敵情の解明 ①計②蹟③策④作⑤形⑥角

兵形

兵を形すの極は、無形に至る
「実」を避けて「虚」を撃つ
兵に常勢なく、水に常形なし
敵の変化に因りて勝ちを取る

勝を制する所以の形＝無形

え、自軍は損害を受けることなく、完全な勝利をとげるのである」としていたが、同じことを「虚実」では、「敵」を主語にして「上手に攻撃する人には、敵はどこを守ればよいのかわからない。上手に防御する人には、敵はどこを攻めればよいのかわからない。そこには常なる形も、姿や声などの兆候もないので、敵はどうすることもできない」と説いている。

このように主語が入れ替わっているだけではなく、「我」の攻撃と防御の記述順序も、「軍形」では、まず防御、次いで攻撃であるのに対して、「虚実」では逆に、まず攻撃、次いで防御となっている。この攻撃と防御の記述順序は、それぞれの篇のすべてにおいて共通しており、第四篇「軍形」は防御を、第六篇「虚実」は攻撃を重視した記述となっている。

また、有利な地形を先に陣取った側は、心身ともに余裕があって「実」の戦力になるが、後手《ごて》となった側は、気持ちの焦りと肉体的な疲労から、「虚」の戦力となる。このように、「虚」と「実」は、敵と我のどちらにもあり得るものなので、一般的には、我が「虚」であれば守りに立ち、我が「実」であれば攻めに出る。そして、敵が「虚」であればこれを撃ち、敵が「実」であればこれを避けるのである。

それゆえ、将軍は、敵と我それぞれの情況が「虚」であるか、「実」であるかを承知していなければならず、また、いかなる場合でも、敵が「実」であれば、これを「虚」に変化させ、我が「虚」であれば、これを「実」に変化させなければ、戦いに勝つことはできない。これが『孫子』の基本的な考え方である。

それゆえ、第四篇「軍形」と第五篇「兵勢」では、「いかにして我を『実』にするか」を説き、第六篇「虚実」では、「いかにして敵を『虚』にするか」を論じているのである。

		実	虚
先制		先手（佚）	後手（労）
人を致す	①	利する	自ら至る
	②	害する	至るを得ず
	③	佚する	労する
	④	飽く	飢える
	⑤	安んず	動く
	⑥	出ずる	**赴かず（形の虚）**
	⑦	**赴く**	意わず（心の虚）
	⑧	千里を行きて労れず	無人の地
	⑨	攻めて必ず取る	守らず
	⑩	守りて必ず固し	攻めず
	攻	善く攻むる（無形）	守る所を知らず
	防	善く守る（無声）	攻むる所を知らず

▼第六篇を貫く大原則「人を致して人に致されず」

「人を致す」とは、相手の行動を自由自在に操ることで、本篇では、これを理解するために十個の具体例を挙げたうえで、攻撃と防御において「人を致す」の本質を論じている。

前半の五つの例は、敵の「実」を転じて「虚」となすことについてである。最初の二つ（①と②）では、利害によって敵の行動を自由自在に操ることについて論じており、これを受けて、③と④では敵兵の体力・気力を衰えさせること、例えば、長期戦により兵糧が尽きるようにさせ、輜重隊を襲って蓄えを奪い、火を放って焼いてしまうなどの場合を述べ、⑤では敵の心を刺激すること、例えば、目前で田を刈り取り、妻子を人質に取り、あるいは糧道や倉庫などを占領することにより、敵をその意思に反して動かすことについて述べている。

後半の五つは、「奇襲」について述べたものである。奇襲とは、最も効果的に敵の「虚」を衝くことであり、それには「形の虚」と「心の虚」がある。⑥の「敵兵が絶対にやって来ない、あるいは来れないような所に兵を進出させる」のは、「形の虚」を衝くことであり、⑦の「敵が思いもよらない、考えてもいない所に向かう」のは、「心の虚」を衝くことである。

さらに、次の⑧から⑩では、行軍、攻撃、防御といった戦術行動と虚実の関係について論じる。⑧の「無人の地」とは、守備兵のいない地、例えば、第二次大戦開戦直後にドイツ軍が進撃したアルデンヌの森のように敵がまったく思いもよらなかったり、地形の堅固さを恃《たの》んで分散配置したので間隙ができたり、こちらの陽動に引きつけられて敵部隊が空になったりした場合である。また、⑩の「守りて」とは必ずしも防御とは限らず、「反撃」や「逆襲」などのような守勢のなかでの攻撃行動も含まれている。

こうした具体例に続けて、最後の二つは、「虚と実」の観点から攻撃と防御の理想の姿を述べている。ここで言うところの「無形」とは動きが激しく、変化に富む攻撃のことを指し、「無声」とは静粛を保ち、相手から完全に隠れている防御のことを指している。このように微妙にして神業のように兵を用いれば、敵は手も足も出ず、どうすることもできない。これこそが「人を致す」の極致（最高の状態）であるが、それには、敵の状態を十分に把握して、敵が「虚」か、「実」かを承知しておくという、大変高度な技と術を必要とするのである。

▼敵の「虚」を撃つ奇襲

奇襲は、源義経が平家を倒した「一ノ谷の合戦」のように、敵が予期しない時期、場所、戦法などで不意を衝くことで敵軍を混乱させ、速やかに戦勝を獲得することができる。奇襲を成功させるには、秘密と迅速さにより敵の裏をかいて衝撃を与え、敵の戦う意思を消失させるとともに、敵に対応のいとまを与えないことが重要である。

第六篇「虚実」では、「人を致す」ことを論じたあと、「進みて禦《ふせ》ぐべからざる者は、その虚を衝けばなり」などとして、進撃、退却、攻撃、防御、それぞれの戦術行動における「奇襲」を論じているが、同じようにクラウゼウィッツも『戦争論』の中で、「奇襲は単に攻撃の場合だけでなく、あらゆる企画の根底に横たわる」「防御にも奇襲はある」と述べている。また、クラウゼウィッツは、「奇襲を受けた場合の損害は、奇襲されたというそのことよりも、慌てることによる味方の失策の大小によることの方が大きい」としており、さらに「すでに一般的な精神的優越によって、敵の士気を沮喪《そそう》させている場合の奇襲の効果は絶大である」と述べている。

▼「虚実の理」と情報の優越

敵にはっきりした形をとらせて我はそれを認識し（人を形して）、我はその形を敵にわからないようにする（我に形無し）のが「虚実の理」である。これは、「情報の優越」と「兵力の集中」という二つの原則を論じるものである。

ある戦場において敵に優越する戦力を確保するためには、まずスパイや斥候からの情報により、敵の態勢を明確に把握する。これが「人を形して」である。同時に敵のスパイや斥候をつぶして敵の情報の目や耳を奪うことで、我の態勢を徹底的に秘匿する。これが、「我に形無し」である。大東亜戦争で日米開戦直後に米国が日系人をすべて強制収容したのがこれである。こうして、「情報の優越」を獲得しながら、戦いの時期・場所・兵力などを主動的に決定することで、計画的に作戦を準備できる。さらに陽動作戦、欺騙行動などで敵の判断を誤らせるのも、「我に形無し」の一つである。

この結果、敵は我を求めて兵力を分散し、我は主戦場に兵力を集中するので、決戦において相対的な兵力の優越を確保できる。古来、優れた武将は皆、万難を排して敵に関する情報を収集し、戦う前に敵を正しく認識することで、常に「情報の優越」を獲得していた。これができるかできないかが勝敗を決定する「鍵」となる。

▼敵情の解明について

　このように敵に関する情報を収集し、敵を正しく認識することを「敵情の解明」という。これについて論じている部分は、『竹簡本』では、

①これを計《はか》りて得失の計を知り、
②これを蹟《あとづ》けて動静の理を知り、
③これを形《あらわ》して死生の地を知り、
④これに角《ふ》れて有余不足の処を知る

の四段階であるが、同じ部分が後に書かれた『魏武注』などでは、

①これを策《はか》りて得失の計を知り、
②これを作《おこ》して動静の理を知り、
③これを形して死生の地を知り、
④これに角れて有余不足の処を知る

の四段階となっている。

　得失の計を知るための「計る」と「策る」、動静の理を知るための「蹟ける」と「作す」は、それぞれ異なる意味であるが、どちらも「敵情の解明」にとって重要なことであり、無視することはできないので、現代語訳にあたっては双方を併記し、時系列で六段階に整理統合して、次のようにした。

①これを計りて得失の計を知り、
②これを蹟けて動静の理を知り、
③これを策りて得失の計を知り、
④これを作して動静の理を知り、
⑤これを形して死生の地を知り、
⑥之に角れて有余不足の処を知る。

　現代語に訳せば、このようになる。

①七計により、敵と我を比較して、敵の特質と利・不利を把握する。

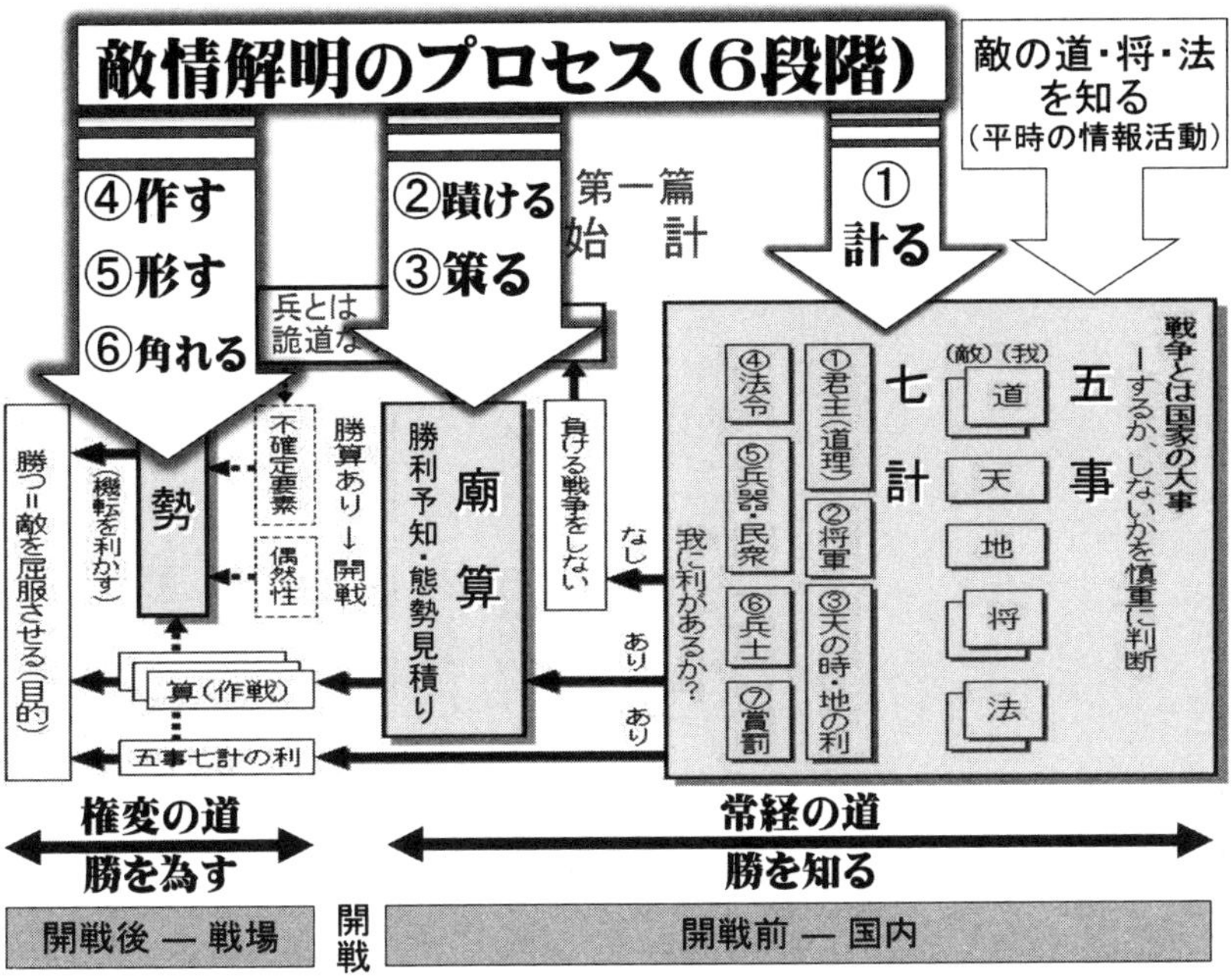

②敵のこれまでの行動から一定の規則性を発見し、基本的な行動パターンを把握する。

③廟算により、敵の能力と利・不利を明らかにし、その企図と行動を推察する。

ここまでが、開戦前の国内における段階であり、この先が戦場における情報活動である。

④警戒行動により、敵の所在と行動（進む・止まる・退く）を明らかにする。

⑤隠密偵察により、敵の配備と地形上の利・不利を明らかにする。

⑥威力偵察により、敵の配備の重点と弱点がどこかを明らかにする。

▼兵を形《あらわ》すの極、形無きに至る

過去の戦いにおける勝利の形（態勢）だけを学び取ってそれを真似しても、なぜ勝てたのか、どのようにして勝利の「実」がもたらされたのかを本質的にわかっていなければ、同じように勝つことはできない。戦勝の術とは、千変万化にして一定の形がなく、兵士の気力や訓練練度といった「無形戦力」は、ひとえに将軍の統率の良し悪しに左右される。つまり、「虚」と「実」は盛衰を繰り返すのである。

すべての兵士が教練に習熟して、いかなる合図にも機敏に応じ、大勢でも一人であるかのように動ける「純一」の兵であるならば、自然のうちに軍律正しく、勇敢にして強く、しかも不要な形跡をいっさい残さずに、いかなる「軍の形」にも直ちに応じられるようになる。これが「無形の兵」というものである。

第七篇「軍争」

【概要】

軍争《ぐんそう》とは、敵と我との両軍が相対して勝ちを争うこと、つまり「戦闘」である。したがって、第七篇「軍争」では、戦闘で勝利を得るための戦術・戦法について詳しく述べている。

全般を通じて奇正・虚実の原理を柱とし、まず「迂直《うちょく》の計」という教えによる先制・主動の利について述べ、これに関連して「軍争を利と為し、衆争を危と為す」ことを論じ、次に軍争の法（戦闘行動の基本）について述べ、「兵は詐を以て立ち、利を以て動き、分合を以て変を為す」として風林火山で有名な「動と静」の理を展開している。

そして、「衆を用うるの法」として、第五篇「兵勢」で述べた形名（旗や鐘・太鼓などで命令を伝達すること）を奇正・虚実の観点から再び論じ、これらを受けて、勝利の条件である「気心力変の四治」、すなわち「気を治める」「心を治める」「力を治める」「変を治める」という四つの戦い方を説く。

なかでも「変を治める」については、篇の終りに「実」の敵による危険を避ける八つの具体例が示されており、さらに、次の第八篇「九変」で「敵国の地形に応ずる変化」へと発展していくことになる。

一

孫子曰く、凡そ兵を用うるの法、将、命を君に受け、軍を合わせ衆を聚《あつ》め、和を交えて舎す。軍争より難きは莫《な》し。軍争の難きは、迂《う》を以て直と為し、患を以て利と為す。故に其の途《みち》を迂にしてこれを誘うに利を以てし、人に後《おく》れて発し人に先だちて至る。此れ迂直の計を知る者なり。

【現代語訳】

孫子は言う。一般的な戦争の仕方として、将軍は君主から敵国征伐の命令を受け、国中から兵士を集めて軍を編成し、教練を通じて団結を強固にし、民衆に課役し、小荷駄《こにだ》や武具などの軍用品を取りそろえ、これらすべてを率いて敵国に入り、敵の軍勢と向き合って互いにその虚を窺いながら数日を送ることになるが、なかでも敵と我の両軍が戦場で相対して勝ちを争うこと（戦闘）ほど難しいものはない。戦闘の難しさは、回り道を近道とし、不利を有利にすることにある。ある土地を敵と我で争うとき、我がわざと遠い道を行くように見せれば、敵はたとえ近道を進んでも我を侮って気がゆるむ。つまり、我が敵に不利な形を示すことで敵に利を与えながらも敵は惰気《だき》となり、我は鋭気なので後から出発しても先に到着する。これが迂直の計を知る者である。

二

故に軍争を利と為し、衆争を危と為す。軍を挙げて利を争わば則ち及ばず、軍を委《ゆだね》て利を争わば則ち輜重《しちょう》捐《す》てらる。是の故に、甲を巻きて趨《はし》り、日夜処《お》らず、道を倍して兼行し、百里にして利を争わば、則ち三将軍を擒《とりこ》にせらる。勁《つよ》き者は先んじ、疲るる者は後れ、其の法十の一にして至る。五十里にして利を争わば、則ち上将軍を蹶《たお》し、其の法半ば至る。三十里にして利を争わば、則ち三分の二至る。是の故に軍、輜重無ければ則ち亡ぶ。糧食無ければ則ち亡ぶ。委積《いし》無ければ則ち亡ぶ。

【現代語訳】

将兵が迂直の計を知って勝利を争えば利をもたらすが、兵衆がこぞって利を争えば、かえって勝利から遠ざかり危険になる。全軍の士卒、民衆が一緒に動けば鈍重になり、発進も遅れるからである。そこで、歩兵や騎兵のような速い部隊には進めるだけ進ませて勝利を争えば、遅い輜重隊（小荷駄に雑具を積んで民衆が引く隊列）は捨て置かれてしまう。

それゆえに、敵より先に有利な地を得ようとして甲冑を脱いで走り、昼も夜も休まずに行程を倍にし、二日で行くところを一日で行くようにして百里の道を前進すれば、上軍・中軍・下軍の三将軍ともに捕虜にされてしまう。これでは体力のある者だけが先に行き、体力が劣る者は後に遅れ、戦場でまともに戦える兵士は一〇人に一人、あとはことごとく疲れて役に立たないからである。五〇里先で勝利を争うにしても、半分は到着するが兵士の疲労ははなはだしく、先鋒の上将軍が敗れてしまう。三〇里でも戦場に到着するのは三分の二であろう。

このように速さだけを追求しても、輜重隊がそれについて来れず、兵糧が絶え、物資や財貨の蓄えもないようでは敗北をまぬがれない。

三

故に諸侯の謀を知らざる者は、予《あらかじ》め交わる能《あた》わず。山林・険阻・沮沢の形を知らざる者は、軍を行《や》る能わず。郷導を用いざる者は、地の利を得る能わず。

故に兵は詐《さ》を以て立ち、利を以て動き、分合を以て変を為す者なり。故に其の疾《と》きこと風の如く、其の徐《しずか》なること林の如し。侵掠《しんりゃく》すること火の如く、動かざること山の如し。知り難きこと陰の如く、動くこと雷霆《らいてい》の如し。郷を掠《かす》むれば衆に分かち、地を廓《かく》すれば利を分つ。権《けん》を懸けて動く。先ず迂直の計を知る者は勝つ。此れ軍争の法なり。

【現代語訳】

列国の諸侯が何を考えているのかを知らなければ、あらかじめ同盟を結んで相互に援《たす》けあうことはできない。山林や険しい崖や谷、沼沢地《しょうたくち》などの地形がわからなければ、軍隊を進めることができない。その土地の案内人を使えなければ、地の利を得ることができない。

これらを満たしたうえで、戦いは敵を偽って我の「実」を現さないようにし、有利な条件下で動き、分散と集中を繰り返して絶えず変化するものである。だから機を捉えて敵を急襲するにも、風のように往来の跡もなく、向かうところ皆がなびくのであり、戦況が緩やかなときも隊列は整斉《せいせい》として軍律は厳守され、あたかも深林の木々が乱れないようである。敵を攻撃するのは烈火のように激しく形もないので、これを防ぐこともできず、堅固に守備するときは、山が動かずにそびえるようである。

謀《はかりごと》を外から知ることができないのは、重なった天雲の向こうにある日月星辰《にちげつせいしん》が地上から見えないようであり、その謀が行動となって現れるときは、落雷が大気を震動させるかのようである。民屋を乱取して財貨や兵糧米などを得たときは、これらを兵衆に分け与えて彼らの士気を高め、領地を攻め取って土地を手に入れたならば、功績のあった将兵を賞してこれを分け与える。ものごとの釣り合いを量り、軽重を考え、時宜《じぎ》に従って最適の行動を選ぶ。さらに迂直の計により先んじて到着する者が勝つ。これが戦闘の基本である。

四

軍政に曰く、言うに相聞えず、故にこれが金《きん》鼓《こ》を為す。視るに相見えず、故にこれが旌旗《せいき》を為す。夫れ金鼓・旌旗は、人の耳目を一にする所以《ゆえん》なり。人既に専一なれば、則ち勇者も独り進むを得ず、怯者《きょうしゃ》も独り退くを得ず。此れ衆を用うるの法なり。故に夜戦には火鼓《かこ》を多くし、昼戦には旌旗を多くす、人の耳目を変ずる所以なり。

【現代語訳】

古い兵法書には「大軍に口頭で命令しても聞こえず、騒ぐ兵衆を静まらせるのも容易でないことから、太鼓や鐘《かね》の音で大将の命令に代える。また、大軍は広大な地に陣を取り、草木も視界を妨げるので、旗や幟を高々と掲げてこれを合図とする」とある。

このように鐘鼓《しょうこ》や旗幟《きしょく》は人々の耳目を通じて認識を統一するための手段である。兵士たちの耳目を一つにすればその心も一つになり、大勢が一体となって行動する。そのため、勇敢な者でも勝手に進むことはできず、臆病な者でも勝手に退くことができない。これこそが大軍を動かす方法である。

また、夜戦には火を多く挙げ、鐘鼓を多く打ち鳴らして大軍がいるようにさせ、昼間の戦いには旗や幟を多くして兵士が大勢いるように見せることで敵の耳目を惑わし、我の兵力を誇大に認識させることもできる。

五

三軍は気を奪うべく、将軍は心を奪うべし。是の故に朝気は鋭、昼気は惰《だ》、暮気は帰。善く兵を用うる者は、其の鋭気を避けて、其の惰帰を撃つ。此れ気を治むる者なり。治を以て乱を待ち、静を以て譁《か》を待つ。此れ心を治むる者なり。近を以て遠を待ち、佚《いつ》を以て労を待ち、飽《ほう》を以て飢《き》を待つ。此れ力を治むる者なり。正々の旗を邀《むか》うる無かれ、堂々の陣を撃つ無かれ。此れ変を治むる者なり。

【現代語訳】

軍隊から気力を奪えば弱くなり、将軍から心を奪えば勇猛さを失う。人の気力とは、朝は鋭く盛んでありながら、昼になると疲れて怠惰になり、暮れには家路につくことばかり思って定まらない。そこで上手に兵を用いる将軍は、敵の鋭い気力を避け、衰えて定まらなくなったところを撃つ。これを「気を治める」という。

我が兵を平素から教練して整然とさせ、敵兵が先に乱れるのを待って撃つ。あるいは我が兵の耳目を斉一《せいいつ》にして静粛を保ち、敵兵が騒がしくなるのを待って撃つ。これを「心を治める」という。

我が兵が戦場の近くにいて敵兵が遠くからやって来るのを待ち、我が兵を十分に休養させて敵兵が疲労するのを待ち、我が兵を十分に食べさせて敵の糧食が尽きるのを待つ。こうして我が戦力を強く、敵戦力を弱くするのを「力を治める」という。

敵の軍旗が整然と並んで乱れず、敵の備えが厚く何重にも構えているならば、(たとえ敵が我に小利を与えて誘い出そうとしても)これらを攻撃してはならない。このように戦場での変化に適切に応じることを「変を治める」という。

軍争（ぐんそう）

衆を聚《あつ》め、和を交えて舎す。軍争より難きは莫《な》し。

迂直の計を知る

迂を以て直と為し、患を以て利と為す。

後から出発して先に到着＝速度の優越

軍争を利と為し、衆争を危と為す

軍を挙げて利を争わば（＝衆争）則ち及ばず、
軍を委《ゆだ》ねて利を争わば（＝軍争）則ち輜重《しちょう》損《す》てらる。

軍に輜重・糧食・委積《いし》無ければ則ち亡ぶ

奇正・虚実

先制・主動

軍争の法

預《あらかじ》め交わる

軍を行《や》る

地の利を得る

兵は詐を以て立ち、利を以て動き、分合を以て変を為す

（無形）

動 其の疾《と》きこと風の如く
動 侵掠《しんりゃく》すること火の如く
静 知り難きこと陰の如く

静 其の徐《しずか》なること林の如し
静 動かざること山の如し
動 動くこと雷霆《らいてい》の如し

（有形）

第七篇

凡そ兵を用うるの法、将、命を君に受け、軍を合わせ

権を懸けて而して動く。

迂直の計を先に知る者は勝つ。

衆を用うるの法
金鼓・旌旗《せいき》は人の耳目を一にする所以なり。

正・実

夜戦には火鼓を多くし、昼戦には旌旗を多くす。人の耳目を変ずる所以なり。

奇・虚

先制・主動

気心力変の四治
三軍は気を奪うべく、将軍は心を奪うべし。

気を治むる

心を治むる

力を治むる

変を治むる
正々の旗を激《むか》うる無かれ、堂々の陣を撃つ無かれ。

兵を用うるの法
①高陵は向かう勿《なか》れ、
②丘を背にするは逆《むか》う勿れ。
③佯《いつわ》り北《に》ぐるは従《お》う勿れ、
④鋭卒は攻むる勿れ。
⑤餌《じ》兵は食《くら》う勿れ、
⑥帰る師は遏《とど》むる勿れ。
⑦囲師は必ず闕《か》き、
⑧窮寇《きゅうこう》には迫る勿れ。

六

故に兵を用うるの法、高陵は向かう勿《なか》れ①、
丘を背するは逆《むか》う勿れ②。
佯《いつわ》り北《に》ぐるは従《お》う勿れ③、鋭卒は攻むる勿れ④。
餌兵《じへい》は食《くら》う勿れ⑤、帰る師は遏《とど》むる勿れ⑥。
囲師は必ず闕《か》き⑦、窮寇《きゅうこう》には迫る勿れ⑧。
此れ兵を用うるの法なり。

【現代語訳】

戦場での変化に適切に応じるには、さらに八つの方法がある。

①敵が高い山や丘に先に進出しているときは、これと向き合って戦ってはならず、②この敵が高地を下りてこれを背後にして備えるならば、迎撃してはならない（敵は必ずや我を誘い込み、地の利をもって勝とうとしているからである）。

③敵がわざと退却し、我を引きずり込もうとするようであれば、深追いしてはならず、④敵兵の気が鋭く、勇み進んで来るならば、急いでこれを攻めずに気の衰えるのを待て。

⑤敵が弱兵を前に出して我を誘い込もうとするようであれば、これに釣られてはならず、⑥敵が全軍で国に退却しようとするときは、急いで執拗にこれを止めてはならない。

⑦敵軍を包囲した場合、一方を開けて敵が引き下がるだけの余地を与えよ（逃れられないと思った敵兵は、覚悟を固めて死ぬまで戦おうとするからである）。⑧敵が十死一生の戦い（自ら退路を絶ち、必死の覚悟で戦うこと）を心に決めたようであれば、これを取り囲んだり追い詰めたりしてはならない。

これらが「兵法」というものである。

第七篇「軍争」の解説

▼「迂直の計」を知る者

軍争が何よりも難しいのは、通常のように直であれば直として、害があれば害があるものとしていては、敵も我と同じようにこちらの様子を窺っているので、その動きを察知されてしまう。そこで、遠く曲がりくねっている道を行くようにして、実は直道を行き、はじめは不利でありながらも、結果的にはこれを有利にする。これらは皆、「常に反して常に至る」という術なので、愚者や凡庸な人では用いることが難しい、ということである。

近くにいながら、敵には遠くにいるように示すのが、「迂を以て直と為す」であり、兵を用いていながら、敵には用いていないように示すのが、「患を以て利と為す」の意味するところである。例えば、遠く回って行くかのように見せて、敵にそちらを防ぐようにさせ、方向を変えて近い道から行く。あるいは、敵が近い道のほうを堅く守備しているならば、我も兵をもってその近い道を守らせて、実は兵を遠い回り道から進めて、その背後に出て後方連絡線を遮断するといったことが「迂を以て直と為す」である。

一方で、我が兵を弱そうに見せ、疲労困憊し、あるいは困苦欠乏しているように示すことで敵を油断させ、それにより我に有利な態勢にもっていくのが、「患を以て利と為す」である。例えば、楠木正成の軍勢二千が淀川の障害を利用し、六波羅《ろくはら》軍五千の撃破に成功した「渡辺橋の戦い」において、楠木正成は、自軍を弱そうに見せることで敵を誘致して渡河させ、橋を破壊してから反撃した。あるいは、源義経が奇襲攻撃で平家を倒した「一ノ谷の合戦」のように、遠い回り道を通って行くことは、我にとって不利であるにもかかわらず、これを変じて我に有利にしたのもまた、「患を以て利と為す」の一例

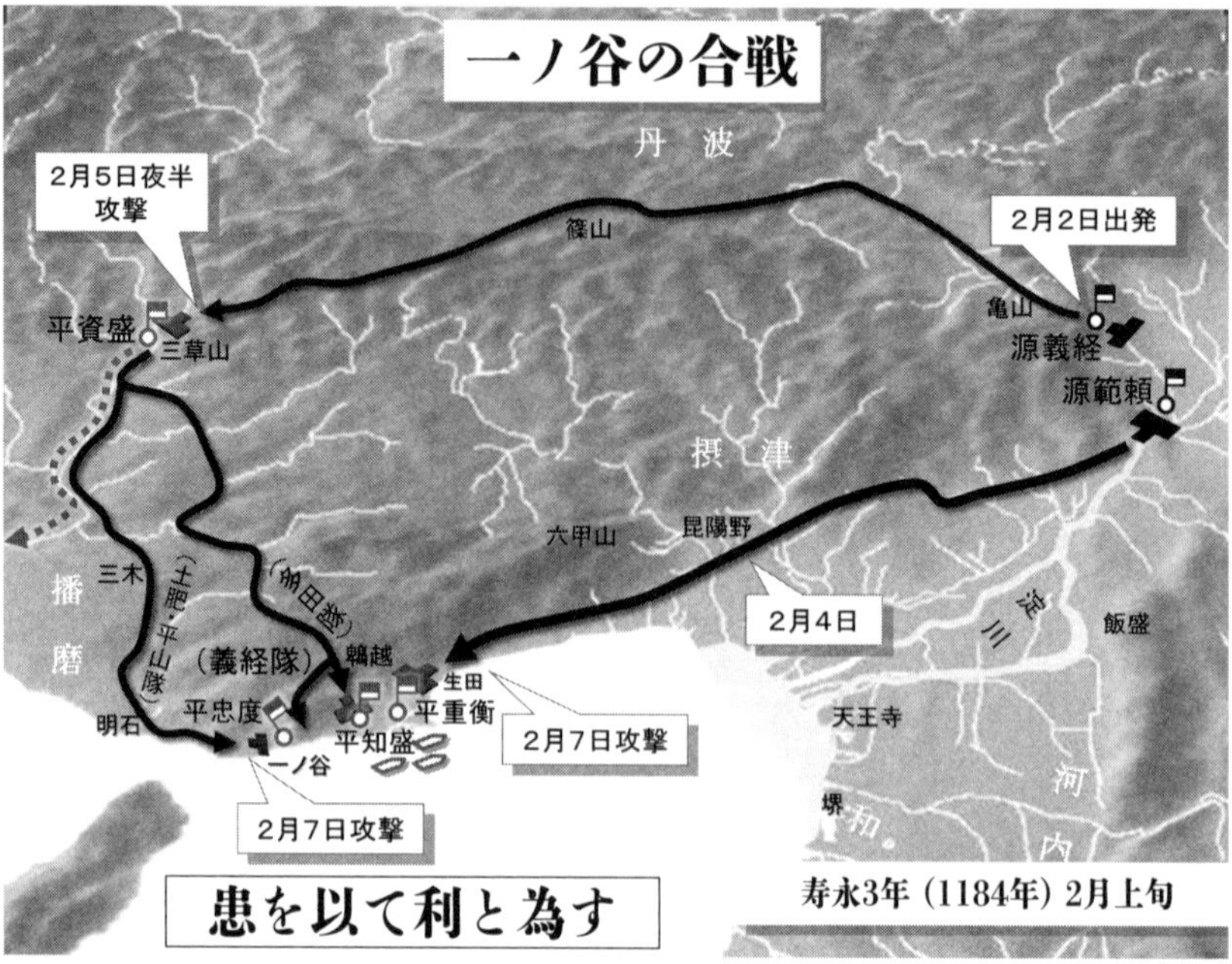

である。

作戦も立てず、準備も十分に整えずに急いで戦場に進出するのは、人に先んじているかのようであり、十分に作戦を立ててから出発するのは、人に後れているかのようにさえ見える。しかしながら、無計画にして、ただ人に先んずるだけの者は、進出した先で行動が止まってしまい、不足することが多くあって戦いを全うすることができない。十分に作戦を立てて人に後れる者は、進出先で行動が止まることもなく、不足することもない。これが「人に後れて発して人に先んじて至る」ということである。

このように、迂を以て直と為し、患を以て利と為し、人に後れて発して人に先んじて至るといった「常に反して常に至る」術のすべてを実践できる兵法の達人を「迂直の計を知る者」というのである。

▼「風林火山」について

武田信玄の軍旗で有名な「風林火山」の「其の疾

きこと風の如く……」のくだりは、「軍争の法」の中心をなすものであり、第五篇「兵勢」で述べた「正兵」、すなわち平素から教練を重ねて「分数・形名」を整えることで、戦場でも乱れず、怯《おび》えず、弱ならざる兵の姿を具体的に描いたものである。「其の疾《と》きこと風の如く、其の徐《しずか》なること林の如し。侵掠《しんりゃく》すること火の如く、動かざること山の如し」は、正兵の「動」と「静」を風と林、火と山に喩《たと》えるとともに、風・火といった「無形」のものと、林・山といった「有形」のものを対比している。

　また、「知り難きこと陰の如く、動くこと雷霆《らいてい》の如し」の「陰」は、奇襲攻撃などにおける作戦発動前の「未動」の段階であり、「雷霆」は作戦発動後、俄《にわ》かに兵を動かす「動」の段階を意味している。

▼「変を治むる」と「変化の理」

　勝利の条件である「気心力変の四治」のうち「気を治める」「心を治める」「力を治める」の三つは、「実を以て虚を撃つ」という『孫子』の大原則に従って、「実」である敵を「虚」にする戦法である。これに対して、「変を治める」だけは、敵の軍旗が整然と並んで乱れず、敵の備が厚く何重にも構えているといった、「虚」にすることができない「実」の敵について述べたものである。つまり、「変を治める」とは、敵が「虚にできない実」であることが判明し、敵に対する認識が変化したならば、その状況に柔軟に対応して、敗れる戦いを避けるということである。

　そして、これに続く最後の段では、こうした「虚にできない実」の敵として、「高い山や丘に先に進出している」「わざと退却している」など、さらに八つの具体例を挙げ、それらへの対応を説いている。

このように、第七篇「軍争」とは「変化の理＝変化をもたらし、変化に応じることの道理」を論じるものである。「迂直の計」も、「分合を以て変を為す」も、「夜戦には火鼓を多くし、昼戦には旌旗を多くす、人の耳目を変ずる所以なり」もすべて「変化の理」である。これらは皆、「我が敵にもたらす変化」であるが、「変を治める」とそれ以降の八つの具体例だけは、「敵が我にもたらす変化」を論じているのである。

第七篇「軍争」とは、すなわち第一篇「始計」にある「兵とは詭道なり」を戦術レベルで説いたものである。そして、「変を治める」については、次の第八篇「九変」で「敵国の地形に応ずる変化」などに拡大して、さらに詳しく論じられることになる。

第八篇「九変」

【概要】

第八篇「九変《きゅうへん》」は、第七篇「軍争」で論じた「変を治める術」をさらに敵国の地形や敵将の資質に拡大して、具体的に論述するものである。つまり「軍争」「九変」「行軍」の三篇は、「変化」に応じる理論として一貫しており、相通じて読むべきものである。

第七篇の戦場における「敵の形」に応じた八つの要則に引き続き、この篇では、敵国内に侵入してから知った「地形」に応じた九つの要則を挙げている。こうした新たな地形認識に応じて敵に勝つには、出国前に受けた君主の命令を変更せざるを得ない場合もあることから、次に「将の変」ということについて論じる。

将軍が地形に応じた九要則に従って「地の利」を

得て（九変の利）、兵士という「人」を十分に用いるには、「九変の術（九変を応用する戦術、すなわち第十一篇「九地」）」を知らなければならない。そして、「九変の術」には、ものごとの利害得失を十分に踏まえた正しい考察が必要であると説く。最後に、これらに加えて敵将が智・信・仁・勇・厳の資質に欠けているか、偏りがあるような場合に応じた五つの要則（将の五過）を挙げている。

一

孫子曰く、凡そ兵を用うるの法、将、命を君に受け、軍を合わせ衆を聚《あつ》む。圮地《ひち》には舎《しゃ》する無かれ（①）。衢地《くち》には交を合わす（②）。絶地《ぜっち》には留まる無かれ（③）。囲地《いち》には則ち謀る（④）。死地《しち》には則ち戦う（⑤）。塗《みち》に由らざる所あり（⑥）。軍に撃たざる所あり（⑦）。城に攻めざる所あり（⑧）。地に争わざる所あり（⑨）。

君命に受けざる所あり。故に将、九変の利に通ずる者は、兵を用うるを知る。将、九変の利に通《つう》ぜざる者は、地形を知ると雖も、地の利を得る能わず。兵を治めて九変の術を知らざれば、地の利を得ると雖も、人の用を得る能わず。

【現代語訳】

孫子は言う。一般的な戦争の仕方として、将軍は君主から命令を受け、兵士を集めて軍を編成し、教練を通じて団結を強固にし、民衆に課役し、小荷駄や武具などを取りそろえる。そして、これらを率いて敵国に入ったならば、①山林や険しい山岳地、湿地帯などのように、進軍が難しい土地では、一夜といえども宿営してはならない。②四方によく通じており、多くの街道が交わっていて隣国に頼りのある土地があれば、早くそこへ行って隣国との友好関係を深め、約束事を確かにして、互いに助け合うようにする。③水や草木が絶え、糧道《りょうどう》としての利用価値がなく、四方にもまったく通じていないような土地には、久しく留まってはならない。④四方を山や川に取り囲まれ、進退いずれも不利であるような土地では、速やかに謀をなして、敵に包囲されないようにする。⑤すぐに戦わずにぐずぐずしていると亡ぼされてしまうような土地では、軍隊を励まし、兵士の心を一つにして、すみやかに決戦すれば生きる道理もある。⑥行進経路には、険易・広狭・遠近・高低などから経由すべきでない道がある（たとえ日頃は行軍に便利であっても、今の時点では避けたほうがよいこともある）。⑦敵の陣地には、要害を占領して堅固に構えているなど、攻撃してはならない場所がある。⑧敵城を攻めよと命ぜられても、その地形や時宜により攻めてはならない場所もある。⑨平地を見わたす高台など、有利に戦うため争って奪取すべき土地であっても、その時の状況によっては、争うべきでない場所もある。

　君命はすべてをことごとく承るものではなく、このように受け容れられない部分もある。そこで、遠征中の将軍は、右に示した「敵国の地形に応ずる九要則」に基づいて君命の一部を変更することで、勝利を得ることになる。これを「九変の利」という。

　将軍は「九変の利」に精通することで、はじめて正しく兵を用いることができる。将軍が「九変の利」に精通していなければ、たとえ敵国の地形を知ったとしても、「地の利」を得ることができない。また、兵法を学んでいながら、「九変を応用する戦術（九変の術）」を知っていなければ、「地の利」を得たとしても、兵士ら「人」を十分に用いることができない（これでは、実のある兵法とは云えない）。

二

是の故に智者の慮、必ず利害を雑《まじ》う。利を雑えて、務め信《の》ぶべきなり。害を雑えて、患解《うれいと》くべきなり。是の故に、諸侯を屈する者は害を以てし、諸侯を役《えき》する者は業を以てし、諸侯を趨《はし》らす者は利を以てす。

故に兵を用うるの法、其の来たらざるを恃《たの》む無かれ、吾れの以てこれを待つ有るを恃め。其の攻めざるを恃む無かれ、吾、攻むべからざる所あるを恃むなり。

【現代語訳】

そこで、智者の考える戦術は、必ず利と害とをまじえて考察する。万事その利となることを詳《つまび》らかにし尽くせば、作戦やこれに伴う軍務も整斉《せいせい》と自由自在に進んでいく（信）。併せて「こうした害がある」「こうした失敗もあり得る」ということを漏れなく考えておけば、問題点や不安（患）があっても、あらかじめ十分に備えることで未然に解決される。このように我は必ず利と害とをまじえて考察する一方で、諸侯を屈服させて従わせるには、害を与える（すなわち敵が損害を受け、痛み患うことを為す）。諸侯を振り回して疲弊させるには、業をもってする（業とは、民の農作業を妨げ、民屋を放火し、乱取し、その辺境を掠《かす》めて、諸侯を安んじさせないことである）。そして、諸侯を引き出し、こちらの望む所へ来させるには、あえて利を与える。

それゆえに、兵法においては、敵が来ないことをあてにするのではなく、敵がいつ来ても大丈夫なように、こちらが備えて待っているのを恃《たの》みとする。また、敵が攻撃しないことをあてにするのではなく、敵が攻撃しても損害が多くて利とならないような、こちらの実力を恃みとするのである。

三

故に将に五過あり。死を必するは殺すべく、生を必するは虜《とりこ》にすべし。忿速《ふんそく》なるは侮《あなど》るべし。廉潔《れんけつ》なるは辱《はずかし》むべく、民を愛するは煩《わずらわ》すべし。凡そ此の五者は、将の過《あやまち》なり、兵を用うるの災なり。軍を覆《くつがえ》し将を殺す、必ず五過を以て

九変（きゅうへん）

第七篇　軍争

受け、→ 軍を合わせ、衆を聚《あつ》め・・・

変を治むる

正々の旗を邀《むか》うる無かれ、堂々の陣を撃つ無かれ。

（敵の形に応ずる変化）

①高陵は向かう勿《なか》れ、
②丘を背するは逆《むか》う勿れ。
③佯《いつわ》り北《に》ぐるは従《お》う勿れ、
④鋭卒は攻むる勿れ。
⑤餌《じ》兵は食《くら》う勿れ、
⑥帰る師は遏《とど》むる勿れ。
⑦囲師は必ず闕《か》き、
⑧窮寇《きゅうこう》には迫る勿れ。

（敵国の地形に応ずる変化）

①圮《ひ》地《ち》には舎《しゃ》する無かれ。
②衢《く》地《ち》には交を合わす。
③絶地には留まる無かれ。
④囲地には則ち謀る。
⑤死地には則ち戦う。
⑥塗《みち》に由らざる所あり。
⑦軍に撃たざる所あり。
⑧城に攻めざる所あり。
⑨地に争わざる所あり。

（地形に応ずる九要則）

（君命を変更して勝利を得る＝**九変の利**）

第八篇

用兵の害を知らざる者は、則ち尽《ことごと》く
用兵の利を知ること能わざるなり
（第二篇　作戦）

将、命を君に

人の変化
時宜
地の利

君命に受けざる所あり

（将の変）

兵を用うる

地形を知る

兵を治むる

地の利

人の用

九変の利

九変の㊒術

智者の慮は必ず利害を雑《まじ》う

（攻勢）
㊒利 務め信《の》ぶべきなり
㊒害 患《うれい》解くべきなり

（守勢）
㊒害 諸侯を屈する
㊒業 諸侯を役する
㊒利 諸侯を趨《はし》らす

其の来たらざるを恃《たの》む無かれ、
吾れの以てこれを待つ有るを恃め

＝我の備を実にする

将の五過

①必死は殺すべく、②必生は虜《とりこ》にすべし。
③忿《ふん》速《そく》は侮るべし。④廉潔は辱《はずかし》むべく、
⑤愛民は煩《わずらわ》すべし。（敵将に応ずる五要則）

将とは、智・信・仁・勇・厳なり（第一篇　始計）

す。察せざるべからざるなり。

【現代語訳】

将軍の犯しやすい過ちには五つある。

①勇猛にして死を軽んじ、謀を好まず、進んで戦うことを好む「必死」。これには謀により誘い出して、討ち死にさせよ。

②勇気なくして身の大事ばかり思い、進んで戦うことを好まない「必生」。これにはその機を察して生け捕りにせよ。

③怒りっぽく短気で、急速なことを好む「忿速」。これには侮って無理なことをさせよ。

④利欲がなく、潔癖すぎて、名誉を好む「廉潔」。これには恥ずかしめてその心をかき乱せ。

⑤兵士を愛して労《いた》わる気持ちが深く、情にもろい「愛民」。これには、わざと煩わし、疲れさせよ。

これら五つの過ちは、相手にその心を乱される端緒となる。こうした将軍が兵を用いれば国が敗れて亡び、災いをもたらす。また、軍を転覆させ、将軍が不慮の討ち死にをするのも必ずこの五過によるので、これについて必ず考察せよ。

第八篇「九変」の解説

▼「変を治める」をさらに具体化

第七篇「軍争」は、その最後に「変を治める」という術を論じたが、第八篇「九変」は、この「変化の理」をさらに地形や敵将の資質に拡大して論じるものである。「軍争」では、敵が「虚にできない実」であることが判明し、敵に対する認識が変化したならば、その状況に柔軟に対応して、敗れる戦いを避けよと説き、戦場における敵の形に応じて「高陵には向かう勿れ」など八カ条の要則を挙げた。

そこで「九変」では、敵国の地形が我にとって不利であることが判明し、地形認識が変化したならば、その状況に柔軟に対応して、敗れる戦いを避けよと説き、敵国の地形に応じて「圮地《ひち》には舎《しゃ》する無かれ」など九カ条の要則を挙げている。

次いで敵将の資質に欠陥があり、この弱点を衝けば我に有利であると判明したならば、徹底してこれを衝けと説き、「必死は殺すべく」など五カ条の要則を挙げている。

▼「君命に受けざる所あり」こそ「九変」の要

君命を受けた将軍は、行進経路、宿営地、敵の城や陣地となり得る地形などを研究してから、軍を率いて遠征の途につく。それでも、敵国で新たに判明した地形などから、君命そのままでは勝てない場合がある。そこで将軍は、君命に無条件で従うのではなく、敵国や戦場の実情に応じてその一部を変更することになる。これが「九変」の意味するところである。

「城を攻めよ、地を争え」が君命であれば、「攻めざる所あり、争わざる所あり」が将軍による変更であり、これを「将の変」という。つまり、君命といえども時宜・地の利・人の変化によっては必ずこれでやるとは限らないのである。

一方、将軍による変更は君命の目的を達成できる範囲内で許され、最終的には必ず「敵に勝つ」ということが絶対条件である。

▼いつ敵が来ても大丈夫な物心両面の備え

「君命に受けざる所あり」の前提である「智者の慮は必ず利害に雑《まじ》う」とは、「九変の利」「地の利」といった利と併せて、害についても考察しなければ、勝てる戦術は生まれてこない、ということである。第二篇「作戦」でも、「尽く兵を用うるの害を知らざる者は、則ち尽く兵を用うるの利を知る能わざるなり（兵を用いることにともなう損失をよく理解していない者には、兵を用いることによって得

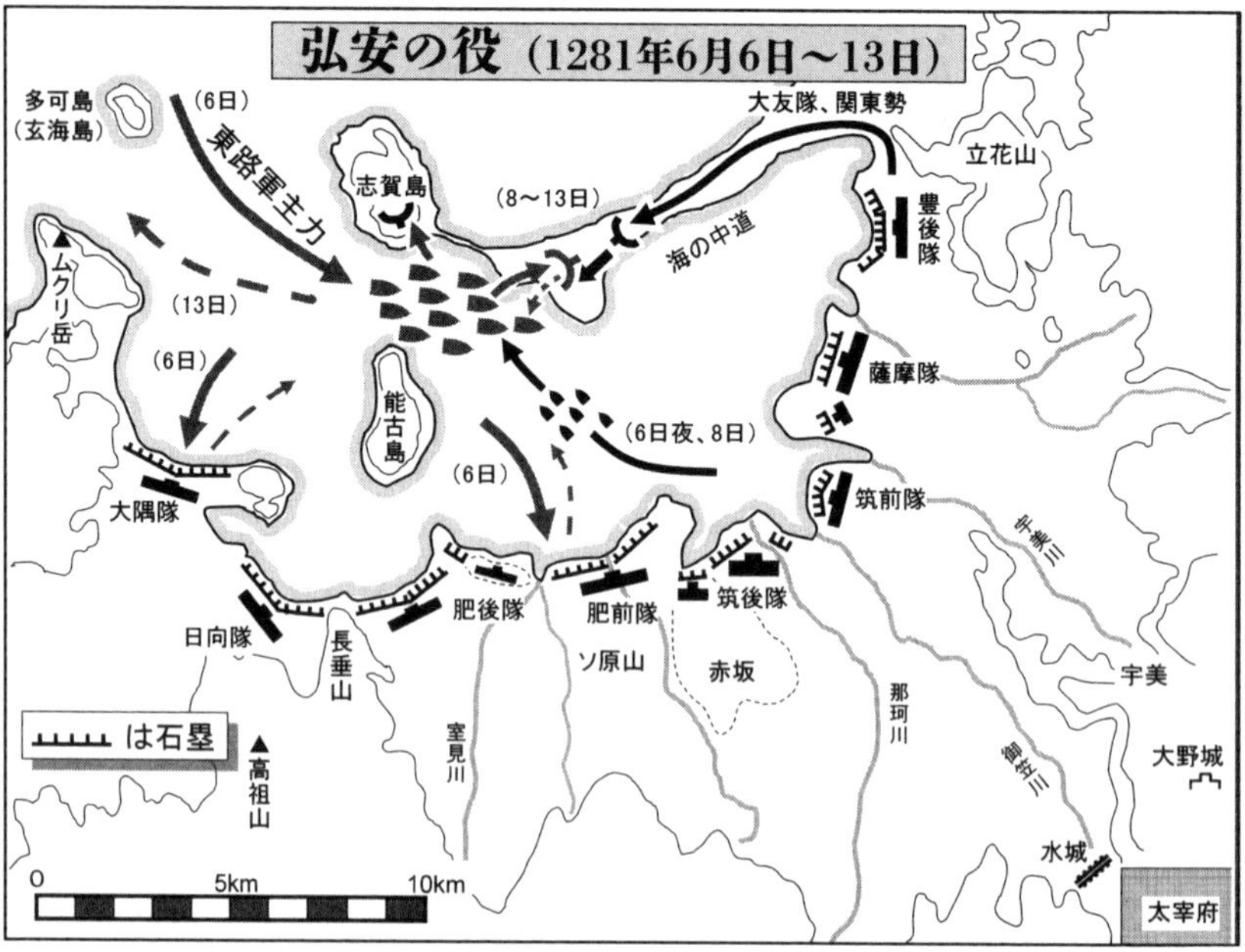

られる利益を十分に知ることもできない）」と述べていた。

第二篇では、戦略レベルの話であったが、第八篇では、この「兵を用うるの害」と「兵を用うるの利」を戦術レベルで論じているのである。例えば、智者は敵を攻めるにも、利と害を雑えて考えることで作戦を敵に左右されず円滑に実施し、利と害をもって敵を誘い出し、屈服させる。また、こちらが守る側に立てば、敵が来ないことだけをあてにするのではなく、元寇「弘安の役」における鎌倉武士たちのように、いつ敵が来ても大丈夫な物心両面の備えがあることを恃みとするのである。

敵が来ないことだけをあてにすれば、心に怠りが生じて「虚」に陥り、必ず敗れてしまう。「物心両面の備えがある」とは、兵站、訓練、築城、人選、警戒などのすべてにおいて「備えあれば患いなし」を実践することである。

▼将の五過とは「智・信・仁・勇・厳」を欠くこと

敵将の資質の偏りである「五過」は、第一篇「始計」の五事にある将の五大資質の裏返しである。つまり、必死は「智」に欠けて大局的判断ができず、必生は「勇」に欠けて臆病であり、忿速は「仁」に欠けて相手の気持ちを考えず、廉潔は「信」に欠けて面子にこだわり、愛民は「厳」に欠けて優柔不断に陥る。これらの将軍は、戦場での心理的重圧に耐え切れず、敗軍を顧みずに無理な戦いをする。このような資質の偏りや欠落を我の将軍について言うときには、これらが「将の五危」となる。

第九篇「行軍」

【概要】

「行軍《こうぐん》」とは、敵国で軍を行動させることである。それゆえに、第九篇「行軍」は、軍を敵国に入れて戦わせる用法を詳述するものであり、全般を通じて「軍を処《お》き敵を相《み》る」すなわち我が軍をよい地形に置いて、敵情を偵察することについて論じている。

前半では、山、川、沼地、平地の四つの地形における軍の基本的行動（四軍の利）について述べたあと、山地・高地こそが兵の利・地の助けであることや、「川を越す方法」「地形の六害」「伏奸《ふくかん》の所」といった特殊な地形における対応行動を論じている。

後半では、敵情を解明する方法として、「三十三相の法」すなわち草木や鳥獣の動き、塵の形、敵陣の動静などの表面に現れた事象から隠れている真実を推察する術を論じており、最後の段では、将軍が軍隊を良好に指揮・統率するために留意すべき事項として、軍の組織力を発揮させるためには温和と厳格さのバランスが重要であること、平素から命令・法令を遵守させるには第一篇「始計」の「五事」にある「道」を踏むべきことを強調している。

一

孫子曰く、凡そ軍を処《お》き敵を相《み》る。山を絶え谷に依り、生を視て高に処し、隆に戦わば登る無かれ。此れ山に処するの軍なり。水を絶《わた》らば必ず水に遠ざかる。客、水を絶りて来たらば、これを水の内に迎うる勿れ。半ば済《わた》らしめてこれを撃たば利あり。戦いを欲する者は水に附《つ》きて客を迎うる無かれ。生を視て高に処して、水流に迎うる無かれ。此れ水上に処るの軍なり。斥沢《せきたく》を絶らば、唯亟《ただすみや》かに去りて留まる無かれ。若《も》し軍を斥沢の中に交えば、必ず水草に依りて衆樹《しゅうじゅ》を背《はい》にす。此れ斥沢に処するの軍なり。平陸には易きに処し、高を右背し、死を前にし生を後《うしろ》にす。此れ平陸に処するの軍なり。凡そ此の四軍の利は、黄帝の四帝に勝ちし所以《ゆえん》なり。

【現代語訳】

孫子は言う。我が軍をよい地形に置いて、敵情を偵察することについて述べよう。山地を越えるには、飲水と飼料の草がある谷の近くを行き、敵方への視界が良好な高地に兵を置き、敵が我よりも高い場所に陣取っていれば、攻め上ってはならない。これが山地における軍の行動である。

川を渡ったならば必ず岸から遠ざかり、背水の陣を避けよ。敵が川を渡って来るならば、敵を川の中で迎え撃つのではなく、その半分を渡らせてから撃つのが有利である。敵と戦おうとするのであれば、川岸でこちらの軍勢を敵に見せてはならない。陣を取るにしても、川岸から少し離れた見晴らしのよい高地を占領し、川の下流から上流にいる敵を迎え撃ってはならない。これが河川における軍の行動である。

沼沢地を通過するときは速やかに立ち去り、留まってはならない。やむを得ず沼沢地で敵と戦うことになれば、必ず飲水と飼料の草がある場所を見つけて、森林を背後にして陣を立てよ。これが沼沢地における軍の行動である。

平地では駆け引きが自由で往来に支障のない場所に軍を配置せよ。高地を背後と右手にし、戦うのに不利な低い地形を前にして、戦うのに有利な地形を背後にせよ。これが平地における軍の行動である。黄帝が四帝（青帝・白帝・赤帝・黒帝）よりも勝っていたのは、これら四つの地形で「地の利」を得る方法を知っていたからである。

二

凡そ軍は高きを好みて下《ひく》きを悪《にく》み、陽を貴びて陰を賤《せん》す。生を養い実に処すれば、軍に百疾《ひゃくしつ》無し。是れを必勝と謂う。丘陵隄防《ていぼう》は、必ず其の陽に処りて、これを右背にす。此れ兵の利、地の助けなり。

上《かみ》、雨ふりて水沫《すいまつ》至らば、渉《わた》らんと欲する者、其の定まるを待つなり。

凡そ地、絶澗《ぜつかん》・天井《てんせい》・天牢《てんろう》・天羅《てんら》・天陥《てんかん》・天隙《てんげき》ある。必ず亟《すみや》かにこれを去りて、近づく勿《なか》れ。吾これを遠ざかり、敵これに近づき、吾これを迎え、敵これを背にす。

軍の傍《かたわら》、険阻《けんそ》・潢井《こうせい》・林木・蒹葭《けんか》・翳薈《えいわい》ある者は、必ず謹みてこれを覆索《ふくさく》す。此れ伏奸《ふくかん》の所なり。

【現代語訳】

軍を配置するには、見晴らしのよい高地が好ましく、敵から見下ろされる低地には置かない。四方によく通じて地障の無い広原や平地を選んで、山林・険阻の多い場所を避ける。水や草が豊富で、質もよい肥沃な土地を占領すれば、軍にあらゆる疫病《えきびょう》が起こることもない。これが必勝の道である。

丘陵や堤防では必ず草木などで視界が妨げられない所まで兵を出し、その丘陵や堤防が背後と右手になるようにする。このようにして地の利を得るのが戦いを有利にし、地形が軍を用いるうえでの助けとなるのである。

上流に雨が降って川の水が泡立ち、色が違っているならば、川下に雨が降らなくてもやがて水かさが増すので、渡るのは水かさが減って流れが安定するのを待ってからにせよ。

地形には、谷が深く水をたたえ、越える手立てがない「絶澗」、周辺を流れる水が窪地に集まり、自然に池を生じている「天井」、山や崖に囲まれた狭い隘路で、入ると出られない「天牢」、草木が四方に密集して、足元に水が溜まっている「天羅」、陥没した地に生じた泥沼で、足を取られて動けない「天陥」、自然の高低が多く、道が狭く、田んぼや堀などによって地形が連続していない「天隙」がある。

これらを地形の「六害」といい、必ず速やかに立ち去って、近づいてはならない。我はこれら六害から遠ざかり、敵をそこに近づけさせ、我はそれらと向き合い、敵はそれらを背後にするように仕向けよ。

軍の前進経路のわきに険しい地形、低く水の溜まった所、森林、葦の原、民屋や寺社など草木が繁茂《はんも》した所といった人が隠れて潜《ひそ》むことのできる地形があれば、必ず慎重に繰り返し捜索せよ。このような所には敵の伏兵や斥候がいるからである。

三

近くして静かなる者は、其の険を恃むなり、遠くして戦を挑む者は、人の進むを欲するなり。其の居る所、易き者は利あればなり。衆樹の動く者は来たるなり、衆草の障《おおい》多き者は疑わしむるなり。鳥起る者は伏なり、獣駭《おどろ》く者は覆《ふう》なり。

塵《ちり》高くして鋭き者は車来たるなり、卑《ひく》くして広き者は徒来たるなり、散じて条達《じょうたつ》する者は樵採《しょうさい》なり、少なくして往来する者は軍を営するなり。

辞卑《ことばひく》くして備を益す者は進むなり。辞強くして進み駆《か》る者は退くなり。軽車先ず出でて其の側《かたわら》に居る者は陣するなり。約なくして和を請う者は謀《はかりごと》なり。奔走して兵を陣する者は期するなり、半ば進み半ば退く者は誘うなり。

仗《つえ》して立つ者は飢うるなり、汲《く》みて先ず飲む者は渇するなり、利を見て進むを知らざる者は労するなり。鳥集まる者は虚なり、夜呼ぶ者は恐るなり。軍擾《みだ》るる者は将重からざるなり、旌《せい》旗《き》動く者は乱るるなり、吏《り》怒る者は倦《う》むなり。馬を殺し肉を食う者は、軍糧無きなり、缻《ふ》を懸けて其の舎に返らざる者は窮寇《きゅうこう》なり。諄々翕々《じゅんじゅんきゅうきゅう》として、徐《おもむろ》に人と言《かた》らう者は、衆を失うなり。数々《しばしば》賞する者は窘《くる》しむなり、数々罰する者は困《くる》しむなり。先に暴にして後に其の衆を畏るる者は、精《くわ》しからざるの至りなり。来りて委謝《いしゃ》する者は、休息せんと欲するなり。

兵怒りて相迎え、久しくして合わず、又《ま》た解き去らざれば、必ず謹みてこれを察せよ。

【現代語訳】

①陣が近いにもかかわらず、戦いを挑まずに我が兵が来るのをじっと待っているのは、その地形の険しさを恃《たの》みにしているのである。②遠く離れている

にもかかわらず、兵を出して戦いを仕掛けてくるのは、待ち伏せして我を誘い出そうとしているのである。③陣所などで兵士たちが安んじているのは、地形や援軍などで利があるからである。④多くの樹木が揺れ動いているのは、大軍が攻めて来たのである。⑤多くの草を結んでたくさん覆い隠しているのは、伏兵をこちらに疑わせるためである。⑥群れをなしている鳥が高く飛び、列を乱すのは、その下に伏兵がいるのである。⑦獣が山林から走り出るのは、その中に大軍が隠れているのである。

⑧砂塵が高く上がって先がとがっているのは、戦車が来ているのである。⑨砂塵が低く広がっているのは、歩兵が来ているのである。⑩砂塵があちこちに断続して上がるのは、薪《たきぎ》を採っているのである。⑪少しの砂塵が往来しているように上がるのは、軍が野営しているのである。

⑫軍使《ぐんし》の言い方がへりくだっていながら、備えを増強しているのは、我を不意に急襲する準備である。⑬軍使の言い方が強硬で、兵を進めてせり合いを仕掛けてくるのは、密かに退却するためである。⑭まず戦車を並べて警戒し、部隊がそのわきにいるのは、陣を敷いているのである。⑮和睦《わぼく》を乞うような状況でもないのに和睦を求めてくるのは、何らかの陰謀である。⑯忙しく走りまわって兵士を整列させているのは、援軍や寝返りなどを期待しているのである。⑰中途半端に進んだり退いたりするのは、こちらに誘いをかけているのである。

⑱兵士らが槍や戟《げき》を杖にして立っているのは、飢えて衰弱しているのである。⑲水汲みの兵が水源地でまずその水を飲むのは、軍の飲み水が不足しているのである。⑳利益を眼前にしながら進撃して来ないのは、疲れているのである。㉑鳥が集まっているのは、敵が退去してそこに人がいないのである。㉒陣内で夜に呼び交わす声がするのは、恐れて不安なためである。㉓敵軍が乱れて騒がしいのは、将軍に威厳がないのである。㉔旗が動揺しているのは、兵

士の心や隊伍《たいご》が乱れているのである。㉕督戦《とくせん》する官《かん》吏《り》がどなりちらしているのは、敵兵がだらけているのである。㉖馬を殺してその肉を食べているのは、軍に糧食が尽きているのである。㉗食器や炊具を外に棄て、その陣屋に帰ろうともしないのは、行き詰って死を覚悟しているのである。㉘大将が同じことをねんごろに繰り返し、人々の群れに寄り合ってささやいているのは、兵士たちの心が大将から離れているのである。㉙しきりに賞を与えているのは、人心の離反や士気の低下に苦しんでいるのである。㉚しきりに罰しているのは、兵士が疲れ果てて、罰を恐れず命令に従わないのである。㉛はじめは兵士を粗暴に扱いながら、のちには兵士たちの離反を恐れるというのは、統率がまったくわかっていない将軍である（はじめは自分の暴勇を恃んで敵を侮り、のちに敵が大勢であると聞いて恐れるのは、兵法がまったくわかっていない将軍である、という解釈もある）。㉜使者が来て過ちを謝し、罪を免れることを求めるのは、その間に兵士を休ませたいのである。㉝敵軍が怒って向かって来ながら、対陣したままいつまでも合戦せず、また引き（離れる）も退き（去る）もしないのは、援軍や寝返りを待つなど、何らかの理由があるので、必ず慎重に様子を観察せよ。

四

兵は多を益すを貴ぶに非ず、惟《ひと》り武進《ぶしん》する無し。以て力を併わせ敵を料《はか》り人を取るに足るのみ。夫れ惟だ慮《おもんぱか》り無くして敵を易《あなど》る者は、必ず人に擒《とりこ》にせらる。

卒未だ親附《しんぷ》せずして、これを罰せば則ち服せず、服せざれば則ち用い難きなり。卒已《すで》に親附しても罰行なわれざれば、則ち用うべからざるなり。故にこれを令するに文を以てし、これを斉《ととの》うるに武を以てする、是れを必ず取ると謂う。

令素《もと》より行なわれて、以て其の民を教えば則

行軍（こうぐん）

軍を処《お》き敵を相《み》る

四軍の利＝四つの地形における軍の「基本的行動」

○山に処するの軍　○水上に処するの軍

○斥沢に処するの軍　○平陸に処するの軍

軍を処く

山＝兵の利・地の助け

凡そ軍は高きを好みて
下《ひく》きを悪《にく》み、
陽を貴びて陰を賤しむ。

川を越す法

上《かみ》に雨ふりて水沫《すいまつ》至らば、
渉《わた》らんと欲する者、
其の定まるを待て。

敵を相る

三十三相の法

地利によって敵を相る

①②③ 形を相る

④⑤ 草木を相る

⑥⑦ 禽獣を相る

塵を相てその情を知る

⑧⑨⑩⑪

之と生くべくして、危を畏れざるなり（第一篇始計）

第九篇

地形の「六害」

絶澗《ぜっかん》・天井《てんせい》・天牢

天羅・天陥《てんかん》・天隙《てんげき》

必ず亟《すみや》かにこれを去りて、

近づく勿《なか》れ。

伏奸の所

険阻・潢井《こうせい》・林木・蒹葭《けんか》・翳薈《えいわい》

必ず謹みて覆索せよ。

敵の動静を相る

⑫⑬ 使者を相る

⑭⑮⑯⑰⑱⑲⑳ 兵卒を相る

㉑㉒ 陣営を相る

㉓㉔㉕ 軍政を相る

㉖㉗ 備蓄を相る

㉘㉙㉚㉛ 将を相る

㉜㉝ 情を相る

兵は多を益すを貴ぶに非ず、惟《ひと》り武進する無し。

以て 力を併せて 敵を料り、 人を取る に足るのみ。

令するに文を以てし、

斉《ととの》うるに武を以てする。

令素より行はるる者は、

衆と相得るなり。

道は、民をして上と意を同じくせしめ、之と死すべく、ち民服す。令素より行なわれずして、以て其の民を教えば則ち民服せず。令素より行なわるる者は、衆と相得るなり。

【現代語訳】

兵の数は多ければ多いほどよいというものではない。また、単独で猪突猛進するようなこともあってはならない。軍勢が心を一致させて皆が一様に力を出し、敵の形勢を詳しく知り、優れた人材を（各部隊の指揮官として）用いるだけでよい。そもそも敵に勝てる方策も考えずに敵を侮っている者は、必ずや敵の捕虜にされるのである。

兵士たちがまだ将軍に親しんでいないのに懲罰を行なえば彼らは心服せず、心服しなければ上下の心が不和となって戦場で用いるのが難しい。しかし、兵士たちが親しんでいるのに懲罰を行なわなければ、彼らは温情に狎《な》れて奢《おご》るようになり、戦場で用をなさない。だから兵士を教練する命令・号令は温和にし、それが行なわれなければ厳しくこれを罰することで、隊伍をそろえ、整える。これが必勝の道である。

命令や法令が平素からよく実行され、戦場でもその教えどおりに命令するのであれば、兵士たちはよく服従するが、それらが平素から守られていないのに、にわかに兵士たちに命令し、教えるのでは兵士たちは服従しない。命令や法令が平素から実行されているのは、将軍の心が兵衆と相和し、通じ合っているということである。

第九篇「行軍」の解説

▼各篇と軍争・九変・行軍の関係

第七篇「軍争」は、第一篇「始計」にある「兵とは詭道なり」を戦術レベルで説いたものである。

「戦闘で勝利を得るための戦術」とは、「詭道＝変化に応じ勝ちを取る術」そのものである。このため、第七篇「軍争」は、全篇を通じて奇正・虚実の原理を柱としている。

奇正・虚実の原理には、第五篇「兵勢」の「正を以て合い、奇を以て勝つ」や第六篇「虚実」の「人を致して、人に致されず」「兵の形は実を避けて虚を撃つ」「敵の変化に因りて勝を取る」などがある。第七篇「軍争」では、こうした戦いの原理・原則を戦闘レベルで具体的に論じているのである。すなわち「迂直の計」「分合を以て変を為す」「変を治むる」など、全篇を通じて「変化の理＝変化をもたらし、変化に応じることの道理」を説くものであり、なかでも「変を治むる」については、次の第八篇「九変」で「敵国の地形に応ずる変化」としてさらに具体的に論じられることになる。

戦場において敵との戦闘に勝つため、将軍は「敵国の地理に応ずる変化」に合致するように君主からの命令を変更することもある。つまり、君命といえども時宜・地の利・人の変化によっては必ずこれでやれるとは限らないのである。この「君命に受けざる所あり」こそが、第八篇「九変」の要となる言葉である。そして、第二篇「作戦」では、「兵を用いることの害をよく理解しなければ、兵を用いることの利を知ることもできない」としていたが、君命を変更してでも勝つためには、これを戦術レベルにおいても実践しなければならない。これが「智者の慮は必ず利害を雑《まじ》う」である。つまり、すべての利害得失を考察しなければ、勝てる戦術は生まれてこないということである。

このように第七篇「軍争」と第八篇「九変」を通じて、戦闘における利害を知り、戦場における「変化の理」を十分に理解したのちに、ようやく第九篇「行軍」で「軍を敵国に入れて戦わせる用法」について学ぶことになる。第九篇「行軍」は、全篇を通じ「我が軍をよい地形に置いて、敵情を偵察する」ということについて論じている。軍が行動するには

各篇と軍争・九変・行軍の関係

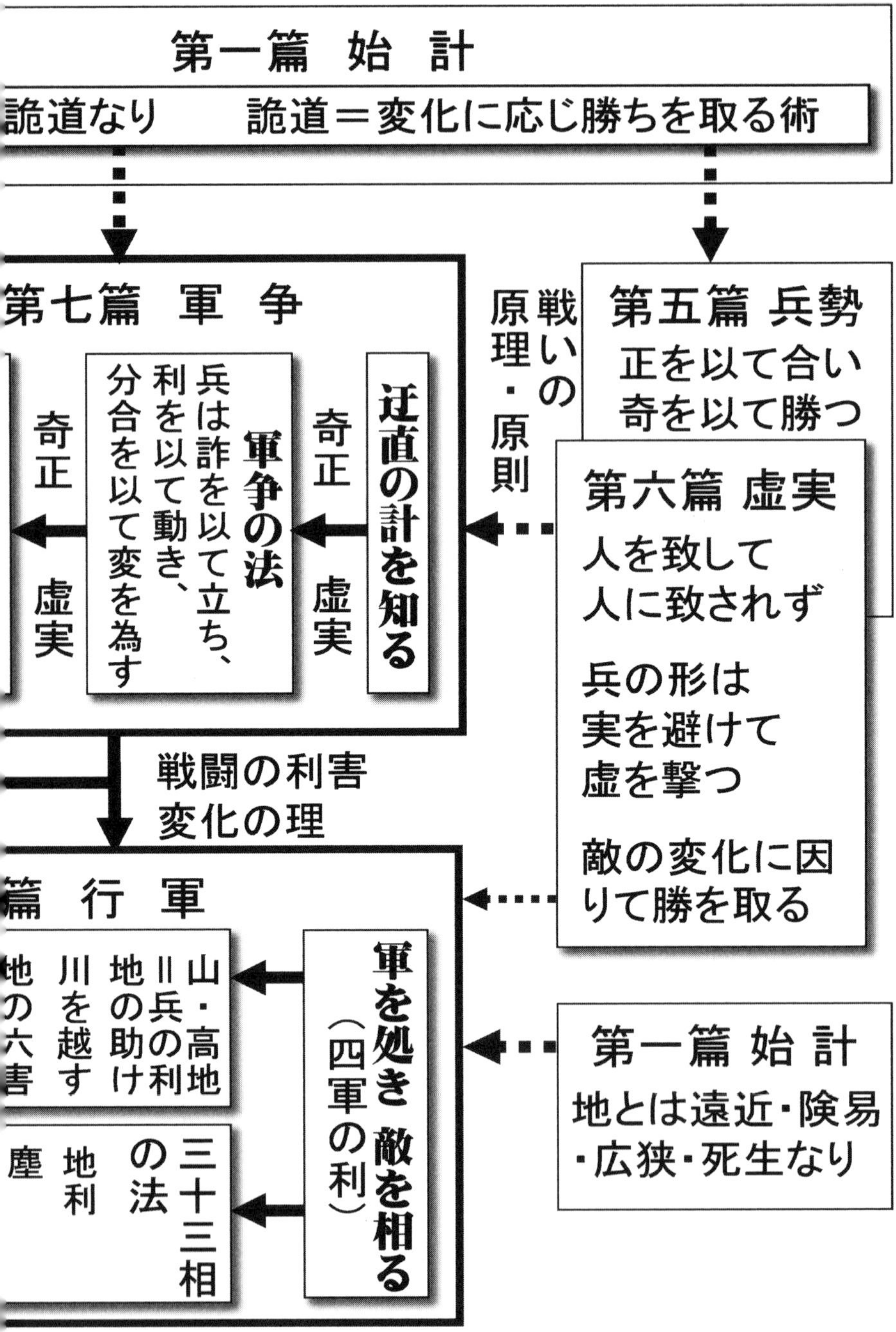

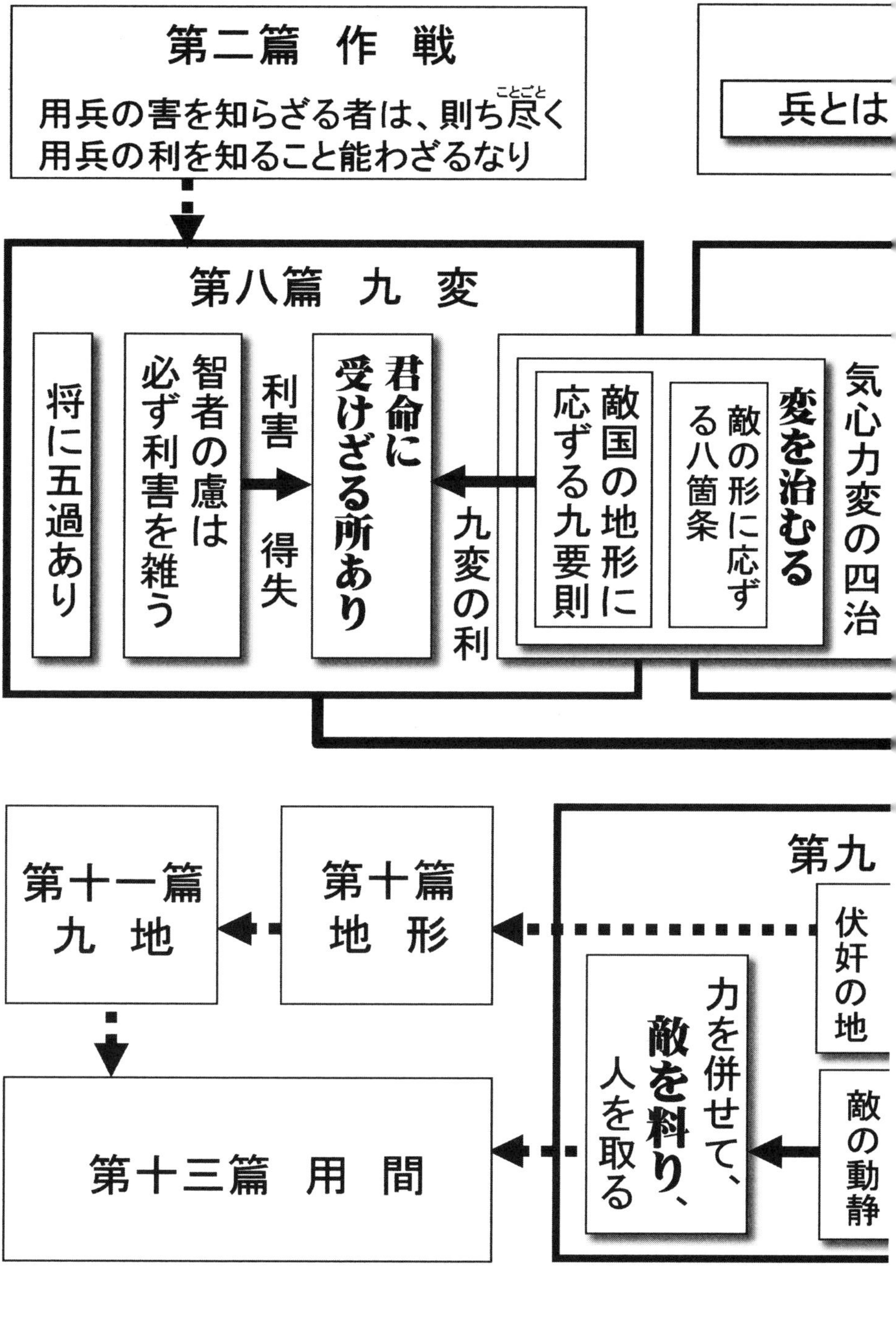
第二篇　作　戦
用兵の害を知らざる者は、則ち尽《ことごと》く
用兵の利を知ること能わざるなり
兵とは
第八篇　九　変
将に五過あり
智者の慮は
必ず利害を雑う
利害
得失
君命に
受けざる所あり
九変の利
敵国の地形に
応ずる九要則
敵の形に応ず
る八箇条
変を治むる
気心力変の四治
第十一篇
九　地
第十篇
地　形
第九
伏奸の地
力を併せて、
敵を料り、
人を取る
敵の動静
第十三篇　用　間

必ず「地の利」を助けとすることから、記述の多くは地形に関わることであるが、その基本となるものは第一篇「始計」の五事にある「地とは遠近・険易・広狭・死生（高低）なり」である。

第九篇「行軍」の「軍を処《お》き」については、さらに第十篇「地形」、第十一篇「九地」へと続き、「敵を相《み》る」については、第十三篇「用間」へと連なっていく。

▼良好な場所に軍を置く

「四軍の利」とは、山地、河川、沼沢地、平地の各地形によって軍を置く場所を考えて、良好な所に我が軍がいることである。このような場所であれば、見晴らしもよく敵の様子もよく見えるということである。この中で、「平地では高地を背後と右手にする」と述べているのは、弓矢や槍を構える姿勢から出てきている。こうした武器の構えは、体の左側を前にし、右側を後ろとする。そこで昔の戦闘では、体の右方向をしつけと言い、左方向を射向と言った。こうしたことから、弱点となる右方向から敵が向かってこないように、高地を右手にするのである。また、我の後ろが高地であれば旗や太鼓・鐘などによる合図にも便利で、我の備えを敵に見られることもないなど、作戦上の利点が多くある。

また、「山を絶え」「水を絶《わた》らば」「斥沢を絶らば」「平陸には易きに処し」とあるように、山地、河川、沼沢地の三つには「絶」という字が用いられている。このことは、小さな部隊であればわざと山地、河川、沼沢地を好んで利用することもあるが、通常の大軍であればただ通過するだけであり、戦力発揮上「不利」な地形であることを意味している。そして、この「絶」の字がない平地こそ大軍が好んで常に居る場所なのである。

▼土地にも「実」と「虚」がある

第九篇「行軍」では、四軍の利に続いて「軍を処く」の観点から、敵国において軍を行動させるうえで知っておくべき四つのことが述べられている。それは、山地・高地など「兵の利・地の助け」となる地形、「川を越す方法」、地形の「六害」、そして「伏奸の所」である。

軍は、見晴らしのよい高地に配置し、敵から見下ろされる低地には置かない。四方によく通じて地障《ちしょう》のない広原や平地（陽明の地）を選んで、山林・険阻の多い場所（陰晦《いんかい》の地＝曇っていて暗い場所）を避ける。そして、土地が肥沃で水質がよい場所を占領すれば、作戦上有利なだけではなく、兵たちの心と体の健康も維持でき、「虚」になることはない。これが「兵の利」である。

これに対して、地形の「六害」は、じめじめした湿地帯や泥沼、溜め池など、すべて水についての害がある土地である。軍の作戦行動に不利なだけではなく、兵が病気になりやすく、その心を「虚」にする土地でもある。

これら二つを比較すれば、土地にも「実」と「虚」があることがわかる。そこで、軍を処する要訣とは、「実地に処して、虚地に居らざること」なのである。

▼表面に顕れた事象から真実を推察する

「川を越す法」と「伏奸の所」については、「物事が起こる兆候を見いだす」ということを地形について述べたものである。

「川を越す法」では、「上流に雨が降って川の水が泡立ち、色が違っているならば、川下に雨が降らなくてもやがて水かさが増すので、渡るのは水かさが減って流れが安定するのを待ってからにせよ」と述べている。川を渡っている途中で水かさが増せば、大きな損害を受けることになる。それゆえ、普段と違う状態を発見したならば、意味することが判明するまでは軽々には動かない。慎重に見極めることが重要だ、と説いているのである。

同じように「伏奸の所」では、「軍の前進経路のわきに、険しい地形、低く水の溜まった所、森林、葦の原、民屋や寺社など草木が繁茂した所といった人が隠れて潜むことのできる地形があれば、必ず慎重に繰り返し捜索せよ。このような所には敵の伏兵や斥候がいるからである」と述べている。これら二つは、河川や伏兵・斥候を対象としたものではあるが、「表面に顕れた事象（兆候）から隠れている真実を推察する」という点においては、この次に出てくる「三十三相の法」とまったく同じ性質のものである。

▼敵を相《み》る――戦場における情報活動

敵の情況を考え、その企図を察知することは、軍が行動するうえで最も重要なことである。

第六篇「虚実」では、「人を形して我に形無し」といった虚実の理を実現するため、次のような「敵情解明のプロセス（六段階）」を挙げていた。

①七計により、敵と我を比較して、敵の特質と利・不利を把握する。

②敵のこれまでの行動から一定の規則性を発見し、基本的な行動パターンを把握する。

③廟算《びょうさん》により、敵の能力と利・不利を明らかにして、その企図と行動を推察する。

④警戒行動（敵の接近などを見張る）により、敵の存在と兵力・行動などを明らかにする。

⑤隠密偵察（斥候を派遣する）により、敵の配備と地形上の利・不利を明らかにする。

⑥威力偵察（敵と軽く交戦する）により、敵の配備の重点と弱点がどこかを明らかにする。

そして、第九篇「行軍」では、実際に戦場で対峙する敵の言葉を聞いてその形を見、形を見てその情況を考え、あるいは砂塵などのように表面に顕れた事象（兆候）をもって隠れている真実を推察する「術」を説いている。これが「三十三相の法」である。

「三十三相の法」は、敵情解明のプロセス（六段階）の④警戒行動（作す）、⑤隠密偵察（形す）、⑥威力偵察（角《ふ》れる）において用いられる戦場での情報収集・処理の手法であり、大きく分けて「地の利によって敵を相《み》る」「塵を相てその情を知る」「敵の動静を相る」の三つに区分されている。

戦場では、物見や斥候などを通じてこうした三十三の事象や兆候を見たり聞いたりすることで、敵の企図や虚・実の状態を推察するのであるが、それには、「半ば進み半ば退く者は誘うなり」のように敵の欺騙行動を見破るということも含まれている。

このようにして集めた各種の事象や兆候を現代戦では「情報資料＝information」と呼び、この「情報資料」を分析・処理して得られた結論を「情報＝Intelligence」という。こうした戦場での情報活動により、敵情を解明することを『孫子』では、「敵を料《はか》る」と表現している。

▼力を併せて敵を料《はか》り、人を取る

第九篇の最終段落では、「将軍の指揮・統率」について論じている。最初の「兵は多を益すを貴ぶに非ず、惟《ひと》り武進《ぶしん》する無し。以て力を併わせ敵を料《はか》り人を取るに足るのみ」という一文は非常に難解であり、さまざまな解釈がなされている。

「多を益す」とは、大勢の兵士がいながら、さらに大勢を加えること、つまり、兵士の質を問わずただ一人でも多ければよい、ということである。次の「武進する」とは、兵士たちが手柄を立てるため勇猛果敢に進んで戦うことである。しかし、兵士たちが各個バラバラに進んだり退いたりすれば、軍の組織的な戦力を発揮できない。そこで「力を併せる」つまり皆が心を一つにして力を十分に発揮する必要がある。

そして、「三十三相の法」で敵の形勢を詳しく知るのであるが、その次の「人を取る」には、優れた人を各部隊の指揮官に採用する、すなわち「人材の

の法

①近くして静かなる者は其の険を恃むなり
②遠くして戦を挑む者は人の進むを欲するなり
③其の居る所易き者は利あればなり
④衆樹の動く者は来たるなり
⑤衆草の障多き者は疑わしむるなり
⑥鳥起る者は伏なり
⑦獣駭く者は覆なり
⑧塵高くして鋭き者は車来たるなり
⑨卑くして広き者は徒来たるなり
⑩散じて条達する者は樵採なり
⑪少なくして往来する者は軍を営するなり
⑫辞の卑くして備を益す者は進むなり
⑬辞の強くして進み駆る者は退くなり
⑭軽車先ず出でて其の側に居る者は陣するなり
⑮約なくして和を請う者は謀なり
⑯奔走して兵を陣する者は期するなり
⑰半ば進み半ば退く者は誘うなり

①〜③ 形を相る
④〜⑤ 草木を相る
⑥〜⑦ 禽獣を相る
①〜⑦ 地利によって敵を相る

⑧〜⑪ 塵を相てその情を知る

⑫〜⑬ 使者を相る
⑭〜⑰ 兵卒を相る

三十三相

⑱ 仗して立つ者は飢うるなり

⑲ 汲みて先ず飲む者は渇するなり

⑳ 利を見て進むを知らざる者は労するなり

㉑ 鳥集まる者は虚なり

㉒ 夜呼ぶ者は恐るなり

陣営を相る

㉓ 軍擾るる者は将重からざるなり

㉔ 旌旗動く者は乱るるなり

㉕ 吏怒る者は倦むなり

軍政を相る

㉖ 馬を殺し肉を食う者は軍糧無きなり

㉗ 缻を懸けて其の舎に返らざる者は窮寇なり

備蓄を相る

㉘ 諄諄翕翕と徐に人と言らう者は衆を失うなり

㉙ 数々賞する者は窘しむなり

㉚ 数々罰する者は困しむなり

㉛ 先きに暴にして後に其の衆を畏るる者は精しからざるの至りなり

将を相る

㉜ 来たりて委謝する者は休息せんと欲するなり

㉝ 兵怒りて相迎え、久しくして合わず、又た解き去らざれば、必ず謹しみてこれを察せよ

情を相る

敵の動静を相る

活用」という解釈のほかに、敵人を取る、すなわち「敵に勝つ」「敵を屈服させる」という解釈や「将軍には思慮深く、慎重な人物を選ぶ」とする解釈もある。

▼威厳と愛情を偏ることなく統率する

兵たちの力を一つに併せるには、威厳と愛情の二つを、どちらかに偏ることなくバランスよくして統率しなければならない。これを「威愛《いあい》の用法」という。

『孫子』の中で「文」と「武」という言葉が出てくるのは、この箇所だけである。ここでいう「文」とは「温和」、「武」とは「厳粛」という意味である。これは、軍隊を統率する場合のことであり、内には兵士たちの心に刻み込むように教え諭しながらも、外には命令・号令に従わない、あるいは法を破るといったことを畏れさせるという意味である。

また、『兵法七書』には、「修むるに文を以てし、治むるに武を以てす」という言葉もある。ここでいう「文」とは「徳」、「武」とは「威」という意味であり、いわゆる「文徳」「武威」として用いられている。これは、国家を統治する場合のことであり、人々の意見が上に伝わり、内には君主の徳をもって政治を正しくし、外には武力の備をもって敵から守り、治安を維持するという意味である。

これらは、国と軍という規模の違いはあれ、いずれも「威愛の用法」である。「文」とは、正しい心に支えられた内面的なもの、「武」とは、強い力に支えられた外面的なものであり、将軍の資質との関係で見れば、「文」は「信」と「仁」、「武」は「勇」と「厳」に根ざしたものであり、「文」「武」いずれかに偏ることなく、バランスを保たせる資質こそが「智」である。

▼上下の心を一つにする兵法の真髄

本篇では最後に、命令や法令を平素からきちんと守らせるには、五事（道・天・地・将・法）の「道」を踏むべきことを強調しているが、ここで述べていることは、第四篇「軍形」の「道を修めて法を保つ」そのものである。第四篇では、「上手に兵を用いる将軍は、自ら人としての道を修めて上下の心を一つにさせ、規律を維持して軍法や命令を厳守させるので、強い軍隊をもって戦うことができ、勝利を確かなものにする」としていた。このように、将軍の心が多くの兵士たちと相和し、通じ合っていることを「文道が行なわれている」という。

「軍争」「九変」「行軍」の三つの篇は、もっぱら敵と相対して、利を争い、変化に通じ、軍を処《お》き、敵を相《み》ることを論じてきたが、その最後に至り、結びとして「文と武」について述べ、上下の心を一つにする「道」を論じて終わっている。兵法の真髄は、まさにここにある。

第十篇「地形」

【概要】

軍が行動するには必ず「地の利」を助けとすることから、軍の運用を論ずる第八篇「九変」と第九篇「行軍」でも記述の大半は地形に関わることであった。これらの篇をもって軍の運用法は論じ終えたので、第十篇以降は地形についてさらに詳しく論じることになる。この第十篇「地形」は、次の第十一篇「九地《きゅうち》」と相連続して熟読すべきものである。

この篇では、はじめに地形に応じて兵を用いる六つの道理（地の道）について述べ、次いで、たとえ地の道を知っていても、将軍が資質に欠けていたり、偏りがあることで敗れてしまう六つのケース（敗の道）を例示する。

そして、将軍にとって地形の助けよりも重要なのが、敵を知り、人を動かして勝ちを制することである（上将の道）と説き、併せて将軍が兵士を心服させる道について論じている。

　最後の段落では、兵法の達人こそが「敵・我・天・地」の四要素を知ることで、『孫子』の基本思想である「少ない損害で最大の利益を得る」を実現できるのだと強調している。

一

　孫子曰く、地形には、通《つう》なる者あり、掛《かい》なる者あり、支なる者あり、隘《あい》なる者あり、険なる者あり、遠なる者あり。

　我以て往くべく、彼以て来るべきを通と曰う。通形にては、先ず高陽に居り糧道を利して、以て戦わば則ち利あり。以て往くべく以て返り難きを掛と曰う。掛形にては、敵備無くば、出でてこれに勝つ、敵若し備有れば、出でて勝たず、以て返り難し、利あらず。我出でて利あらず、彼出でて利あらざるを支と曰う。支形にては、敵、我を利すと雖も、出づる無きなり、引きてこれを去り、敵をして半ば出でしめてこれを撃たば利あり。隘形にては、我先ずこれに居り、必ずこれを盈《み》たし以て敵を待つ。若し敵先ずこれに居り、盈てば従う勿れ、盈たざればこれに従う。険形にては、我先ずこれに居らば、必ず高陽に居りて以て敵を待つ。若し敵先ずこれに居らば、引きてこれを去り、従う勿れ。遠形には、勢い均《ひと》しくば以て戦を挑み難し、戦いても利あらず。

　凡そこの六者は、地の道なり、将の至任《しにん》、察せざるべからざるなり。


【現代語訳】

　孫子は言う。地形には、通というものがあり、掛というものがあり、支というものがあり、狭隘《きょうあい》なものがあり、険しいものがあり、遠いものがある。

　平坦で道路網が発達し、我も往くことができ、敵も来ることができるのを「通」という。通の地形では、敵よりも先に高くて見晴らしの良い場所を陣取り、要害を後ろにあて、峰々に陣城を構えて糧道を確保しながら戦えば有利である。

前が広く後ろに山川や険阻《けんそ》が迫り、往くのは易しいが引き返すのが難しいのを「掛」という。掛の地形では、敵がまだ陣を構えていなければ、進んでこれを討てば勝てる。もしも敵がすでに備えているならば、これを討とうと前に出れば、勝てないばかりか、引き返そうにも逆に敵に包囲されて不利である。

我の進出も不利、敵の進出も不利で、どちらも守備を固めるのを「支」という。支の地形では、先にこれを越えた方が負けるので、敵が利益をちらつかせて誘い出そうとしても出向いてはならない。速やかに引き退き、敵がこれに追い討ちをかけ、その半分が越えて出たのを反撃すれば有利である。

両側の山が迫った谷間などの狭隘な地形では、我が先に進出したならば、必ずそこに兵士を集めて陣を設け、敵が来るのを待つ。もしも敵が先に陣取って、兵を集めて配置していれば、敵が我を引き込もうとしてもそこを攻めてはならず、もしも敵がまだ十分に集まっていなければ、これに乗じて攻めかかれ。

天然の要害などの険しい地形では、我が先に占領したならば、必ず高くて見晴らしのよい場所にいて、敵が来るのを待て。もしも敵が先に陣取っていれば、軍を引いて立ち去り、敵の誘いに乗って攻めかかってはならない。

敵と我が遠く隔たっていれば、出向いて戦う側が長い道のりに疲れて力を発揮できないので、両軍の兵力が均等であれば戦いを挑むのは難しく、また不利である。

これら六つのことは、地形に応じて兵を用いる上での道理（地の道）である。将軍が知っておくべき最大の責務なので、必ず考察しなければならない。

二

故に兵に走る者あり、弛《ゆる》む者あり、陥る者あり、崩るる者あり、乱るる者あり、北《に》ぐる者あり。凡そ此の六者は、天地の災《わざわい》に非ず、将の過ちなり。

夫れ勢均しく、一を以て十を撃つを走ると曰う。卒《そつ》強く吏《り》弱きを弛むと曰う。吏強く卒弱きを陥ると曰う。大吏《だいり》怒りて服せず、敵に遇い懟《うら》みて自ら戦い、将其の能を知らざるを崩るると曰う。将弱くして厳ならず、教道明ならず、吏卒常無く、兵を陣するに縦横《しょうおう》なるを乱るると曰う。将、敵を料《はか》る能《あた》わず、少を以て衆に合い、弱を以て強を撃ち、兵に選鋒《せんぽう》無きを北ぐると曰う。

凡そこの六者は、敗るるの道なり、将の至任、察せざるべからざるなり。

【現代語訳】

そこで、兵には戦わずして逃げる者があり、弛む者があり、陥る者があり、崩れる者があり、乱れる者があり、敗れて逃げる者がある。これら六つは天地についての災いではなく、将軍の統率上の過ちである。

そもそも兵士の能力や兵器の性能がどちらも等しいときに十倍の敵を攻撃すれば、戦いを待つことなく兵を逃亡させることになる。

兵士たちは強くても幹部が弱ければ、軍紀を弛ませることになる。

幹部は勇猛であっても兵士が弱ければ、落とし穴に陥ったように幹部だけが敵中に孤立することになる。

部将が怒って総大将たる将軍の命令に服従せず、敵に遭遇しても将軍への怨み心から自分勝手に戦い、将軍もその部将がどの程度の能力かを知らないような状態を崩れているという。

将軍が柔弱で威厳がなく、平素から正しいことを教えないので、兵士の起居容儀や幹部の作法にも定まったものがなく、陣立ても縦横にバラバラな状態を乱れているという。

将軍が敵の衆寡《しゅうか》強弱を推察できず、小勢で大敵と戦い、弱兵で強敵を攻め、武勇に勝る兵士を選りすぐって先手とすることもなければ、戦いに敗れて逃げることになる。

これら六つのことは、軍に敗北をもたらす道理（敗の道）である。将軍が知っておくべき最大の責務なので、必ず考察しなければならない。

三

夫れ地形は、兵の助なり。敵を料《はか》り勝を制し、険阨《けんあい》遠近を計るは、上将の道なり。此れを知りて戦を用うる者は必ず勝ち、此れを知らずして戦を用うる者は必ず敗る。

故に戦道必ず勝たば、主戦う無かれと曰うとも、必ず戦いて可なり、戦道勝たざらば、主必ず戦えと曰うとも、戦う無くして可なり。故に進みて名を求めず、退きて罪を避けず、惟《た》だ民是れ保ちて、主に利なるは、国の宝なり。

卒を視るに嬰児《えいじ》の如し、故にこれと深谿《しんけい》に赴くべし。卒を視るに愛子の如し、故にこれと倶《とも》に死すべし。愛して令する能わず、厚くして使う能わず、乱だして治むる能わざれば、譬《たと》えば驕子《きょうし》の若《ごと》し、用うべからざるなり。

【現代語訳】

そもそも地形というものは補助手段に過ぎず、これだけで必ず勝てるというものではない。敵の衆寡強弱を十分に察知して、こうすれば必ず勝てるという道筋を詳しく立て、しかるのちに山の険しさ、隘路の危うさ、道路の遠近といった地形について、敵と我との利・不利を考察するのが総大将たる将軍のなすべきこと（上将の道）である。これらをわきま

地形（ちけい）

第八篇 九変

君命に受けざる所あり

将 九変の利に通ぜざる者は、地形を知ると雖も、
地の利を得ること能わず。

第九篇 行軍

四軍の利

山に処し、水に処し、斥沢に処し、平陸に処するの軍

軍を処《お》き

敵を相《み》る

地の道

地形に**通**・**掛**・**支**・**隘**・**険**・**遠**なる者あり。

敗の道

兵に走る者あり、弛む者あり、陥る者あり、
崩るる者あり、乱るる者あり、北《に》ぐる者あり。
凡そ此の六者は天の災に非ず、**将の過ち**なり。

将の至任、察せざるべからざるなり

（第三篇　謀攻）

第十篇

軍を全うするを上と為し、軍を破るはこれに次ぐ。

上将の道

敵を料り勝を制し、険阨・遠近を計るは上将の道なり。

（君命に受けざる所あり）

夫れ地形は兵の助けなり

戦道必ず勝たば、主戦う無かれと曰うとも、必ず戦いて可なり。

進みて名を求めず、退きて罪を避けず、

民是れ保ちて

主に利なるは、国の宝なり。

卒を視るに嬰児《えいじ》の如し、これと深谿《しんけい》に赴くべし。

卒を視るに愛子の如し、これと倶《とも》に死すべし。

兵を知る者は動きて迷わず、挙げて窮まらず

敵の撃つべきを知り

吾が卒の以て撃つべきを知り

て、

地形の以て戦うべからざるを知らざるは、勝の半ばなり。

彼を知り　己れを知らば、勝　乃ち殆《あやう》うからず。

天を知り　地を知らば、勝　乃ち全うすべし。

えて戦いを始めれば必ず勝つが、これらを知らずに戦いを始めれば必ず敗れる。

そこで、戦いの道理から必ず勝てると判断したならば、主君が戦ってはならないと言っても、必ずや戦うのがよい。逆に戦いの道理から勝てないと判断したならば、主君が必ず戦えと言っても、戦わなくてよい。だから、進むにしても功名を求めるのではなく、退くにしても君命違反の罪を恐れることなく、ただ兵士の命を預かる者として損害を最小限にすることで、結局は主君にも利益をもたらす。このような将軍を国の宝というのである。

将軍が兵士を使うには、ものごとを知らない幼子のように、どのような命令にも疑念を持たせず、進むも退くもすべて将軍の思うままにする。こうすれば、その先にどんな危険があるかもわからない深い谷へも共に行けるようになる。将軍が兵士をわが子のように深い愛情で接すれば、兵士も将軍を父親のように慕って命の危険さえもいとわなくなる。しかし、深い愛情で接するだけで教練したり命令したりせず、ねんごろに養うだけで与えた仕事をきちんとさせず、規律が乱れていてもそれを正さなければ、苦労を知らないわがまま息子のように、兵たちも戦の用に立たなくなる。

四

吾が卒の以て撃つべきを知りて、敵の撃つべからざるを知らざるは、勝の半ばなり。敵の撃つべきを知り、吾が卒の以て撃つべきを知りて、地形の以て戦うべからざるを知らざるは、勝の半ばなり。故に兵を知る者は、動きて迷わず、挙げて窮まらず。故に曰く、彼を知り己を知らば、勝乃《すなわ》ち殆《あやう》からず。天を知り地を知らば、勝乃ち全《まっと》うすべし。

【現代語訳】

我が兵士らが教練に習熟し、上下同心で、敵を攻撃できる実力があることはわかっていても、敵も十分に強いので攻撃すべきではないということを知らなければ、勝つことも負けることもある。敵が弱く備えも不十分なので攻撃すべきであると知り、我が兵士にも敵を攻撃する十分な実力があるとわかっていても、地形上はここで戦うべきではないということを知らなければ、勝つとしても多くの死傷者を出すかもしれない。

それゆえ兵法を熟知した人は、いかなる行動にも迷いがなく、兵の用法も窮まることがない。なぜならば、敵のことを知り、我のことも知っているので勝利が危うくなることがなく、さらに天候・気象を知り、地形についても知っているので多くの兵士を戦死させずに完全な勝利を得られるからである。

第十篇「地形」の解説

▼地形に応じて兵を用いる「地の道」

第九篇「行軍」では、四軍の利、すなわち山地、河川、沼沢、平地の四つの地形において軍が「地の利」を得るための基本的行動について論じた。そこで、第十篇「地形」では、さらに第一篇「始計」の五事にある「地とは遠近・険易・広狭・死生（高低）なり」に基づき、これら山地、河川、沼沢、平地の四つを組み合わせて、軍の行動を制約する六つの地形、すなわち「通」「掛」「支」「隘」「険」「遠」に区分し、それぞれの地形に応じて兵を用いる道理を説いている。これが「地の道」である。

平坦で道路網が発達し、我も往くことができ、敵も来ることができる「通」は、遠近・険易・広狭・死生のうち、「近」と「易」と「広」と「死（低い）」の組み合わせである。敵も我も自由に機動で

地形に応じて兵を用いる「地の道」

通

我 以て往くべく

彼 以て来るべき

近 易 広 死

先ず高陽に居り、

糧道を利して、
以て戦わば則ち利あり。

掛

以て往くべく

以て返り難き

近 険易 広狭 死生

敵 備無くば、

出でてこれに勝つ、

敵 若し備有れば、

出でて
勝たず、

以て返り難し、
利あらず。

支

我 出でて
利あらず、
彼 出でて
利あらざる

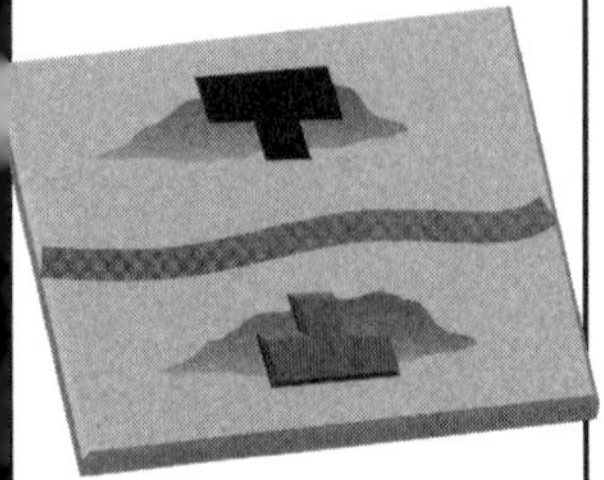

近 険 広

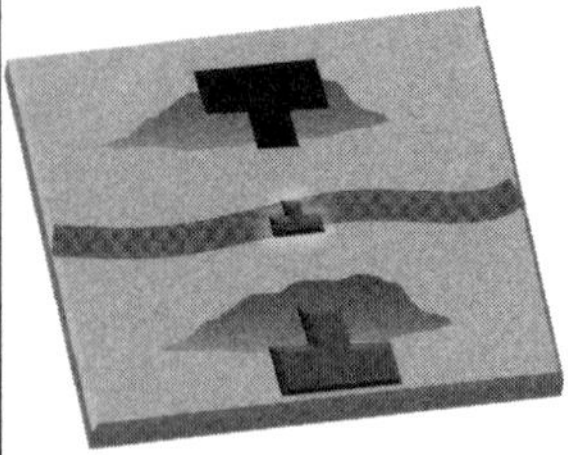

敵 我を利す
と雖も、
出づる無き
なり、

引きて
これを去り、
敵をして半ば
出でしめて
これを撃たば
利あり。

隘

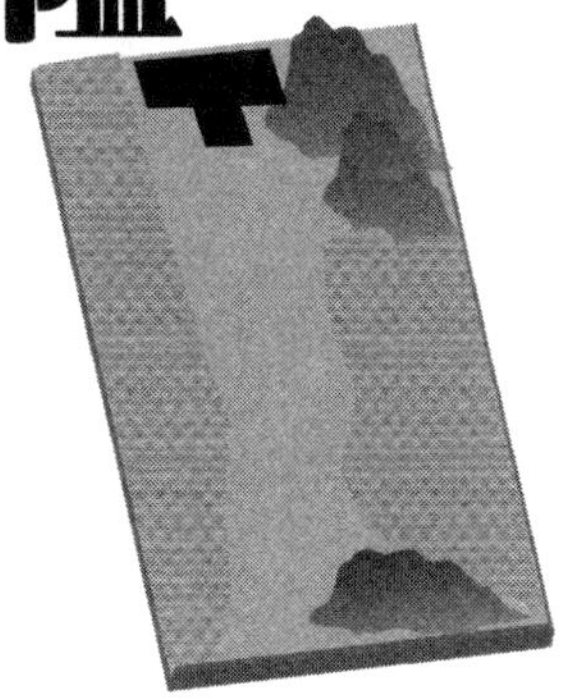

近 狭

我 先ずこれに居り、必ずこれを盈たし以て敵を待つ。

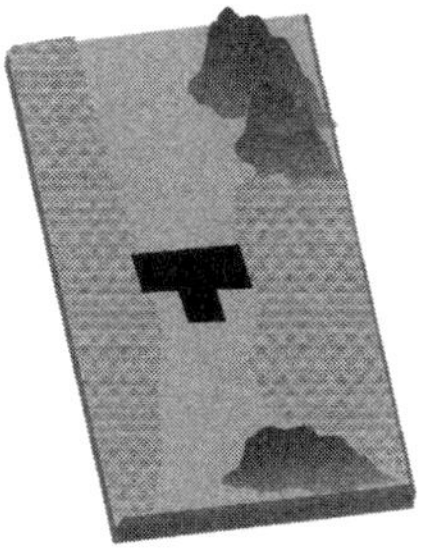

若し 敵先ずこれに居り、盈てば従う勿れ。

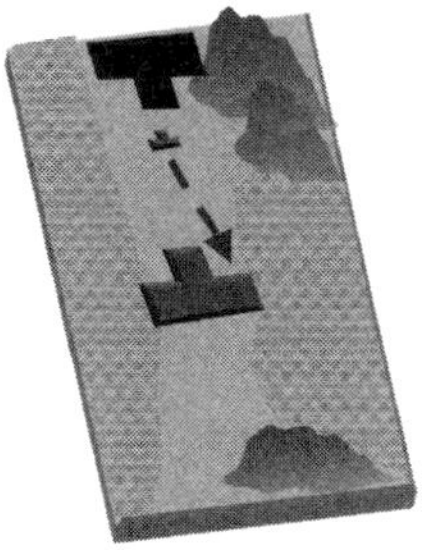

盈たざれば これに従ふ。

険

近 険 生

我 先ずこれに居らば、必ず高陽に居りて以て敵を待つ。

若し 敵 先ずこれに居らば、引きてこれを去り、従う勿れ。

遠

遠

勢い均しくば以て戦を挑み難し、

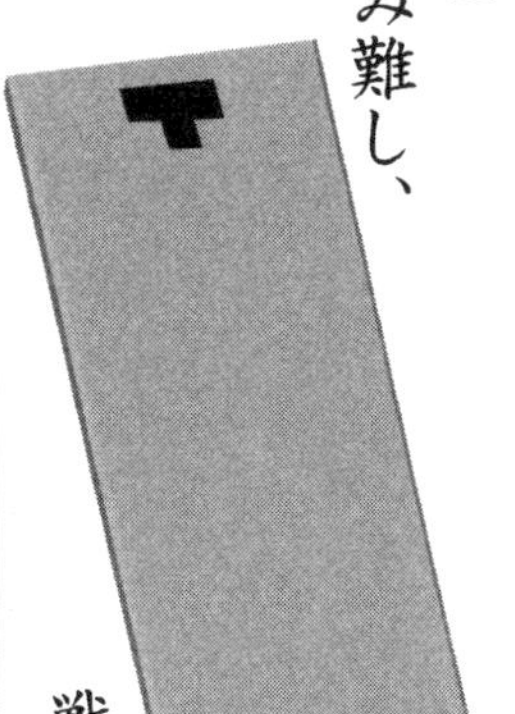

戦いても利あらず。

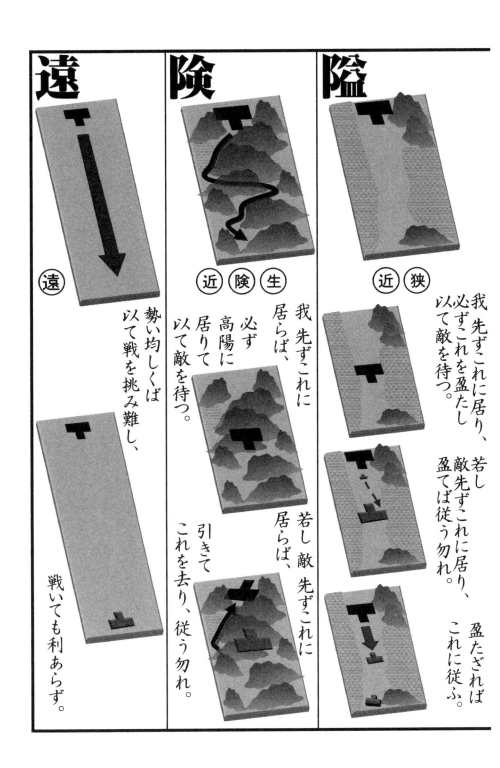

きる「通」では、敵に後方連絡線（糧道）を遮断されないようにする。

前が広く、後ろに山川や険阻《けんそ》が迫り、往くのは易しいが引き返すのが難しい「掛」とは、平地へ連接する隘路の出口である。遠近・険易・広狭・死生で言えば、「近」であり、「険」から「易」、「狭」から「広」、「生（高い）」から「死（低い）」への変換点である。「掛」では、敵の準備未完に乗じて攻撃するか、さもなくば地形の堅固さを活かして防御に徹する。

我の進出も不利、敵の進出も不利で、どちらも守備を固める「支」は、「近」と「険」と「広」の組み合わせであり、長い膠着状態に耐えなければならない。

両側を山や海・湖・湿地などに挟まれた「隘」は、「近」と「狭」の組み合わせであり、天然の要害などの「険」は、「近」と「険」と「生（高い）」の組み合わせである。「隘」と「険」は、先にこれを陣取った側が圧倒的に有利になる地形である。

そして、敵と我が遠く隔たっている「遠」は、遠近・険易・広狭・死生のうち、「遠」だけであり、それ以外については問わない。第七篇「軍争」の「力を治める」で勝つのである。

▼「支」の地形では先に攻撃したほうが負ける

「支」とは、「相互に支え持つ地形」という意味である。これを「岐」の借字であるとして、「枝分かれした道」とする解釈もあるが、これでは「先にこれを越えた方が負ける」ということの意味が不明であり、戦術的に見てもさほどの価値がない。したがって「枝分かれした道」とするのは間違いである。

「支」には、「敵と我の双方が、高くて険しい場所に布陣し、その間の平地が狭い地形」「敵と我の中間に二本の川があり、両方の川の間にある平地が狭い地形」「敵と我の両陣の間に川・湖・沼沢がある地形」という三つの形態があり、あるいはこれら

「支」の地形

我れ出でて利あらず、
彼れ出でて利あらざるを**支**と曰う。

「支」の三つの形態

① 彼我ともに高険に陣し、間の平地狭し

② 彼我中間に両川あり、両川間の平地狭し

③ 彼我両陣間に川・湖・沼沢あり

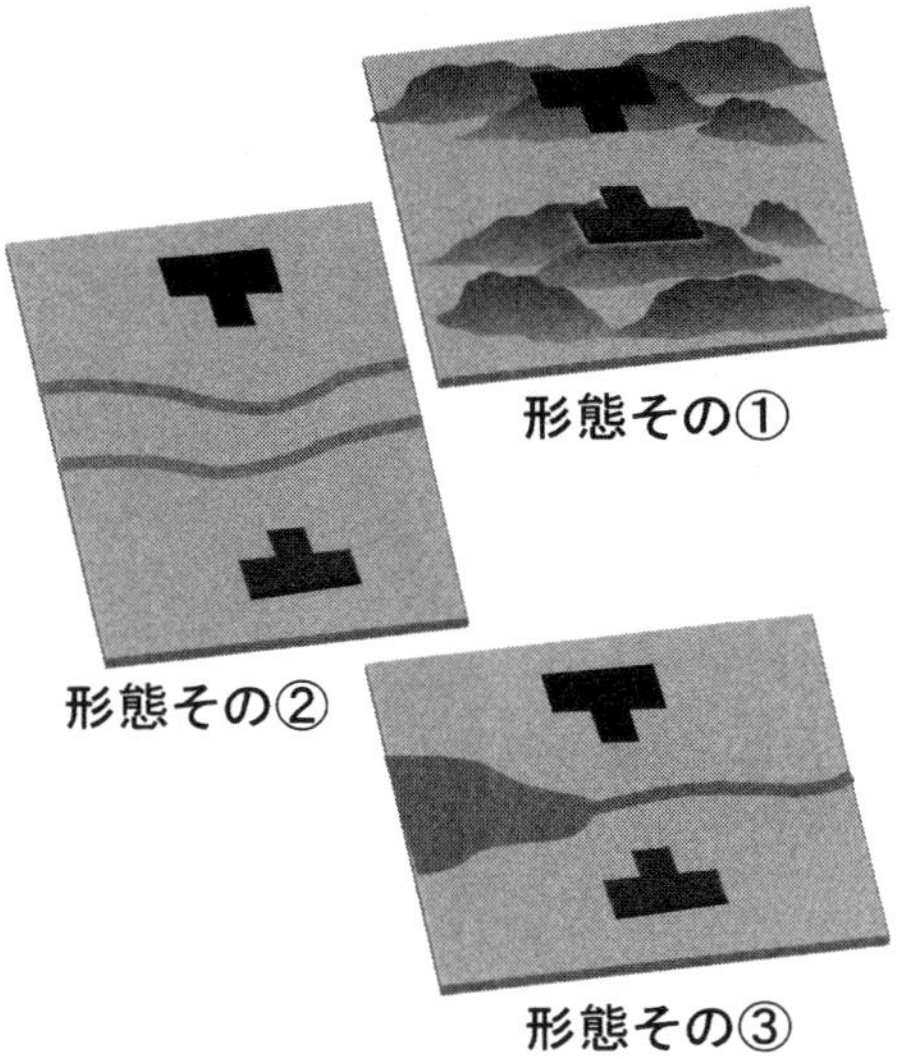

が組み合わさっている。そして、「支」では、先に攻撃を仕掛けたほうが負けることになるので、彼我の戦術行動は、どちらも守備を固める「対陣」になる。

▼『孫子』を知る家康の圧勝に終わった「小牧の対陣」

「支」の地形における「対陣」の戦例として、わずか五キロの正面に両軍合わせて八万を超える兵力が、十日間にわたり対峙した「小牧の対陣」がある。

天正一二（一五八四）年三月、織田信長亡きあとの天下を狙う羽柴秀吉と織田政権の継承を目指す織田信雄《のぶかつ》が激しく対立し、信雄は徳川家康を味方につけて秀吉に対抗した。三月七日に浜松城を発した家康は一三日に清洲城で信雄と会見したが、同日秀吉は池田恒興を寝返らせて犬山城を攻略させた。これに対して徳川・織田連合軍約二万は、一五日に小牧山とその周辺を押さえて堅固な陣を敷いた。

三月一七日、池田勢三千が羽黒砦を占領すると家

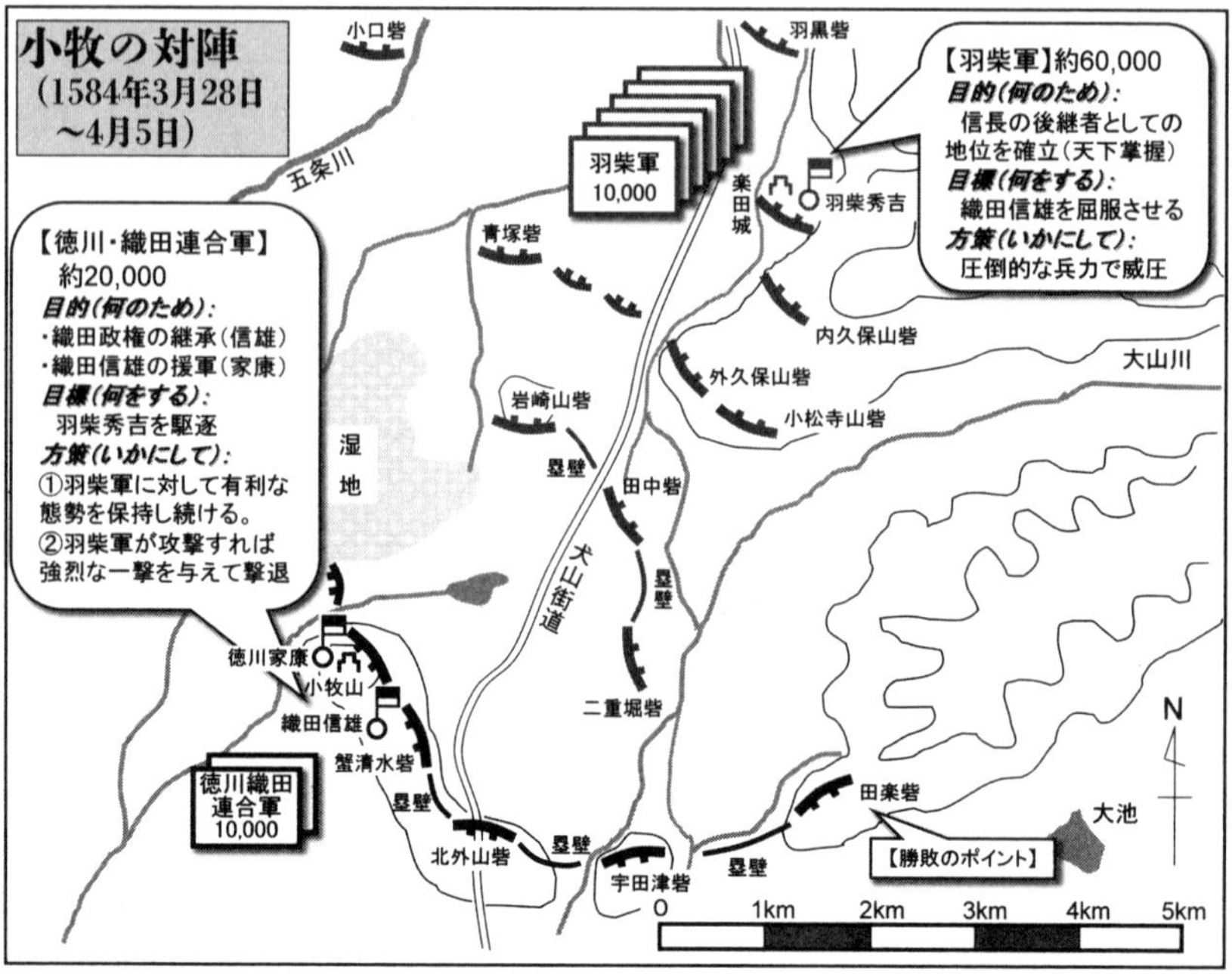

康は榊原康政ら六千の軍勢にこれを急襲させて池田勢に大損害を与えた。この報に接した秀吉は二一日に三万の兵を率いて大坂城を発し、二七日に犬山城に到着するや直ちに小牧山周辺の要所に防塁《ぼうるい》を構築するように命じた。翌二八日、楽田城に本陣を推進した羽柴軍は、六万余の兵力に達していた。

両軍とも犬山街道沿いの突進を阻止しうるように小丘陵に砦を築き、各砦を塁壁で連接した。とくに羽柴軍は二重堀砦～岩崎山砦と小松寺山砦～青塚砦の二線で布陣した。一方、徳川軍が本陣とした小牧山は濃尾平野が一望でき、北から北西にかけて湿地帯で守られた要点であった。また羽柴軍の包囲に備えて東側丘陵地の麓（田楽砦）まで陣地線を延ばしていたため、当初から羽柴軍の第一線陣地側背に脅威を与えていた。兵力で劣る徳川軍は家康の優れた地形眼により態勢上の優越を獲得し、羽柴軍がこの塁壁を連ねた陣地線を突破すれば多大な損害が予想されたため、両軍は一〇日近く睨みあった。

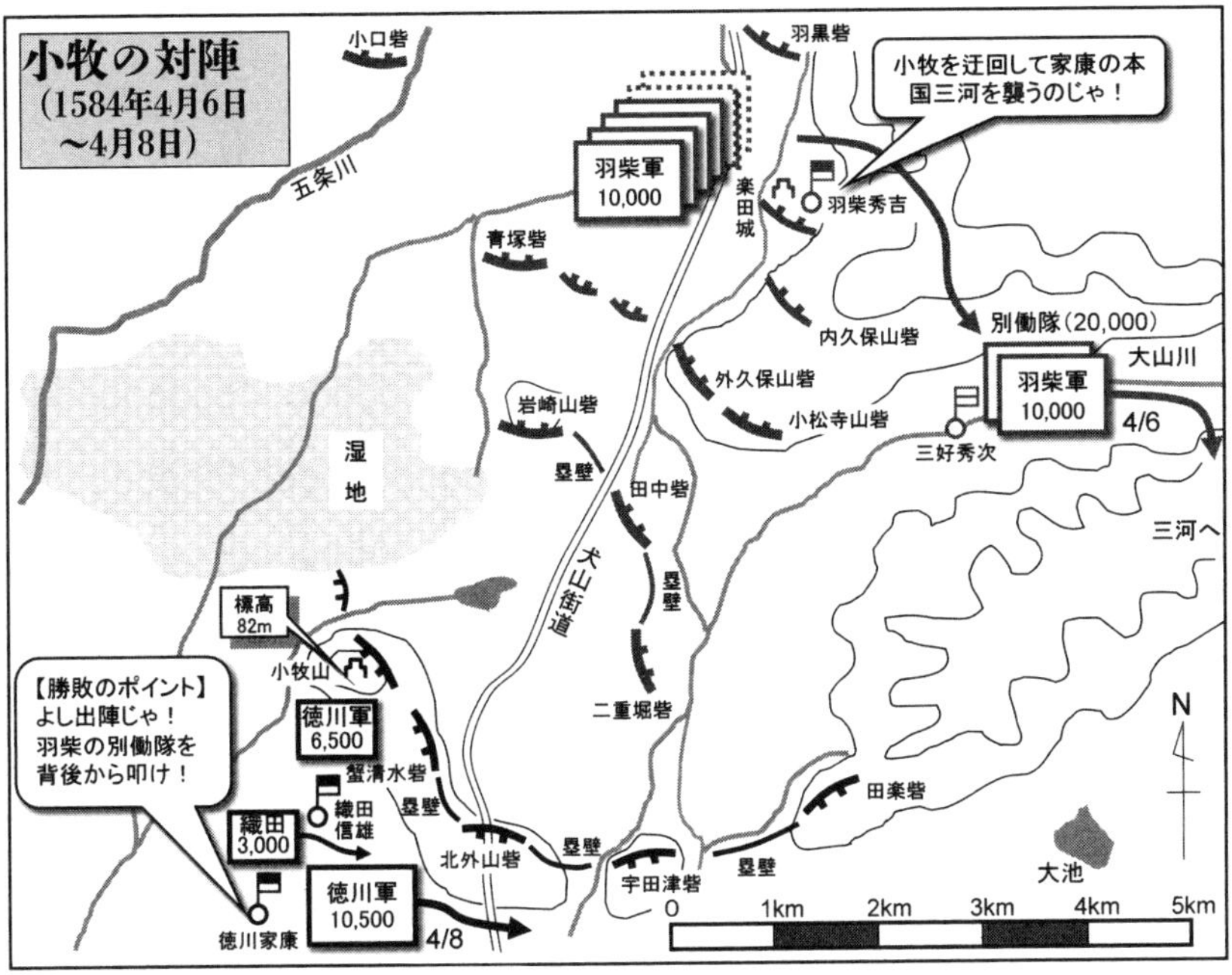

この膠着状態を破るため、秀吉は四月六日に別働隊二万を東側から家康の根拠地三河へと迂回させたが、これを察知した徳川軍は主力で追撃し、長久手《ながくて》で徳川方の岩崎城を攻略中の羽柴軍別働隊を背後から奇襲攻撃して撃滅した。

このように、両軍が堅固な陣地により相手の攻撃を待ち構える対陣では、長い膠着状態に耐え切れず焦って無謀な行動に出た側が負けることになる。この戦いは、秀吉よりもはるかに『孫子』に精通していた家康の圧勝に終わったのであった。

▼「敵を知り、己を知る」が主、「地を知る」は補助

戦場の地形に応じて兵を用いる六つの道理（地の道）と、地形に関係なく、将軍が資質に欠けていたり、偏りがあることで敗れてしまう六つの具体例（敗の道）から導き出されるのが、「上将の道」である。

総大将たる将軍にとって、戦いに勝つための主要

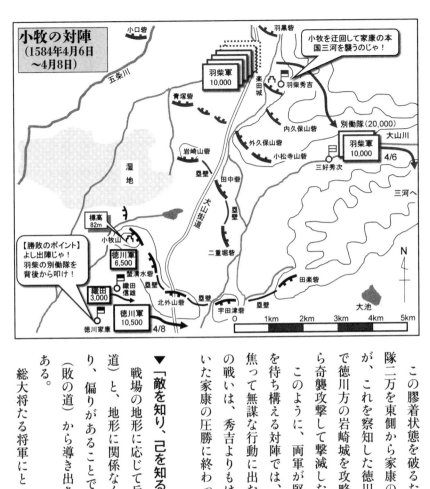

手段は、あくまでも「敵を料り、勝を制する（敵を知り、己を知る）」ことであり、「険阨・遠近を計る（地を知る）」のは、補助手段にすぎない。この優先順位を誤らないことを「上将の道」という。

そして、これらを組み合わせるのが「戦いの道理」である。総大将たる将軍は、「戦いの道理」から勝てるか、勝てないかを判断したならば、君命にかかわらず自らの意思で行動する。これこそが、第八篇「九変」で説いた「君命に受けざる所あり」というものである。

また、地形は補助手段といえども、当然のことながら、兵を用いるには地形を知らなければならない。「小牧の対陣」で、重要な地形を見抜いて不敗の陣を敷いた徳川家康のように、地形について精通していれば、かえって地形だけに依存しなくなるのである。

第十一篇「九地」

【概要】

第十一篇「九地《きゅうち》」とは、第八篇「九変《きゅうへん》」にある「九変を応用して人を十分に用いる戦術（九変の術）」を記すものである。内容的には、まず第十篇「地形」で述べた六つの基本的な地形（地形の常）に我と敵の用兵を乗せ、さらに兵士の心理状態を合わせ考えて九つの地の変化（九地の変法＝地勢の変）を論じている。これを受けて、次に「主客の勢」、すなわち自国内で戦う場合（主）と敵国で戦う場合（客）に分けて『孫子』の真髄を論じ尽くしている。

そして、「急に襲われても迅速に反応し、相互に助け合い、適切に対処できる」最も理想的な兵の姿を「率然《そつぜん》」という蛇に喩え、それが可能であることを「呉越同舟」の話で説得する。

後半では、「九地の変法」を、さらに「屈伸《くっしん》の利」と「人情の理」を交えて将軍の指揮・統率の観点から再度論じ、次にこれら九地の変法を熟知し、「無法の賞」や「無政の令」で兵士たちの心をつかめば、諸侯を率いて天下を支配する「覇王《はおう》の兵」になれるのだと説く。

最後の段落では、「敵に致されるふりをして、敵を致す」という巧妙な作戦が、間者による情報戦と作戦の秘匿により達成できるのだとして、末篇である「用間」へと連接させている。

一

孫子曰く、兵を用うるの法、散地《さんち》あり、軽地《けいち》あり、争地《そうち》あり、交地《こうち》あり、衢地《くち》あり、重地《じゅうち》あり、圮地《ひち》あり、囲地《いち》あり、死地《しち》あり。諸侯自ら其の地に戦う者を散地と為す。人の地に入るに深からざる者を軽地と為す。我得る亦《ま》た利あり、彼得る亦た利ある者を争地と為す。我れ以て往くべく、彼れ以て来るべき者を交地と為す。諸侯の地三属し、先ず至りて天下の衆を得る者を衢地と為す。人の地に入るに深く、城邑《じょうゆう》を背に多き者を重地と為す。山林・険阻・沮沢《そたく》、凡そ行き難きの道ある者を圮地と為す。由りて入る所の者は隘、従《よ》りて帰る所の者は迂《う》、彼の寡《か》以て吾の衆を撃つべき者を囲地と為す。疾《と》く戦わば則《たちま》ち存し、疾く戦わざれば則ち亡ぶる者を死地と為す。

是の故に散地には則ち戦う無かれ、軽地には則ち止まる無かれ。争地には則ち攻むる無かれ、交地には則ち絶つ無かれ。衢地には則ち交を合わせ、重地には則ち掠《かす》めよ。圮地には則ち行き、囲地には則ち謀り、死地には則ち戦う。

【現代語訳】

孫子は言う。軍隊を運用する方法としては、散地《さんち》があり、軽地《けいち》があり、争地《そうち》があり、交地《こうち》があり、衢《く》地《ち》があり、重地《じゅうち》があり、圮地《ひち》があり、囲地《いち》があり、死地《しち》がある。

諸侯が自分の領地内で敵の侵攻を防いで戦えば、「散地」となる。敵地に入ってまだ辺境近くにあり、深く入り込んでいなければ、「軽地」となる。見晴らしがよい高台など、我が取れば我が有利になり、敵が取れば敵が有利になる地形が「争地」となる。

平坦で我も往こうとし、敵も来ようとすれば、「交地」となる。我の領地と他の諸侯の領地が重なっており、先にその地を占領することで天下の民衆も手に入れるようにすれば、「衢地」となる。敵地に深く入り込んで、背後に敵の城や村落が多くあれば、「重地」となる。

山と林、切り立った崖や深い谷などの険しい地、沼や沢など、すべて行くのが難しい道のりを進めば、「圮地」となる。通過して入るには地形が狭く、引き返して戻るには道のりが曲がりくねって遠い地形で、敵が小勢で我の大軍を攻撃しようとすれば、「囲地」となる。思い切って速やかに戦えば生き残れるが、困惑してすぐに戦わなければ全滅してしまうような状況に兵士らを陥らせれば、「死地」となる。

こうしたことから、散地では（兵士の心が家や妻子のことで散り乱れ、衆心が一つにならないので）戦ってはならず、軽地では（兵士の心が軽くして静まらず、勇み高ぶって敵を侮りやすいので）、止まることなくさらに敵地深くに入れ。争地を敵がすでに陣取っていれば、これを攻めてはならず、交地では後ろに軍勢を少しずつ残し置いて糧道を守らせ、敵に後方を遮断されないようにせよ。

衢地には先に進出することで、諸侯を我に引き付けるようにし、重地では（兵士の心が重く沈んでいるので）、わざと民家から財宝や糧食を奪い掠め、気持ちを高ぶらせよ。圮地では一宿といえども留まらず、少しでも早く抜け出すようにし、囲地では速やかに作戦行動をとることで敵に取り囲まれないようにし、死地では戸惑うことなく力の限りを尽くすようにさせ、兵士の心を一つにして戦うのである。

二

古えの所謂《いわゆる》善く兵を用うる者は、能く敵人をして前後相及ばず、衆寡相恃《たの》まず、貴賤《きせん》相救わず、上下相収めず、卒離れて集まらず、兵合いて齊《ひとし》からざらしむ。利に合いて而《すなわ》ち動き、利に合わずして而ち止まる。

敢て問う、敵、衆整にして将《まさ》に来らんとす。これを待つこと若何《いかん》。曰く、先ず其の愛する所を奪わば、則ち聴かん。兵の情、速《そく》を主とす。人の及ばざるに乗じ、不虞《ふぐ》の道に由《よ》り、其の戒めざる所を攻むるなり。

【現代語訳】

昔の「用兵の達人」と呼ばれた将軍は、速やかにその不意を撃ち、虚を衝くことで、敵陣の前後左右が相互に策応できないようにさせ、大勢が小勢を包《ほう》含《がん》したり、小勢が大勢に依拠《いきょ》したりできないようにさせ、敵将と兵士が互いに救いあわないようにさせ、いくつかの軍勢が一カ所に集まらないようにさせ、敵の兵士が驚いて離散して集まらず、たとえ集合しても隊列をバラバラにさせた。そして、地形上有利であれば兵を動かし、地形上不利であればその動きを止めた。

そこで自らに問う。もし敵が大軍で隊列をよく整え、散乱せずに攻め寄せて来たならば、どのようにしてこれを待ち受けたらよいのだろうか。その答えは、まず敵にとって最も重要なものを奪取する。そうすれば敵の進むも退くも皆、我が意のままになるであろう。兵の心を支配するには、迅速さが第一である。敵の先手を打ち、敵が思いもしない方向から、敵が警戒せず、守備していない所を攻めるのである。

三

凡そ客たるの道、深く入らば則ち専らにして主人克《か》たず。饒野《じょうや》を掠《かす》め、三軍食を足し、謹《つつ》しみ養いて労する勿れ、気を并《あ》わせ力を積みて、兵を運《めぐ》らし計謀《けいぼう》して、測るべからざるを為す。これを往く所無きに投じ、死すとも且《は》た北《に》げず。死せば焉《いずく》んぞ士人力を尽すを得ざらん。

兵卒甚だ陥《おちい》らば則ち懼《おそ》れず、往く所無ければ則ち固く、入るに深ければ則ち拘《こう》し、已《や》むを得ざれば則ち闘《たたか》う。是の故に其の兵、修めずして戒め、求めずして得、約せずして親しみ、令せずして信ず。祥《しょう》を禁じ疑を去り、死に至るまで之《ゆ》く所なし。吾が士余財無し、貨《か》を悪《にく》むに非ざるなり。余命無し、寿《じゅ》を悪むに非ざるなり。

令、発するの日、卒の坐する者、涕《なみだ》襟を霑《うるお》し、偃臥《えんが》する者、涕頤《あご》に交わる。これを往く所無きに投ぜば、諸《しょ》・劌《かい》の勇なり。

【現代語訳】

敵国に攻め入る方法とは、深く入れば兵士の心は一つになり、必死の覚悟ができるので意気盛んになるが、自国で待ち受ける側の兵士は心が一つにまとまらないので、それに対抗できない。

敵地に入れば糧道《りょうどう》が不利になるので、食糧の豊富な場所を掠め取り、そこを兵站基地として三軍の食糧を十分なものにし、何よりも兵士に栄養を与えてその力を全うさせねばならない。このようにして兵士の気力・体力を充実させ、そこで兵を用いる計策をなし、それを敵に察知されない手段をなす。兵を用いるには、我が兵をどこにも行き場のない所に置けば、たとえ死んでも敗れて逃げることがない。死を逃れられないと知れば、どうして兵士らは力を尽くして戦わないことがあろうか。

兵士は敵地に深く入ってしまえば、必死の覚悟ができて恐怖心がなくなり、敵国ゆえに行き場がなければ心が散り乱れることもなく、周りはすべて敵であることから皆の心も一致団結し、ほかに為す術もないので必死になって戦う。このように（重地にあって心が一つに）なれば、その兵士らは大将の戒めを待たずして自らを戒め、大将が求めることは、兵士自らこれを実行し、いさかいを禁ずる約をなさなくても親しみ合い、法令により罰せずとも、よく大将の命令に従うのである。

大将は流言蜚語《りゅうげんひご》を禁じて兵士の不安を除去することで、余計なことを思わせないようにする。我が軍の兵士らは陣中に残る財物を捨てるが、それは財貨《ざいか》を欲しくないからではない。今を限りに死を心に決めるが、それは長生きをしたくないからではない。

大将が新たに軍令を出して必死の戦を示した日、すでに戦死を覚悟している兵士らは皆感激して、坐っている者は涙で襟《えり》を濡らし、横に臥《ふ》せている者は涙が顎まで流れている。これらの兵士たちをほかに行き場のない所に投じれば、みな専諸《せんしょ》や曹劌《そうかい》のように勇敢になるのである。

四

故に善く兵を用うる者は、譬《たと》えば率然《そつぜん》の如し。率然は、常山の蛇なり、其の首を撃てば則ち尾至り、其の尾を撃てば則ち首至り、其の中を撃てば則ち首尾倶《とも》に至る。

敢えて問う、率然の如くならしむべきか。曰く可、夫れ呉人越人《ごひとえつひと》と相悪《にく》むなり、其の舟を同じうし済《わた》りて風に遭うに当たりて、其の相救うや左右手の如し。是の故に馬を方《なら》べ輪を埋むも、未だ恃むに足らざるなり。勇を斉《ととの》えて一の若《ごと》くするは、政の道なり、剛柔《ごうじゅう》皆得るは、地の理なり。故に善く兵を用うる者は、手を携《たずさ》えて一人を使うが若し、已むを得ざればなり。

【現代語訳】

そこで上手に兵を用いる将軍は、たとえば率然のようなものである。率然とは常山にいる蛇である。

その頭を撃つと尾が至ってこれを救い、その尾を撃つと頭が至ってこれを救い、その胴体を撃つと頭と尾が共に至って救うのである。

そこで自らに問う。（我が軍を）率然のようにさせることができるだろうか。答えは「できる」である。例えば、呉と越は敵国どうしなので、互いに憎しみあっているが、呉と越の人が同じ船に乗って川を渡っていて台風に遭い、船が転覆しそうになれば、左右の手のように互いに密接に助け合う。これが自然の勢である。そうであれば、行き場のない所に投じれば、個々の兵士は期せずして一致団結して助け合う。こういうわけで、戦車を引く馬を結いつけ、車輪を埋めて退けないようにしても、（兵士を死地に投ずるのでなければ）十分に頼りになるものではない。勇者も怯者も等しく勇敢にさせるのは、良好な指揮・統率による。状況に応じて剛強にも柔軟にも戦うことができるのは、地形や地勢の道理による。そこで上手に兵を用いる将軍が、全軍の兵衆をまるで一人の手をとって自由に使うようにできるのは、戦うよりほかに為す術《すべ》のない状況に陥らせるからである。

五

将軍の事は、静にして以て幽《ゆう》、正にして以て治《ち》。能く士卒の耳目を愚《ぐ》にし、これをして知る無からしむ。其の事を易《か》え、其の謀《はかりごと》を革《あらた》め、人をして識《し》る無からしむ。其の居を易え其の途《みち》を迂にし、人をして慮《おもんぱか》るを得ざらしむ。帥《ひき》いてこれと期す、高きに登りて其の梯《はしご》を去るが若く、帥いてこれと深く諸侯の地に入りて、其の機を発する、群羊《ぐんよう》を駆《か》るが若し。駆りて往き、駆りて来り、之《ゆ》く所を知る莫《な》し。三軍の衆を聚《あつ》め、これを険に投ず、此れ将軍の事なり。

【現代語訳】

将軍たる者は、もの静かで奥深く、厳正にしてよく物事の道理を理解していなければならない。兵士には余計な知識を与えないようにして、将軍の命令を批判したり、疑念を持ったりしないようにする。やり方をたびたび変更し、一度用いた作戦は再び用いないことで、これを心に留めたり覚えたりさせない。（平地を捨てて険しい地に陣取り、険しい地を捨てて平地に展開するなど）その居場所を常に変えたり、わざと遠回りして進むことで、人々が理解できず、推察できないようにする。

将軍が兵士を率いて戦を始めるときは、高い所に登らせてから梯子《はしご》を取り外すように（すべての兵士たちをほかに行き場がないように）し、兵士を率いて国境外の深くまで侵入して一挙に作戦を発動するのは、あたかも羊の群れを追いやるようである（兵士たちは命令のままに服従する）。駆り立てられてあちこちへ往来する羊のように、兵士らもどこへ行くのかまったくわかっていない。このように全軍の多勢を集めて、そのすべてを行き場のない死地に投入するのが、将軍の為すべき事である。

六

九地の変、屈伸の利、人情の理、察せざるべからざるなり。

凡そ客たるの道、深ければ則ち専、浅ければ則ち散す。国を去り境を越えて師《いくさだち》する者は絶地《ぜっち》なり。四通する者は衢地《くち》なり、入るに深き者は重地《じゅうち》なり、入るに浅き者は軽地なり、固を背《うしろ》にし隘《あい》を前にする者は囲地《いち》なり、往く所なき者は死地なり。

是の故に散地は吾将《まさ》に其の志を一にせんとす。軽地は吾将にこれをして属せしめんとす。争地は吾将に其の後《しりえ》に趨《おもむ》かんとす。交地は吾将に其の守りを謹《つつし》まんとす。衢地は吾将に其の結を固くせんとす。重地は吾将に其の食を継がんとす。圮地《ひち》は吾将に其の途《みち》に進まんとす。囲地は吾将に其の闕《けつ》を塞《ふさ》がんとす。死地は吾将にこれに示すに活《い》きざるを以てせんとす。故に兵の情、囲まるれば則ち禦《ふせ》ぎ、已《や》むを得ざれば則ち闘い、過ぐれば則ち従う。

【現代語訳】

敵と我の用兵に応じた九通りの地勢の変化（九地の変）、利に応じた前進・停止や攻勢・守勢の選択（屈伸の利）、兵士の心情に従って事を為す道理（人情の理）、将軍はこれら三つを常に考察しなければならない。

敵国に攻め入る方法は、深く入れば兵士の心は一致団結するが、浅ければ兵士の心も散乱するので、本国を去り、境を越えて敵国に進出したならば、あらゆる危険を絶たねばならない。これを「絶地」という。絶地には、四方に通じている衢地、敵国深く入り込んだ重地、少し入っただけの軽地、後ろが険しくて前が狭い囲地、行き場がない死地がある。

そこで将軍の心がけとして、散地において戦うときは、兵士たちの心を一つにさせようとする。軽地においては兵士の心が勇み、敵を軽んじていれば、兵士らを一カ所に集めて分散させないようにする。争地を敵がすでに陣取っていれば、敵の後ろに自軍を回り込ませてその糧道を絶ち、その居城を攻めようとする。交地では敵に後方を遮断されないように、守りを固く警戒を厳にして、その虚を撃たれないようにする。

衢地では諸侯たちとの関係を強固なものにして、裏切りや対立を避けるようにする。重地では敵地深くにいるので、兵たちの食糧を絶やさないようにする。圮地からは速やかに過ぎ去るようにする。囲地にて戦うしかなければ、敵がわざと開けている逃げ道をこちらから塞いで、決死の心を示そうとする。死地ならば、全軍が必死の覚悟を固くするように、大将も兵士も共に生き延びられないことを無言のうちに示そうとする。そこで、兵士たちの本性というものは、囲まれて敵が攻めてくれば、これを防ごうとし、逃げる所がなくて戦うしかなければ、必死で戦おうとし、甚だ深く敵地に入って危難に陥れば、ひたすら大将の命令に従うようになる。

七

是の故に諸侯の謀を知らざる者は、予《あらかじ》め交わる能わず、山林・険阻《けんそ》・沮沢《そたく》の形を知らざる者は、軍を行《や》る能わず、郷導《きょうどう》を用いざる者は、地の利を得る能わず。四五《しご》の者、一も知らざるは、覇王《はおう》の兵には非ざるなり。夫れ覇王の兵、大国を伐たば則ち其の衆聚《あつ》まるを得ず、威《い》、敵に加わらば則ち其の交合うを得ず。是の故に天下の交を争わず、天下の権を養わず、己れの私を信《の》べ、威、敵に加う。故に其の城抜くべく、其の国堕《やぶ》るべし。

無法の賞を施し、無政の令を懸《か》く。三軍の衆を犯《もち》うる、一人を使うが若《ごと》し。これを犯うるに事を以てし、告げるに言を以てする勿《なか》れ、これを犯うるに利を以てし、告げるに害を以てする勿れ。これを亡地に投じて然る後存し、これを死地に陥《おとしい》れて然る後生く。夫れ衆は害に陥《おちい》り、然る後能く勝敗を為す。

【現代語訳】

そこで、列国の諸侯が何を考えているのかを知らなければ、あらかじめ同盟を結んで相互に援けあうことはできない。山林や険しい崖や谷、沼沢地などの地形がわからなければ、軍隊を進めることができない。その土地の案内人を使えなければ、地の利を得ることができない。四つの地形（散地、争地、交地、圮地）と五つの地勢（絶地、すなわち衢地、重地、軽地、囲地、死地）のうち一つでも知らなければ、諸侯を率いて天下を支配する「覇土の兵」ではない。

そもそも覇王の兵が大国を討伐すれば、その国では兵士になる民衆も集まらないので大軍で防ぐこともできず、覇王の兵がひとたび威圧すれば、敵国は諸侯と同盟を結ぶこともできない。こうしたことから、諸々の国からの助けを求めなくても利を得ることができ、多くの軍勢を養わなくても権威は大きなものになる。他国に頼らない自立した強国として、その威勢が敵国を圧倒する。だから城を攻めればたちまちにして落ち、敵国を討伐すれば必ず破ることができるのである。

時に臨んで法外の賞罰を施し、通常の法令にこだわらない軍令を掲げることで、全軍の気力を充実させる。こうすれば、全軍の兵士を動かすのも、ただ一人を使うようなものである。大勢の兵士を動かすには、何をすべきかを目に見える形で知らせるのであり、いちいち言葉で言い聞かせるものではない。その気持ちを察し、利を見て進んで勇むようにさせ、害ばかりを強調してそれから逃れようとさせてはならない。

軍を存亡の危機に投じれば、（英知の限りを尽くして謀るので）終《つい》には存することができ、兵士を死地に陥れたならば、（必死の覚悟を固めて戦うので）生きるのである。そもそも兵士たちは、こうした危害に直面してこそ、はじめてその心を一つにして戦い、敵に勝つことができるのである。

八

故に兵の事を為すは、順《したが》いて敵の意を佯《いつわ》るに在り。敵を并《あ》わせ一に向わしめ、千里将を殺す、是れを巧みにして能《よ》く事を成すと謂う。是の故に政挙《あ》がるの日、関を夷《ふさ》ぎ符《ふ》を折《くだ》き、其の使を通ずる無し。廊廟《ろうびょう》の上に厲《といし》して以て其の事を誅《せ》む。敵人開闔《かいこう》、必ず亟《すみや》かにこれを入る。其の愛する所を先きにし、微《ひそか》にこれと期す。墨《ぼく》を践《ふ》み敵に随《したが》いて、以て戦事を決す。是故に始めは処女の如く、敵人戸を開き、後には脱兎《だっと》の如く、敵拒《ふせ》ぐに及ばず。

【現代語訳】

そこで、兵を動かす技は、敵が致すところに順応しながら、敵をこちらの作戦に乗せてしまうことである。偽って敵の全軍を一方向に進ませたならば、千里の遠さであろうと速やかにこれを襲撃して、敵将を討ち取る。このようにするのが巧妙な作戦というものである。

こうしたことから、すでに戦争を決心し、大戦略を策定した日に、所々の関所を封鎖し、通行手形を取り上げて裂き破り、敵と味方の使節の往来の便を通れないようにする。作戦を廊廟において厳格に審議し、秘密保全をしっかりして外に漏れないようにする。

もし敵方から間者が偽って来たならば、知らないふりをして、これを国内に入れる。間者の欲する情報を先に与えてその心を誑《たぶら》かし、敵の間者を我の反《はん》間《かん》にして、密かにこれと約を定めるのである。間者からは約束したとおり定まったやり方で情報を手に入れ、その一方で敵の動きを常に把握して、間者の言うところに合うか否かを料《はか》る。

このようにして両方をよく見きわめて、最良の作戦戦略や戦術・戦法を決めるのである。こういうわけで、はじめは処女のように密かにして静かに作戦を深めながら、外にはいっさいそのようなそぶりを見せない。そして、作戦が決定され、いざ開戦に及んだならば、その進撃は脱兎のような速さであり、敵はこれを防ぐことができないのである。

第十一篇「九地」の解説

▼「地形の常」と「地勢の変」

第十篇では、「地形」に限定して六つの「形」を挙げ、それぞれの「形」に応じてどのように兵を用いるかを論じた。これら通・掛・支・隘・険・遠という地形は、自国内であるか敵国内であるかを問わ

九地（きゅうち）

第十篇 地形

地形に通・掛・支・隘・険・遠なる者あり。（地形の常）

兵に走る者あり、弛む者あり、陥る者あり、崩るる者あり、乱るる者あり、北ぐる者あり。

兵士の心理状態

敵の用兵

我の用兵

（地勢の変）

九地の変法

①散地 戦う無かれ
②軽地 止まる無かれ
③争地 攻むる無かれ
④交地 絶つ無かれ
⑤**衢《く》地** 交を合わせ
⑥重地 掠め
⑦**圮《ひ》地** 行き
⑧**囲地** 謀り
⑨**死地** 戦う

（太字：九変にある）

自国内で戦う

（主客の勢）

敵国内で戦う

主戦の法
利に合いて而ち動き、利に合わずして而ち止まる。

客たるの道
これを往く所無きに投じ、死すとも且《は》た北《に》げず。

第十一篇

地の利 → 先手を取る

やむを得ざるの道

屈伸の利

人情の理

深ければ専
浅ければ散

地の理

卒然

政の道

将軍の事

三軍の衆を聚め、これを険に投ず

①散地　其の志を一にせんとす

③争地　其の後に趨《おもむ》かんとす

④交地　其の守りを謹しまんとす

⑦圮《ひ》地　其の途に進まんとす

絶地

②軽地　これをして属せしめんとす

⑥重地　其の食を継がんとす

⑤衢《く》地　其の結を固くせんとす

⑧囲地　其の闕《けつ》を塞がんとす

⑨死地　これに示すに活きざるを以てせんとす

兵の情、囲まるれば則ち禦ぎ、已むを得ざれば則ち闘い、過ぐれば則ち従う

四五の者、全て知る
（地形・地勢）

無法の賞を施し、
無政の令を懸く
（人情の理）

覇王の兵

これを亡地に投じて然る後　存し、
これを死地に陥れて然る後　生く

第十三篇
用　間

第三篇
謀　攻

兵の事を為すは、順《したが》ひて敵の意を佯《いつわ》るにあり

ず不変にして固定的に存在する。これを「地形の常」という。

これに対して第十一篇の「九地」とは、「兵を用いる方法は、地に応じて九つある」という意味である。ここでの「地」は、単なる土地や地形ではなく、それが自国の内にあるか、外にあるかによる影響までを考慮したものである。つまり、散地・軽地・争地・交地などに応じて定まった「形」があるのではなく、同じ土地や地形でも自国内か敵国内かといった地理的条件や彼我の位置と行動によってその名が変わるのである。これを「地勢の変」という。

それゆえ、第十篇「地形」では、「我以て往くべく、彼以て来るべきを通と曰う」のように、「○○と曰う」という言葉でそれぞれの「地形」を定義したのに対し、第十一篇「九地」では、「我以て往くべく、彼以て来るべき者を交地と為す」のように、「○○と為す」という言葉でそれぞれの「地勢」を説明している。

▼最も理想的な「覇王の兵」

第十一篇「九地」では、『孫子』全篇を総括して、最も理想的な「兵」の姿を描いている。それが「覇王の兵」である。「覇」とは、武力をもって諸侯を服従させることであり、「王」には、徳政をもって天下を心服させるという意味が含まれている。

「覇王の兵」を論じる第十一篇の第七段の冒頭「諸侯の謀を知らざる者は、予め交わる能わず、山林・険阻・沮沢の形を知らざる者は、軍を行る能わず、郷導を用いざる者は、地の利を得る能わず」という一文は、第七篇「軍争」の第三段「軍争の法」とまったく同じである。つまり、「覇王の兵」は、列国の諸侯が何を考えているかを知っているので、あらかじめ同盟を結んで相互に援けあい、山林や険しい崖や谷、沼沢地などの地形をよくわかっているので、軍隊を進めることができ、その土地の案内人を使えるので、「地の利」を得ることができる。これらに加えて、「四五《しご》の者」のすべてに精通しているのが「覇王の兵」なのである。

「四五の者」とは「九地」である。すなわち、第八篇で述べたところの「九変の術（九変を応用する戦術）」のことである。「覇王の兵」は、兵法を学んだうえで、「九変の術」まで知っているので、ただ「地の利」を得るだけではなく、さらに兵士ら「人」を十分に用いることができる。これこそが、「実」のある兵法である。

　これに続く「夫れ覇王の兵、大国を伐たば則ち其の衆聚まるを得ず（そもそも覇王の兵が大国を討伐すれば、その国では兵士になる民衆も集まらないので大軍で防ぐこともできず）」という一文は、第三篇「謀攻」の「戦わずして人の兵を屈するは、善の善なる者なり。故に上兵は謀を伐ち」のことであり、その次の「威、敵に加わらば則ち其の交合うを得ず（覇王の兵が敵をひとたび威圧すれば、敵国は諸侯と同盟を結ぶこともできない）」という一文は、同じく第三篇「謀攻」の「其の次ぎは交（外交）を伐ち」のことである。

　そして、「是の故に天下の交を争わず、天下の権を養わず、己れの私を信べ、威、敵に加う。故に其の城抜くべく、其の国堕るべし（こうしたことから、諸々の国からの助けを求めなくても利を得ることができ、多くの軍勢を養わなくても権威は大きなものになる。他国に頼らない自立した強国として、その威勢が敵国を圧倒する。だから城を攻めればたちまちにして落ち、敵国を討伐すれば必ず破ることができるのである）」というくだりは、第三篇「謀攻」の「人の兵を屈して、而も戦うに非ざるなり、人の城を抜きて、而も攻むるに非ざるなり、人の国を毀《やぶ》りて、而も久しきに非ざるなり。必ず全きを以て天下に争う、故に兵頓《つか》れずして利全うすべし」と同じことを「覇王の兵」という観点から述べているのである。

四つの地形と五つの地勢

四五の者（**絶地**）	状況	九地の変法	将軍の作戦・統率
散地 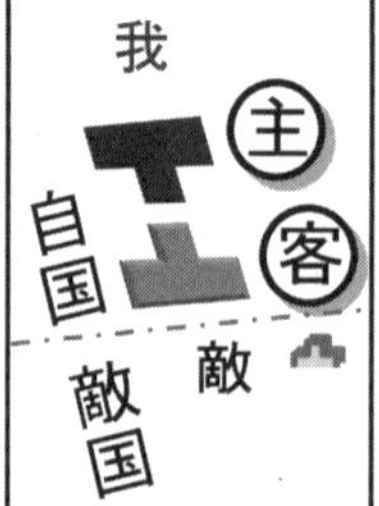	諸侯自ら其の地に戦う者	戦う無かれ	其の志を一にせんとす（人情の理）
軽地 	人の地に入るに深からざる者	止まる無かれ	**これをして属せしめんとす**（人情の理）
争地 	我得る亦た利あり、彼得る亦た利ある者	攻むる無かれ	其の後に趨かんとす（屈伸の利）
交地 	我れ以て往くべく、彼れ以て来るべき者	絶つ無かれ	其の守りを謹まんとす（屈伸の利）

衢《く》地		諸侯の地三属し、先ず至りて天下の衆を得る者	交を合わせ	**其の結を固くせんとす**
重地	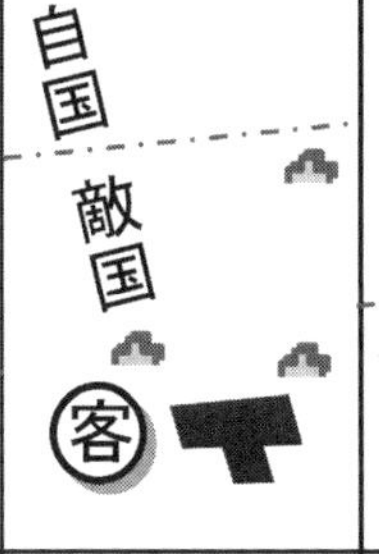	人の地に入るに深く、城邑を背に多き者	掠めよ	**其の食を継がんとす** （人情の理）
圮《ひ》地		山林・険阻・沮沢、凡そ行き難きの道ある者	行き	其の途に進まんとす （屈伸の利）
囲地		由りて入る所の者は隘、従りて帰る所の者は迂、彼の寡以て吾の衆を撃つべき者	謀り	**其の闕を塞がんとす** （人情の理） ※囲師には必ず闕き
死地		疾く戦わば則ち存し、疾く戦わざれば則ち亡ぶる者	戦う	**これに示すに活きざるを以てせんとす** （人情の理） ※窮寇には迫ること勿かれ

▼四つの地形と五つの地勢に応じた九つの戦い方

四五《しご》の者とは、四つの地形と五つの地勢に応じた兵法、すなわち「九地」である。

「九地」の中でも、自国内で戦う「散地」、自国・敵国を問わない「争地」「交地」「圮地」の四つは、地形上の戦術的判断が重要であり、ほとんどが「屈伸の利」に関わることである。

これに対して、国境を越えて進出する「絶地」、すなわち「衢地」「重地」「軽地」「囲地」「死地」の五つは、地形以上に敵や諸侯との位置関係（地勢）が重要であり、しかも、敵地にあって兵士の心が不安定であることから、主に「人情の理」を考慮することになる。

このような違いを明らかにするため、「九の者」といわずに、あえて「四五の者」としているのである。五つの地勢のうち、「囲地は吾将に其の闕《けつ》を塞がんとす（囲地にて戦うしかなければ、敵がわざと開けている逃げ道をこちらから塞いで、決死の心を示そうとする）」とは、第八篇「軍争」の「囲師は必ず闕《か》き」の戦法を敵が用いても、これに陥らないようにすることである。

また、「死地は吾将にこれに示すに活きざるを以てせんとす（死地ならば、全軍が必死の覚悟を固くするように、将軍も兵士も共に生き延びられないことを無言のうちに示そうとする）」とは、第八篇「軍争」の「窮寇には迫る勿れ」を攻守逆転して述べたものである。

第十二篇「火攻」

【概要】

第十篇「地形」と第十一篇「九地」が地形や地勢が用兵の一助となることを論じたのに対し、第十二篇「火攻《かこう》」は火攻めや水攻めの戦法を通じて「天の時によって兵を用いる」、すなわち天候・気象が攻撃を有利にさせることを論じるものである。

この篇では、まず燃やす対象により人・積・輜・庫・隊の五つの火攻めを挙げ、これらを成功させる要因として火付け用具や気象条件など技術的な事項について述べる。

次いで、「五火の変に因《よ》りてこれに応ず」として、敵情に応じた火攻めの戦法や、風向きについて留意すべき事項を述べるとともに、敵による火攻めから守ることにも言及している。そして、敵兵に及ぼす心理的効果から、火攻めと水攻めの本質的な違いを論じている。

最後の段落では、『孫子』全篇の総括として、「国を安んじ軍を全うするの道」を説くことで、君主と将軍が軽々しく軍を動かして戦争を始めることを戒めている。

一

孫子曰く、凡そ火攻《かこう》五あり。一に曰く人に火す、二に曰く積《せき》に火す、三に曰く輜《し》に火す、四に曰く庫《こ》に火す、五に曰く隊に火す。火を行わる必ず因《いん》あり、烟火《えんか》は必ず素《もと》より具《そな》う。火を発する時あり、火を起こす日あり、時とは天の燥《かわ》けるなり、日とは月、箕《き》・壁《へき》・翼《よく》・軫《しん》に在るなり、凡そ此の四宿とは、風起こるの日なり。

【現代語訳】

孫子は言う。およそ火攻めには五つある。第一は「人を焼く（在家や兵営・居城などに火を放ち、人々を焼き殺すこと）」、第二は「積を焼く（集積してある兵糧や薪などの補給物資を焼くこと）」、第三は「輜を焼く（物資を運送中の小荷駄・輜重隊を焼くこと）」、第四は「庫を焼く（財貨や器物を納めている倉庫を焼くこと）」、第五は「隊を焼く（敵陣に火矢を放ち、松明《たいまつ》を投げ込んで、その部隊を焼くこと）」である。

火攻めを成功させるには、（天候・気象を考え、内応者と共謀し、周囲の地形によく精通するなど）必要とされる条件をすべて満たしていなければならず、火を起こすための器具や可燃物を前もって準備しておかねばならない。火攻めを実行するには、適した時があり、火をつけて燃え広がらせるには、適した日がある。時というのは晴天続きで乾燥しており、物が燃えやすい時である。日というのは月が天体の二十八宿のうち箕《き》・壁《へき》・翼《よく》・軫《しん》の四星宿の方向にある日である。月がこれら四つの星座にかかるときが風の起こる日である。

二

凡そ火攻、必ず五火の変に因《よ》りてこれに応ず。火、内に発せば、即ち早くこれに外に応ず。火、発して其の兵静なる者は、待ちて攻むる勿《なか》れ。其の火力を極めて、従うべくしてこれに従い、従うべからずして止《や》む。火、外に発すべくして、内に待つ無きは、時を以てこれを発す。火、上風に発し、下風を攻むる無かれ。昼風《ちゅうふう》は久しく、夜風《やふう》は止む。凡そ軍、必ず五火の変を知りて、数《すう》を以てこれを守る。

【現代語訳】

火攻めというものは、すべて（人・積・輜・庫・隊を焼くという）「五火」をその時々の変化に応じて適用し（五火の変）、火をもって攻撃の助けとし、兵によりこれにあたらせる。火が敵の陣内から燃え出したときは、その影響を確かめ、それを助けとして速やかに兵を外から用いて敵を襲撃すべきである。敵陣内で火が燃え出したにもかかわらず敵兵が騒がないのは、敵がすでにこれに備えているのだから、しばらく待つことにしてすぐに攻めてはならない。その火の燃え盛るのを見定めて、攻めるのが有利であれば攻撃し、それでも敵陣が乱れていなければ攻撃するのを止める。

敵の内に忍びを入れて火をつけ、あるいは我に味方する者を用いて内から出火させることができず、ただ外から火攻めをするしかなければ、先ほど述べた時日を考えて火を発するのである。火は風上から放つようにし、兵を出してこれを撃つには風下を避けねばならない。昼間の風は長く続き、夜間の風は早く止む。軍を用いるには、五火の変を詳しく熟知し、天の時日を考えてこれを準備し、同時に敵による火攻めから守らなければならない（そうであるから、風のある日や空気が乾燥しているときにはとくに慎重になり、敵の忍びや間者を防いで火を発せられないように警戒を厳にしなければならない）。

三

故に火を以て攻を佐《たす》くる者は明、水を以て攻を佐くる者は強。水は以て絶つべく、以て奪うべからず。

【現代語訳】

そこで、火によって攻撃の助けとするのであれば、盛んに燃えていなければ、敵兵の気を奪うことにならず、水によって攻撃の助けとするのであれば、その勢いは強盛でなければ、敵兵を溺れさせることにならない。そして、水攻めは敵の通路を遮断したり、敵陣を押し流したりできるが、火攻めのように敵の気を奪うものではない（人は水を火のようには恐れないからである）。

火攻（かこう）

火攻に五あり（五火）

人に火す

積に火す

輜に火す

庫に火す

隊に火す

○火を行わる必ず因あり、烟《えん》火《か》は必ず素《もと》より具《そな》う。

○火を発する時あり、火を起こす日あり。

○時とは天の燥《かわ》けるなり。

○日とは月の箕《き》・壁・翼・軫《しん》に在るなり。此の四宿とは風起こるの日なり。

数（＝技術）

五火の変に因《よ》りてこれに応ず

①火 内に発せば則ち早くこれに外に応ず。

②火 発して其の兵静かなる者は、待ちて攻むる勿《なか》れ、

第十二篇

③火 外に発すべくして内に待つ無きは、時を以てこれを発す。
④火 上風に発し、下風を攻むる無かれ
⑤昼風は久しく、夜風は止む。
⑥凡そ軍 必ず五火の変を知りて、**数を以てこれを守る。**

水は以て絶つべく、以て奪ふべからず
火を以て攻を佐《たす》くる者は明、水を以て攻を佐くる者は強。

兵とは国の大事、死生の地、存亡の道、察せざるべからざるなり。（第一篇 始計）

国を全うするを上と為し、国を破るはこれに次ぐ。（第三篇 謀攻）

国を安んじ軍を全うするの道

慮る
戦ひ勝ち攻め取りて其の功を修めざる者は凶、命《なづ》けて「費留」と曰う。
修む

明主
慎む
利に非《あら》ざれば動かず、
得るに非ざれば用いず、
危うきに非ざれば戦わず。
主、怒りを以て師を興すべからず。
将、慍《いきどお》りを以て戦を致すべからず。
警《いまし》む
良将

四

夫れ戦い勝ち攻め取りて、其の功を修めざる者は凶、命《なづ》けて費留《ひりゅう》と曰う。故に曰く、明主はこれを慮《おもんぱか》り、良将はこれを修む。利に非ざれば動かず、得るに非ざれば用いず、危うきに非ざれば戦わず。主、怒りを以て師を興すべからず、将、慍《いきどお》りを以て戦《いくさ》を致すべからず。利に合いて動き、利に合わずして止む。怒りは以て復《ま》た喜ぶべく、慍りは以て復た悦《よろこ》ぶべし、亡国は以て復た存すべからず、死者は以て復た生ずべからず。故に曰く、明主これを慎み、良将これを警《いまし》む、此れ国を安んじ軍を全うするの道なり。

【現代語訳】

たとえ野戦に勝ち、城を攻め落としても、その国や土地を占領し、徳をもって統治することで民心を得ることをせず、ただ敵国に陣を張り、長々と兵を外にさらしているだけでは、やがて国も費《つい》え、民衆も疲れて必ず悪い結果をもたらす。これを「費留」と言う。それゆえ、聡明な君主は、（戦争が国の大事であることを理解し）十分に思慮してから軍を国外に出すので、立派な将軍は、（よく君命を承って）その戦果を成就させる。五事七計で考察して我に利がなければ兵を動かさず、その国や土地を占領し、民心を得るための謀《はかりごと》がなければ兵を用いず、やむをえない危機が切迫していなければ戦わない。

君主は怒りにまかせて軍を出動させてはならず、将軍も自分の憤激によって戦を始めてはならない。戦に勝ち、民心を得ることが確実であるならば兵を動かして戦うが、そうした有利な状況でなければ兵を動かさない。怒りは当座のことで、やがてまた喜ぶこともあるだろうし、憤激も一時のことで、やがてまた満足することもあるだろう。しかし、（一朝一夕の怒りによって軍を出動させ）国が亡びたならば再び存することはなく、人々が死んだならば再び生き返ることはない。だから聡明な君主は軍の出動については慎重にし、立派な将軍は好んで戦をすることを戒める。これが国家を安泰にして、軍を健存させる道理である。

第十二篇「火攻」の解説

▼火攻めと水攻めの違い

激しく燃え盛る火は、その明るさと熱で人の目を驚かし、気持ちを混乱させる。こうした効果により我の攻撃を有利にする火攻めは、内応者の存在、火付け用具の準備、乾いた空気や強風などの条件が整えば、比較的容易に成功させることができる。

これに対して水攻めは、長雨と堤防などの土木工事を必要としながら、火攻めほどの破壊力はなく、敵に対する心理的効果も少ない、非効率な戦い方である。

その一方で、羽柴秀吉の備中・高松城攻め（一五八二年）のように、長期にわたり水攻めで包囲することにより敵兵を一人も殺さずに落城させる戦法として用いることもできる。

▼「道」において勝利しなければならない

本篇第四段の「其の功を修《し》める」とは、敵地を占領し、直ちに軍政を布いて秩序を回復・維持し、人民を撫育《ぶいく》してそれまでの圧政から解放することで、戦争で得た成果を成就させることである。

兵を用いるのであれば、最終的には「道」において勝利しなければならない。道とは、「民をして上と意を同じくせしめる」ものである。怒りや憤りで戦争を始めて無益に相手国を滅ぼし、民衆を殺傷すれば、いくら野戦に勝ち、城を落としても「道」において勝つことはできないのである。

▼軽々しく軍を動かすことを戒める

大東亜戦争末期の昭和二〇年三月一〇日に米軍が行なった東京大空襲では、約三〇〇機のB29爆撃機による焼夷弾爆撃で、一夜にして約二五万戸の家屋が焼失し、約一〇万人が死亡、約四万人が火傷を受け、約百万人近い罹災者《りさいしゃ》が発生した。

このように、敵国や敵軍を焼き尽くす火攻めは、おびただしい殺傷と破壊をもたらす。

これに対して第三篇「謀攻」では、敵国の人を損なわず土地を荒らさずに屈服させるのが上策で、敵国の人を損ない土地を荒らしながら勝つのはそれに劣る、としていた。つまり、戦わずして人の兵を屈することを最善とする『孫子』の本意からすれば、火攻めは最も避けるべき「下策」である。

それゆえ火攻めを論じながらも最後には、第一篇「始計」の冒頭「兵とは国の大事、死生の地、存亡の道」に立ち返り、君主と将軍が軽々しく軍を動かして戦争を始めることを戒めているのである。

第十三篇「用間」

【概要】

「間《かん》」とは、敵国へ往来して敵の形勢を見聞し、我がつけこむ隙《すき》を窺《うかが》うことである。また、敵の君臣の心を離間《りかん》させるという意味もある。第十三篇「用間《ようかん》」は、第一篇「始計」とともに、我を知り、敵を知り、地を知り、天を知ることについての綱領であり、この「用間」によって五事を知ればこそ、「始計」が可能になるのである。

「情報・謀略」、すなわちスパイの運用法について論じるこの篇では、冒頭で「先に知る」ことの重要性を述べ、次いで因間《いんかん》、内間《ないかん》、反間《はんかん》、死間《しかん》、生間《せいかん》の五種類の間者（五間）について、それらを運用するうえでの心得を説く。

そして、「五間の事を知るは必ず反間に在り」として、間者の中でも「反間」、すなわち二重スパイが最も重要であることを強調し、最後の段で、聡明な君主や賢い将軍でなければ間者を用いて情報を得ることができないこと、また、こうした情報活動こそが、兵法の「要」であることを強調している。

一

孫子曰く、凡そ師を興《おこ》す十万、出でて征する千里、百姓《ひゃくせい》の費《ついえ》、公家《こうか》の奉《ほう》、日に千金を費し、内外騒動し、道路に怠り事を操《と》るを得ざる者、七十万家。相守る数年、以て一日の勝を争う。而《しか》るに爵禄《しゃくろく》百金を愛して、敵の情を知らざる者は、不仁《ふじん》の至りなり、人の将に非ざるなり、主の佐《たすけ》に非ざるなり、勝つの主に非ざるなり。

故に明君賢将、動きて人に勝ち、成功衆に出でし所以《ゆえん》の者は、先に知ればなり。先に知る者は、鬼神に取るべからず、事に象《かたど》るべからず、度《ど》に験《もと》むべからず。必ず人に取りて敵の情を知る者なり。

【現代語訳】

孫子は言う。およそ十万もの軍隊を動かし、敵国内へ千里も出向いて征伐することになれば、民衆の出費や朝廷の経費も一日に千金を費やすことになり、兵士となった人々は国内外をあわただしく往来することで路上に疲れて果て、それらの人々の土地まで耕作することで、自分の土地の農事を十分にできない者が七十万家も出てくる。そして、戦場では敵と我の両軍が数年間も対陣してから、一日の決戦で存亡死生を争うことになる。それにもかかわらず、官位・俸禄《ほうろく》や財宝を惜しんで間者を用いず、敵情を知らなければ、軍は敗れ、国は滅亡し、人民が死ぬ。これこそ不仁（民衆への慈愛心に欠けること）の甚だしいものである。このような人は、多くの兵士を率いる大将にすべきではなく、君主を補佐すべき人にはなれず、およそ勝利をもたらすリーダーとはほど遠い。

聡明な君主や賢い将軍が兵を動かせば必ず敵に勝

ち、功を成就することでは衆人よりも優れているのは、（官位・俸禄や財宝を惜しむことなく間者を用いて）「先に知る」からである。「先に知る」ということは、祈祷《きとう》によって知るのではない。占いによって知るのではない。日月五星《じつげつごせい》の運行を験して知るのでもない。必ず「人」ということについて考えて、しかるのちに敵情も明らかに知ることができるのである。

二

故に間を用うる五あり、因間あり、内間あり、反間あり、死間あり、生間あり。五間倶《とも》に起して、其の道を知る莫《な》し、是を神紀《しんき》と謂う、人君の宝なり。

因間とは、其の郷人に因《よ》りてこれを用う。内間とは、其の官人に因りてこれを用う。反間とは、其の敵間に因りてこれを用う。死間とは、誑事《きょうじ》を外に為し、吾が間をしてこれを知ら令《し》めて敵間に伝うるなり。生間とは、反《かえ》りて報ずるなり。

故に三軍の事、間《かん》より親しきは莫し、賞は間より厚きは莫し、事は間より密なるは莫し。聖智に非んば間を用うる能《あた》わず。仁義に非んば間を使う能わず。微妙に非んば間の実を得る能わず。微なるかな微なるかな、間を用いざる所なきなり。間事未だ発せず、而も先ず聞く者は、間と告ぐる所の者と皆な死《ころ》す。

【現代語訳】

そこで、間者を用いるには、五つの方法がある。因間があり、内間があり、反間があり、死間があり、生間がある。この五種類の間者を同時に活動させながら、その存在やそれぞれの情報伝達・指令の系統を敵にも味方にも知られない、というのが神妙にして秩序正しい用い方であり、人々を治める君主にとって最も重要なものである。

因間とは、敵国の住人に厚く賄賂を与え、敵国や敵軍の状態が虚であるか、実であるかを告げさせるものである。

内間とは、敵の中枢にいる役人や君主の寵愛《ちょうあい》を受けている者など内部の事情に通じている者に財貨を十分に与えて、敵の謀《はかりごと》を聴きだすものである（例えば、役人で恨みを抱いている者や、官職を失って閉居する者、時を得ずして下位にいる者、または才能があるのに任用されない者、詐《さ》によって貶《おとし》められた者などを我の間者として用いるのである）。

反間とは、敵の間者が来たならば、これに厚く賄賂を与え、こちら側の間者にしてしまうことで、反対に敵を伺うものである（あるいは敵の間者に嘘を告げてこれを真実と思い込ませ、敵の謀を失敗させることも反間という）。

死間とは、敵を偽りたぶらかす謀を外にあらわして、我の間者にもこれを告げて知らせ、敵国に往って敵の間者にこれを伝えることで、真実と思い込ませるものである。（敵がその言葉を信じて対応したならば、我の内々の謀は皆、これに合致しないことから、我の間者は詐を働いたとして終には殺されてしまうので、死間というのである）。

生間とは、自国と敵国を往来して知り得たことを報告するものである。

こうしたことから、君主や将軍は、全軍の中でも間者を最も親愛し、恩賞は間者に最も厚くし、仕事上の秘密は間者に最も厳しく守らせる。「聖智《せいち》」でなければ間者を用いることができず、「仁義」でなければ間者を使うことができず、「微妙」でなければ間者から真実を得ることができない。

間者は秘密にしていっさいの痕跡を顕してはならないが、「先に知る」ため、どんなことにも間者は用いられる。いまだ間者を敵国へ遣わしてもいないのに、その活動について聞き知った者があれば、間者とそのことを告げた者は、共に死罪にしてその口を封じる。

三

凡そ軍の撃たんと欲する所、城の攻めんと欲する所、人の殺さんと欲する所、必ず先ず其の守将・左右・謁者《えっしゃ》・門者・舎人《しゃじん》の姓名を知りて、吾が間をして必ずこれを索《もと》め知らしむ。

必ず敵人の間来りて我を間《かん》する者を索め、因《よ》りてこれを利し、導きてこれを舎《しゃ》す、故に反間得て使うべきなり。是れに因りてこれを知る、故に郷間《ごうかん》・内間得て使うべきなり。是に因りてこれを知る、故に死間、誑事《きょうじ》を為し、敵に告げしむべし。是に因りてこれを知る、故に生間、期の如くならしむべし。五間の事、主必ずこれを知る、これを知るは必ず反間に在り、故に反間厚くせずんばあるべからざるなり。

昔、殷《いん》の起こるや、伊摯《いし》、夏《か》に在り、周の興こるや、呂牙《りょが》、商に在り。故に明君賢将、能く上智を以て間と為す者は、必ず大功を成す。此れ兵の要《かなめ》、三軍の恃《たの》みて動く所なり。

【現代語訳】

敵軍を襲撃しようと思い、城を攻め落とそうと思い、敵将を暗殺しようと思うのであれば、必ずそこを守る大将（とそれらの親近者）、左右の大臣、謁見の取り次ぎ役（事を申し次げる役）、守衛、宮中の警護や雑役に任ずる役人の姓名を尋ねて知り、我の間者に必ずそれらの身辺の探りを入れさせて、履歴・性癖・境遇などを知っておくようにさせる（こうして内通・内応の糸口を引き出すのである）。

敵国人で間者としてやって来て、我国の様子を窺っている者は必ず捜し出し、何らかの因縁を求めてこれと接触し、厚く賄賂を与え、わざと求める情報を与え、よい家宅に宿泊させる。このようにして、ようやく反間として用いることができる。この反間を通じて敵国人に縁ができ、敵の役人に内通《ないつう》して、敵国の村里や中枢に間者となる人物を見つけ出して使うことができる。この反間を通じて我の間者の言を伝えることができるので、死間に偽りごとを言い含めて敵の間者に告げさせることができる。この反間によって敵の内部事情がわかるので、生間を敵国へ往来させ、何日の何時と定められた刻限どおりに帰来して報告させられる。五とおりの間者からの情報を君主は必ず知っておかねばならないが、それらの情報源の糸口は必ず反間によって得られるのであるから、反間には最優先で厚遇しなければならない。

昔、殷の湯王が天下を取ったとき、伊摯という功臣が夏の国に潜入しており、また周の武王が天下を取ろうとしたときには、呂牙（太公望）という功臣が商（殷）で活動していた。つまり、聡明な君主や賢い将軍は伊や呂のように智恵に優れた者を用いて間者とするので、必ず天下の功業をなしとげることができるのである。このようにして「先に知る」ことこそが兵法の要訣《ようけつ》であり、全軍も間者により得られた情報を頼りにして行動するのである。

第十三篇「用間」の解説

▼七家が一家を支える「井田法」

第十三篇の冒頭の段落で、「孫子は言う。およそ十万もの軍隊を動かし、敵国内へ千里も出向いて征伐することになれば、（中略）それらの人々の土地まで耕作することで、自分の土地の農事を十分にできない者が七十万家も出てくる」とあったが、この十万の軍隊と七十万の農民の関係は、当時の「井田《せいでん》法《ほう》」という徴兵と農耕の制度から出てきたものである。

この当時は、八家を一組として土地を「井」の字のように区画し、中央を「公田」としてその周囲に各家の「私田」があった。各区画は百畝《ほ》であったが、この中の一家が軍役を務めるときは、それ以外の七家がそれを助けることになっていた。そこで、十万の兵を出せば、七十万家がそれを支えて、自ら

用間（ようかん）

先に知る

・明君賢将、動きて人に勝ち、成功衆に出でし所以《ゆえん》の者は、先に知ればなり。

・先に知る者は、必ず人に取りて敵の情を知る者なり。

神紀

五間倶《とも》に起して、其の道を知る莫《な》し

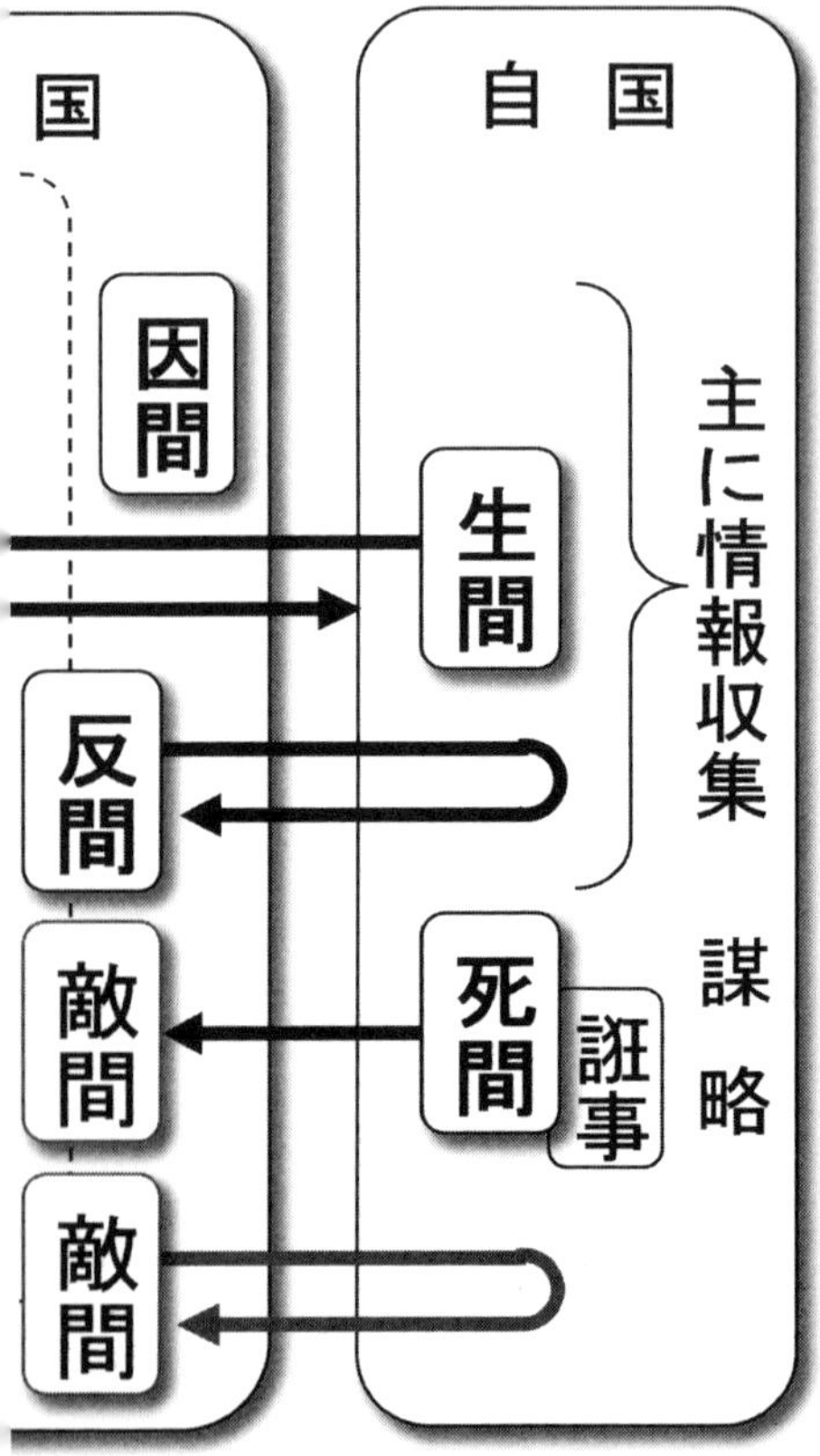

聖智
間を用ふる

仁義
間を使ふ

微妙

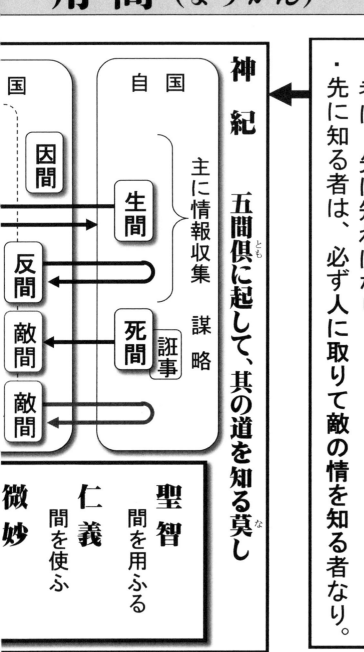

第十三篇

敵

中枢

内間

間の実を得る

・必ず先ず其の守将・左右・謁者・門者・舎人の姓名を知りて、吾が間をして必ずこれを素《もと》め知らしむ。

五間の事を知るは、必ず反間に在り

・必ず敵人の間来たりて我を間する者を素め、因りてこれを利し、導きてこれを舎す。

・反間は厚くせずんばあるべからず。

明君賢将　能く**上智を以て間と為す**者は、必ず大功を成す。此れ兵の要、三軍の恃《たの》みて動く所なり。

の土地の農耕を十分に行なえなかったということである。

▼「間者」と「斥候」の違いは？

戦《いくさ》は、敵情を知らずしては勝てない。そのため、敵国へ往来して敵の形勢を見聞し、我がつけこむ隙を窺い、あるいは敵の君臣の心を離間《りかん》させるといった任務を与えられて、君主や将軍の耳目《じもく》として働く者を「間者」「間人」という。日本では古くから「忍び」や「忍者」などともいったが、つまりこれらは「スパイ」のことである。

間者は、平時と戦時とを問わず継続的に活動して敵情を知らせるものである。これに対して、戦争が始まってから、戦場で敵情を偵察する者を「斥候《せっこう》」や「物見《ものみ》」などという。斥候も敵軍の形勢を見聞し、我がつけこむ隙を窺う任務を与えられるが、これらはあくまで作戦に任ずる軍隊の一部であり、民間人や敵兵に扮して行動する間者とは、活動の時間的・空間的な枠組みが異なる。こうした「間者」や「斥候」に加えて、戦場で敵と接触したあとには、敵と対陣中の部隊も有力な情報収集の手段となる。

▼敵よりも「先に知る」ことの重要性

戦場では敵を偵察し、その形や声から敵の企図（何のため、何をする）を考えるのであるが、やはりそれ以前に間者を入れて敵の作戦を詳しく知っておくのが最も有利である。こうした諜報活動のあとに兵を用いることで、はじめて「戦わずして勝つ」ことも可能になる。これが「先に知る」の戦略的に意味するところである。

「先に知る」には、必ず「人」を通じて敵情を明らかにしなければならない。ここでいう「人」とは、必ずしも「間者」のみに限定しているのではなく、あるいは戦場に斥候を先行させ、あるいは敵国に使者を遣わして交渉させる一方で、その形跡や兆候、敵人の言葉や行動を知り、そこから敵の企図を

情報収集の手段

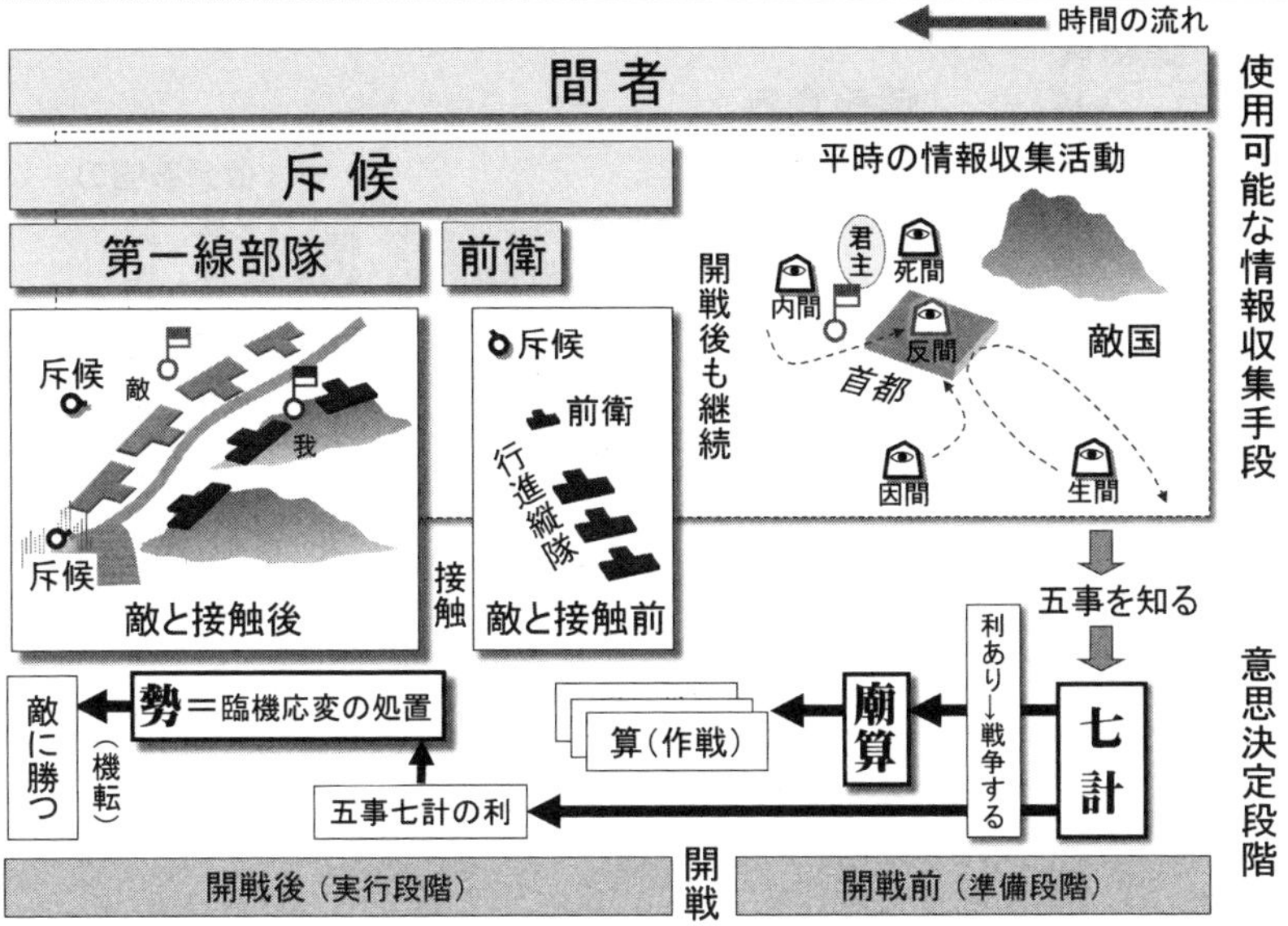

推察することでも、当たらずとも遠からずの結果を得られる。

いずれにせよ、「人に取りて敵の情を知る」ことは、現代でもまったく変わっていない。一見価値のないような些細な情報でも、「知りたいこと」についての情報資料は少しでも多く集めるのが基本であり、それには「人」の力が必要になる。このようにして集めた玉石混交の情報資料から「価値のある情報」を見つけ出すのが「情報のプロ」である。そして、こうした活動（これをヒューミント情報という）を平時から行なっているのが列国の「常識」である。

また、戦場では、「敵よりも先に知る」ということが何よりも重要である。「敵よりも先に」知れば、「敵よりも先に」決定し、「敵よりも先に」行動することにつながる。つまり、「敵よりも先に」知ることで、ＩＤＡサイクルの回転を敵よりも速くすることになれば、常に敵を支配して主動性を獲得

現代の諜報機関の一例

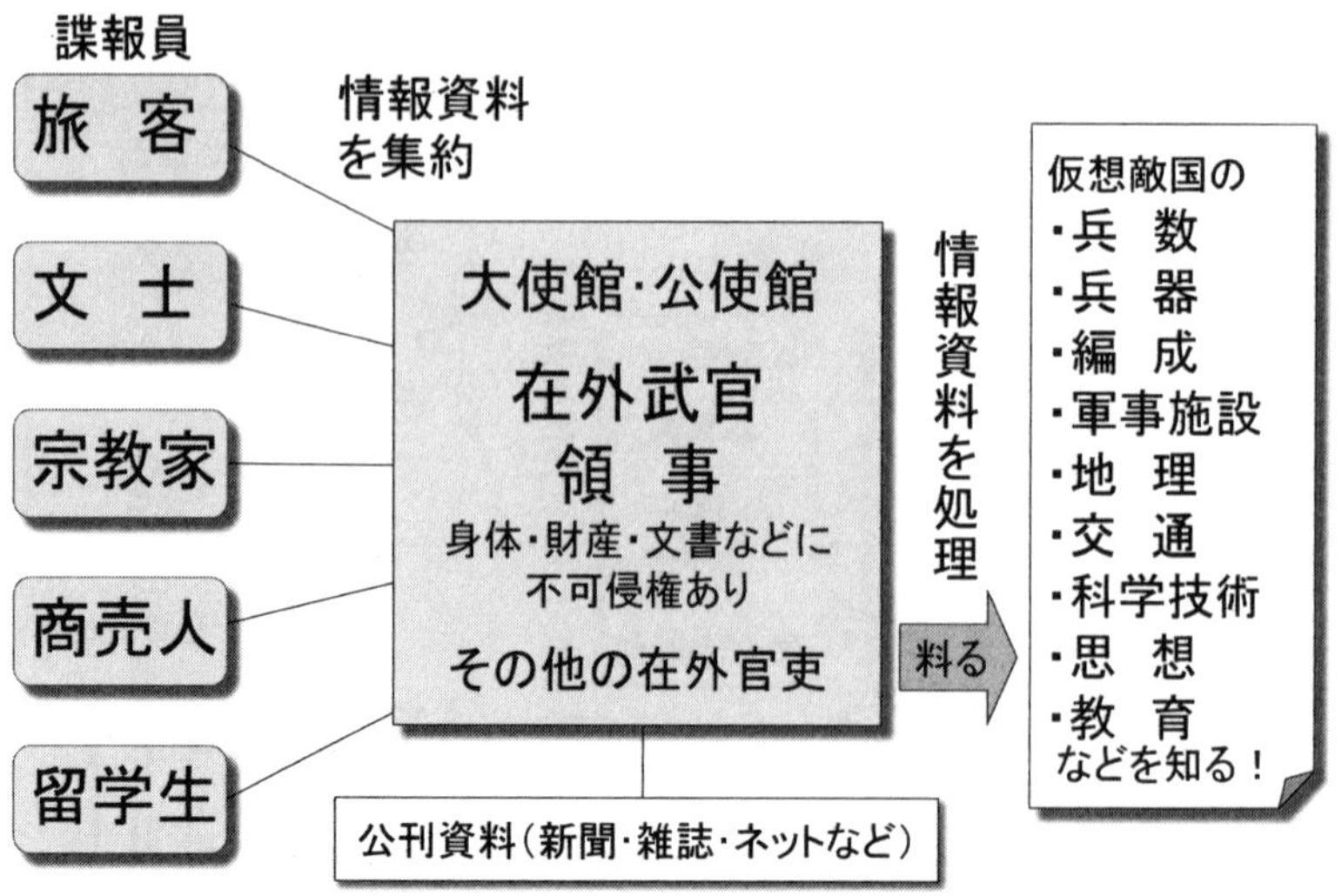

することができるのである。

▼君主や将軍の最高の資質「聖智」「仁義」「微妙」

間者とはきわめて重要で危険、かつ孤独な任務なので、これらを用い、これらを使い、そこから真実を掴む君主や将軍には、人心の機微を洞察する最高の資質である「聖智」「仁義」「微妙」が要求されるのである。

「聖智」とは、聡《さと》くして物事の道理に通じており（聖）、智恵があってよくその是非正邪を知っている（智）ことである。これによって人の心をよく知っていなければ、智恵に優れた者を間者として用いることはできない。

「仁義」とは、相手を深く思いやり、親愛の情が厚く（仁）、疑うことなく、よく決断する（義）ことである。間者が往来して敵の情報を我に告げ、敵国で謀《はかりごと》をなすことについて、それらに疑念を抱き、判断に惑っていたのでは、間者を使うことはできない。

「微妙」とは、幽微《ゆうび》にして測りがたく、精妙にしてよく物事をきわめることである。間者の心底にも正邪があり、あるいは反間となって背《そむ》き、我を偽ることもあるだろう。また、敵も間者を入れて我を疑わせ、我が心を惑わそうとする。このようなとき、大将の心が「微妙」でなければ、その真実を掴むことはできないのである。

▼千早城の戦いにおける楠木正成の「用間」

大楠公・楠木正成は、『孫子』を骨と化すまで学び、第十三篇「用間」を完璧に実践した武将である。後醍醐《ごだいご》天皇が隠岐に流された元弘二（一三三二）年、前年の下赤坂城陥落で戦死したことになっていた楠木正成は、密かに和泉・河内の両国を随《したが》えて、金剛山の麓に千早城を構築していた。それと同時に、鎌倉には二四名の間者を潜伏させ、執権・北条高時と鎌倉幕府の様子を窺わせていた。これらの間者は、林藤内左衛門光勝、野崎七郎常宗、原兵衛吉覚《よしあきら》のそれぞれをリーダーとする三つの班に分かれて活動していた。彼らは皆、商売人となって鎌倉にいたのであった。

大塔宮護良親王《だいとうのみやもりよししんのう》が吉野の城に御座をすえられた一一月、鎌倉から二人の間者が帰参《きさん》して、正成に次のように報告した。

「近日中に東国の軍勢は、六十歳の老齢者から十七歳の若者までを引き連れて上ってくるものと申しております。また、山陰・山陽・南海・西海へも皆、このように下知《げち》を下しているようです。東国勢は皆、年内に国々を出発して、道中で越年し、また『年の内に京都に到着しようとするのは大いに忠誠心があるものである。また、国を出発するのが春になってからというのは忠誠心がないものとする』と下知してふれまわるので、一二月初旬には皆、国々を出発することになりそうです。」

そして、鎌倉にいる間者たちの指揮官である林藤内左衛門光勝、野崎七郎常宗、原兵衛吉覚の三人による書状を取り出して正成に与えた。正成がこれを開いて見ると、鎌倉から帰った二人の間者が申したのと同じ内容であった。それ以降、千早では、いよいよ敵が攻め寄せることへの用意を進めることになる。一二月、楠木勢は下赤坂城を奇計により奪回し、翌元弘三（一三三三）年一月中旬には、自軍の士気高揚および本格的籠城戦に先立つ敵戦力解明を目的とした「渡辺橋の戦い」で京都の六波羅軍を破り、一月下旬には、天王寺で宇都宮公綱の軍勢をかがり火作戦で撃退した。

同年二月一八日から二二日にかけて、京都に所在する鎌倉幕府軍は吉野と上赤坂城への攻撃を開始。これらは、二週間も持たずに陥落し、閏二月下旬、ついに千早城の戦いが始まる。

楠木正成らが千早城に籠っている間、軍勢の妻や子らは、賀名生《あなう》（現在の奈良県五條市にある丹生川下流沿いの谷）の奥にある観心寺という嶺《みね》を通る山伏《やまぶし》でなければ訪れる人もいない場所に、軍勢一千余騎を相添えて極秘のうちに隠し置かれていた。舎弟の和田七郎正氏をはじめ、和田孫三郎、恩地左衛門など一部の重臣もこの地に在った。

この軍勢の任務は、「敵の通路を遮断し、弱い陣があれば後ろから攻め、夜討ちにする。また、寄手の謀や作戦を聞き付けて、城の内にこれを知らせ、人々の妻子を十分に警護する」というものであった。幕府軍が千早城を囲んでいるとき、観心寺に所在するこの軍勢から、毎日一〇人から二〇人が、あるときは濁酒《にごりざけ》など兵士らに食べ物を売り、あるいは陰陽師《おんみょうじ》にまぎれ、また猿回しなどの遊び者にまぎれて敵陣に潜り込み、陣中の取り沙汰を一つひとつ聞きながら、壁に耳を付けてまで、他人が何を考えているか探り出しては、それらを千早城中の楠木正成に報告した。こうして、正成は毎夜、この別働隊から の書状を通じて敵情を把握したり、賀名生の観心寺と連絡をとり合ったりしていた。

敵は千早城を何重にも取り囲み、兵士たちの詰所をいくつも構えていたにもかかわらず、自分たちの陣内で楠木勢がこうした情報活動を行なっていることをまったく知らなかった。楠木の間者たちが持ち歩く書状は常に白紙であり、墨書きされたものはなかったので、たとえ詰所で敵兵に持ち物を検査されても間者だと疑われることはなかった。実は、こうした書状は胡麻の油を使って書かれていたので、その白紙を水に漬けて見れば、水の中で文字が浮かぶというものであった。このような巧妙な手段を用いていたので、敵は一度も楠木勢の間者を見つけられなかったのである。

楠木正成は、このように命懸けで活動する間者たちについて、少しでもよい事を聞き出したならば、白銀・銭貨をそれぞれに与えており、観心寺に置いていた妻子もこれを楽しみにしていたのだという。

第四章　敵を知り、己を知り、地を知り、天を知る

総括篇1　敵を知る
情報と戦略的思考

▼第一篇「始計」とは、戦略的思考そのもの

戦略的思考とは、「敵を屈服させる」という目的のため、「敵」「我」「時間」「空間」の四要素を常に踏まえて、「情報（Intelligence）」「意思決定（Decision making）」「行動（Action）」の「IDAサイクル」を繰り返しながら目標を達成していく思考法である。

この際、「何を、いつ決定するか」、そのためには「いつまでに、何を知るか」を正しく認識しなければならない。

第一篇「始計」の「五事七計」「廟算」「勢」という三つの戦略・戦術的判断とは、このIDAサイクルを三周することである。一周目の「意思決定（D）」は、「戦争をするか、しないか」であり、二周目は「勝利の形勢をいかにするか」、そして、三周目は「いつ、どこで、いかにして敵軍を撃破するか」である。

一周目と二周目が開戦前の国内における準備段階であり、大きくゆっくり、一定の速さで回るのに対し、三周目は開戦後の戦場における実行段階であり、小さく速く、変速的に回る。同じIDAサイクルでも、考察すべき時間的・空間的・内容的な範囲と深さ、そして意思決定手法が異なるからである。

敵情解明のプロセス

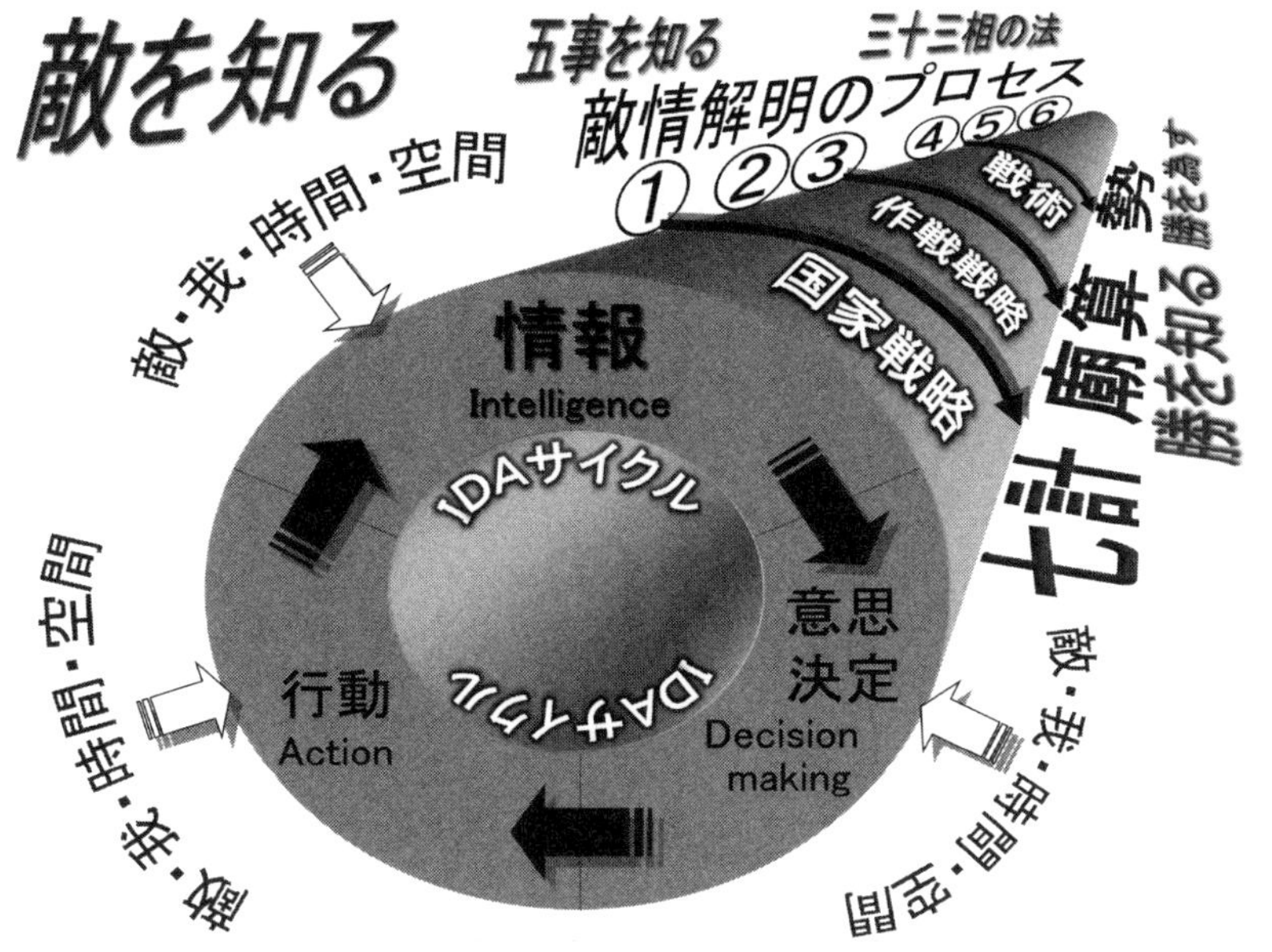

▼「敵情解明のプロセス」

第六篇「虚実」の「敵情解明のプロセス」とは、このＩＤＡサイクルの「情報（Ｉ）」の部分である。一周目では、①七計により、敵と我を比較して、敵の特質と利・不利を把握する。二周目では、②敵のこれまでの行動から一定の規則性を発見し、基本的な行動パターンを把握し、③廟算により、敵の能力と利・不利を明らかにして、その企図と行動を推察する。そして、三周目ではまず、④警戒行動（＝敵の接近などを見張る）により、敵の存在と兵力・行動などを明らかにし、⑤隠密偵察（敵を求めて斥候を派遣）により、敵の配備と地形上の利・不利を明らかにする。次いで、⑥威力偵察（敵と軽く交戦）により、敵の配備の重点と弱点がどこかを明らかにする。

この六段階は、「意思決定（Ｄ）」に先んじて、敵を知ることであり、当然のことながら、一周目、二周目と三周目では、「敵を知る」の具体的な内容が異なる。

▼「七計」により、「敵の道・将・法」を知る

七計を行なうには、道・天・地・将・法の「五事」を知らなければならない。五事とは兵法の根源であり、平素から知っておくべきものであるが、人が作り出す「道」「将」と「法」は、敵と我で異なる。天と地を知り、我自身の道・将・法を究め、常に実践するとともに、敵の道・将・法を知ることで、はじめて七計が可能になる。

敵の道・将・法を知るには、間者を用いて「君主の統治」「敵将の資質」と「軍法の遵守状況」について情報収集する。間者は敵国で隠密に「君主と国民の心は一つになっているか？　運命共同体であるか？」を観察し、「敵将の智力、信頼、仁愛、勇気、厳しさ」を探り、「敵軍の編成区分、鐘・太鼓・旗等の命令手段、指揮系統、交通・宿営、業務区分、職務権限、軍用品・兵站」を調査する。これらをもとに、七計ではいっさいの主観や願望を排除し、君主、将軍、天の時・地の利、法令、民衆・兵器、兵士、賞罰について敵と我を客観的に比較し、我に利があれば「戦争をする」と決める。

▼「廟算」により、「敵の形勢」を知る

「戦争をする」に決定したならば、秘密を外に漏らさないため、祖先の霊廟《れいびょう》で作戦会議を開く。まず「戦わずに敵を屈服させる」という戦略目標を設定し、五事七計で知り得た情報からその可否を判断する。この際、「道」と「兵士」は重要な要素である。我に道義があり、軍隊が精鋭無比で、しかも上下が志を同じくしていれば、敵国の民心を感ぜしめ、敵兵を自ら屈服させ、こちらの意思を受け容れさせることもできるからである。

人を損なわず、土地を荒らさずに敵を屈服させるのが無理であれば、戦略目標は「戦って勝つ」になる。そこで、敵と我を次の五つの道理に照らすこと

で、戦う前に「勝を知る」ことができる。すなわち、
①戦うべきか否かを判断できれば勝つ。
②大兵力と小兵力の運用法に精通していれば勝つ。
③上下の意志が統一されていれば勝つ。
④警戒を厳しくして敵の油断を待てば勝つ。
⑤将軍が有能で君主がその指揮権に介入しなければ勝つ。

これらは、五事七計による情報から判断し、不足する情報は、間者を用いて調べる。我がこの五つをすべて満たしていれば、敵にかかわらず常に勝利を追求できる。つまり、敵の様子を知って、我の事情も知っていれば、百回戦っても危ういことがないのである。

こうして勝利を予知できたならば、「態勢見積り」を行ない、敵と我を計数的な諸元や用兵の法則などから比較し、勝利の形勢を考察する。このため、間者や使者などを通じて、敵の根拠地から戦場までの距離、敵の部隊・輜重隊の一日の移動距離、敵国が備蓄する穀物・飼料の量、戦場で調達可能な穀物の量、そして行列、陣法、宿営法、城の制など敵軍の基本的な行動パターンを知っておくのである。

▼「勢」においては、何よりも「敵の虚実」を知る

それでも、いざ開戦となれば、戦場は錯誤と混乱が常であり、敵も自由な意思で動くので、廟算では想定していなかった状況になることもある。そのようなときは計画に固執せず、七計で確認した我の利点を活かして臨機応変に判断する（勢）。それには、敵情の解明が決定的な影響を及ぼす。そこで、戦場で敵と対峙している部隊やそれらが派遣する斥候、付近にいる因間など、少しでも多くの耳目で敵の形を見、その言葉を聞き、その情況を察することで、敵の様子を詳しく知る。これを「敵を料《はか》る」という。

戦いに勝つには、我が充実して十分な状態（実）で、空虚で不足した状態（虚）の敵を撃つように仕向ける。「虚」には、疲れている、怯えている、意気消沈しているなど「心の虚」と、配備に隙がある、分散している、乱れているなど「形の虚」がある。

もしも、敵が「実」であれば、これを「虚」にさせ、それができなければ戦いを避ける。「実」の敵とは、旗が整然と並んで乱れず、備えを厚くして構え、高地に先に進出し、我を誘い込もうと企み、あるいは必死の覚悟を決めているなど、攻めてはならない敵である。

このような敵であっても、こちらは敵情を解明し、敵には我が状況を解明させなければ、敵の行動を自由自在に操って、敵の思いどおりにされることがない。そのため、攻撃するときは激しく動いて変化し、防御するときは静粛を保って完全に隠れることで敵に対応させず、互いに接近中であれば、我は敵の形成（位置、兵数、行動、虚か実か）を認識し、敵には我の形勢をわからないようにすれば、我は一つの戦場に集中し、敵は我を求めて分散する。そのため、敵の間者や斥候をつぶして我の形勢を秘匿し、さらには偽情報を与えるなどして敵の判断を誤らせる。

このように、敵を心と形の「虚」に陥らせるには、警戒行動、隠密偵察や威力偵察などの手段により敵情を解明するのであるが、この際、「三十三相の法」により、砂塵や野生動物、敵兵、隊列などに現れる兆候から「敵の虚・実」を知ることになる。このようにすれば、勝を「知る」だけではなく、「為す」ことが可能になる。

戦場で「敵を料り、勝を為す」ことこそが、総大将たる将軍の最大の任務なのである。

総括篇2 己を知る
道・将・法を常に治める

▼「己を知る」とは、道・将・法を「識る」こと

戦争とは国の存亡がかかっているので、まず始めに戦争して勝てるかどうかを戦略的に判断する。そのため、兵法の根源である道・天・地・将・法の五つ（五事）を常に考慮し、我と敵の実情を把握・比較してどちらが有利であるかを考察する（七計）。

道とは、民衆と君主の心を一つにさせ、軍においては兵士と将軍の心を一つにさせるもので、これにより兵士は将軍と死生を共にしようと思い、いかなる危険をも恐れなくなる。天（天候・気象）は、日陰・日向、寒暑、四季の推移であり、地（地形）は、遠近、険しい緩やか、広狭、高低である。将（将軍の資質）は、智力・信頼・仁愛・勇気・厳格さであり、法（軍法）とは、編成区分、鐘・太鼓・旗などの統制手段、指揮命令系統、交通・宿営、業務区分・職務権限、軍用品・兵站である。これらの五事について知っている将軍は勝ち、知らない将軍は敗れる。

間者などを通じて敵の道・将・法を知り、自然が造り出す天・地の道理を熟知する。

我については、道・将・法を常に治める（究めて、常に実践する）。つまり、心を正しくして気力を養い、教練を重ね、城や陣の取り方、備の立て方などがすべて理に適っているようにする。

「己を知る」とは、単に自軍の現状を知ることではなく、物事の本質を体得することであり、知識や思慮を超えてあらゆる道理を合点することである。日本最古の兵法書『闘戦経』では、これを「識《し》る」と表現している。道・将・法を識れば、事に臨んで平常心を保ち、心手期せずして正しく行動でき、いかなる敵にも勝てる実力が伴うようになる。

▼善く兵を用うる者は、道を修めて法を保つ

智・信・仁・勇・厳を偏りなく兼ね備えた将軍は、平素から上下の心を一つにさせ、軍法や命令を徹底させるので、戦場でも思いどおりに兵を動かして勝つ。軍隊は、ただ兵数が多ければ強いのではない。手柄を立てようと単独で突進したり、勝手に退いたりしては、組織的な戦力にならない。皆が心を一致させ、一様に力を出してこそ、強い軍隊である。

命令が平素からよく実行され、戦場でもその教えどおりに命令するのであれば、兵士たちはよく服従するが、平素はそれらが守られていないのに、にわかに命令しながら教えるのでは兵士たちは服従しない。軍法や命令が徹底されているのは、将軍の心が多くの兵士たちと相和し、通じ合っているからである。これを「文道」が行なわれているという。

▼兵士らは道義に殉じ、徳政により民心を得る

道義によって挙兵し、不義や非道を戒める戦《いくさ》であれば、命令に服従しない者はおらず、服従して剛毅《ごうき》になれば人は常に死を恐れない。兵自ら進んで死んでゆくようであれば、戦は必ず勝つ。このようにしてすべての兵士が道義に殉ずる時は、たとえ小勢であっても大敵を恐れず、強靭に戦う。また、野戦に勝ち、城を攻め落とし、戦が有利であったとしても、その国や土地を占領し、徳をもって統治することで民心を得ることがなければ、「功を修め（第十二篇「火攻」第四段　参照）」たとは言えない。聡明な君主は、このことを十分に理解し、民心を得ることが確実であれば兵を動かすが、そうでなければ兵を動かさないので、立派な将軍はよく君命を承ってその功を修めるのである。

▼末端まで編成区分し、指揮・統制手段を徹底

大勢の兵士を指揮していても、少人数であるかの

ように簡単に指揮できるのは、軍隊を末端まで編成区分して、それぞれに指揮官を置くからである。春秋時代の軍隊は五個単位を基本とし、「軍」以下、「師」「旅」「卒」「乗」「両」「伍」といった単位部隊で構成され、それぞれに部隊長がいて指揮命令系統が整っていた。なかでも「旅」が一人の指揮官の号令で行動できる最大の部隊であり、戦場における運用の基幹とされた。

大勢の兵士を戦わせても、少人数を戦わせているかのように整然と行動させるのは、旗や鐘・太鼓などで命令を伝達するからである。これらにより耳目を通じて兵士たちの認識を統一すれば、その心も一つになり、大勢が一体となって行動する。そのため、勇敢な者でも勝手に進むことはできず、臆病な者でも勝手に退くことができない。

敵と相戦うときは、これらの法によりまず陣形を整え、正々堂々としてみだりに攻めかからず、進退を秩序正しくし、部隊ごとに統制して前に進めて撃つ。敵陣が崩れ始めたならば、一挙に攻め寄せて敵を圧倒する。陣営が治まっているか乱れているか、軍隊が強いか弱いかは、兵士が法に応じて機敏に動けるように教練されているかどうかによる。

▼「正兵」を練成し、「無形の兵」に至らしめる

平素から教練を重ねて法を保ち、戦場でも乱れず、怯えず、弱ならざる兵を「正兵」と言う。正兵は、機をとらえて敵を急襲するにも風のように往来の跡もなく、向かうところ皆がなびき、戦況がゆるやかなときも隊列は整斉《せいせい》として軍律は厳守され、あたかも深林の木々が乱れないようである。敵を攻撃するのは烈火のように激しく形もないので、敵はこれを防ぐこともできず、堅固に守備するときは、山が動かずにそびえるようである。

また、戦勝の術は千変万化して一定の形がないので、これに応じる正兵も究極的に「無形」に至る。すべての兵士が教練に習熟して、いかなる命令にも

機敏に応じ、大勢でも一人であるかのように動ける「純一の兵」であれば、自然のうちに軍律正しく、勇敢にして強く、しかも不要な形跡をいっさい残さずに、あらゆる軍の形（守・攻、行列、陣法、営法、城の制）に直ちに応じられる。これを「無形の兵」という。

▼長期戦を避け、食糧は敵地で調達する

十万の大軍を敵国へ進攻させるには、莫大な量の軍用品や経費が必要になるので、智に優れた将軍は長期戦を避け、できるだけ早く敵を屈服させ、食糧はすべて敵地で調達する。

個人の生存を維持する食糧は、刀・弓矢や武具などの軍用品と異なり、戦闘の有無にかかわらず、ほぼ一定の率で常続的に消費される。兵士十万人であれば莫大な量となり、それを国内から前線に輸送するには多くの人員と牛馬が必要になる。これら荷駄隊の消費分も含めて食糧輸送にかかるすべての経費を考慮すれば、敵地で調達した一鐘（約五十リットル）は、自国から運んでくる二十鐘に相当する。

敵の軍用品は進んで奪い取ってこれを用い、敵の戦車は乗員ごと生け捕りにして自軍に編入する。これを「敵に勝って強さを増す」という。

▼「戦わずして人の兵を屈する」の極意

戦争は、敵国の人を損なわず土地を荒らさずに敵自ら屈服して終るのが上策で、敵国の人を損ない土地を荒らしながら勝つのはそれに劣る。それには計謀（政治的工作）を駆使し、敵の作戦を失敗させるのが最良の方法だと思われがちであるが、それ以上に優れているのが、道義と精兵をもって敵に戦いを放棄させることである。

我の戦争目的に道義があり、軍隊が精鋭無比であって、しかも上下の者たちが志を同じくして、その道義をもって敵の心を感ぜしめるならば、敵はおのずから屈服する。こちらが正しければ、たとい敵の

大将が抵抗したとしても、民衆や兵士らは皆、武器を捨てて服従する。敵地を占領したならば、直ちに軍政を布《し》いて秩序を回復・維持し、民衆を撫育《ぶいく》してそれまでの圧政から解放することで、軍の功を成就させる。これを「神武にして人を殺さずの道」と言い、この「道」を踏んで天下を治めるのが「覇王の兵」である。

総括篇3　己を知る　将軍の資質

▼将は国の輔、国家安危の主なり

将軍は国家における最高の補佐者であり、万民の命をつかさどり、国家の安危を決する。

君主がすぐれた資質を備えた将軍を補佐者に選んで厚く信任するならば、国家は必ず強くなるが、将軍の資質に欠けるところがあり、君主が将軍に軍隊の指揮を一任できないようであれば、国家は必ず弱くなる。

将軍に求められる資質とは、智力・信頼・仁愛・勇気・厳しさである。

▼智力について

記憶力、受容力、創造力、合理的思考力や総合的直観力を兼ね備えた将軍（智将）は、戦うべきか戦うべきではないかを判断できる。また、敵地で食糧を手に入れ、大軍と小勢どちらの運用法にも長けており、戦争を長引かせずに勝つことができる。

智将は、常に正兵で相戦い、奇兵の働きで勝つ。いかなる戦機も見逃さず、巧みに正から奇を生み出すその智謀は、広大な天地のように窮まりなく、大河の流れのように尽きることがない。ものごとを考えるにも、必ず利と害とをまじえ、すべての利点を詳らかにすることで作戦や軍務が整斉・自在に進んでいく。同時に不利点や起こりうる失敗も漏れなく考えているので、問題点や不安も未然に解決されている。また、智将は、物事の道理に通じ、人心の機微を洞察でき、優れた人物を間者として用いるので、敵情を先に知り、必ず天下の功業をなしとげる。

こうした智力に欠ける将軍が「必死」である。「必死」は、勇猛にして死を軽んじ、謀を好まず、進んで戦うことを好むので、軍隊を危うくさせる。大局的判断ができず、駆け引きを知らないので、敵の謀により誘い出され、討ち死してしまう。

また、「必死」に率いられた軍隊は、敵情がまったくわからず、小勢で大敵と戦い、弱兵で強敵を攻めることになるので、戦いに敗れて兵士が逃げてしまう。

▼信頼について

信頼とは、言行一致のまごころ・人格により、上下の人々から頼りにされることである。もしも君主が将軍を信頼せず、進むべきではない状況で進めと伝え、退却すべきではない状況で退却せよと伝えてきたなら、軍隊は鎖でつながれたような状態になる。また、君主が実情を知らずに法令・賞罰・人事などの軍政に介入すれば、兵士たちはどちらに従うべきなのか迷う。さらに、君主が兵法を知らずして将軍と並んで戦場で作戦を指揮すれば、兵士たちは勝利を疑うようになる。こうなれば、敵国は間者を入れて君臣を離反させ、兵をそそのかして反乱を起こそうとする。

優れた将軍は、全軍の中でも間者を最も親愛し、恩賞は間者に最も厚くする。こうして築いた信頼関係があれば、間者からの報告や、敵国での間者の行動にもいっさいの疑念を抱かず、判断に惑うこともない。

しかし、生真面目すぎる将軍は、清濁併せ呑み、信をほかの腹中に置くことができないので、部下との信頼関係が築けない。こうした将軍を「廉潔《れんけつ》」という。「廉潔」は、利欲がなく、潔癖すぎて、名誉だけを好むことで軍隊を危うくさせる。面子《めんつ》にこだわるので、敵に辱《はずか》しめられ、その心をかき乱されたならば、冷静な判断ができなくなって周囲の言うことも聞かずに無謀な戦いをする。その結果、部将が怒って総大将である将軍の命令に服従せず、怨み心から自分勝手に戦うので、軍の秩序が崩れてしまう。

▼仁愛について

仁愛とは、相手を深く思いやり、親愛の情が厚いことである。仁愛に富む将軍（仁将）は、部下のおかげで己の任務が尽くせているという感謝の念や、こうした恩に報いようとする心を持ち、我を忘れて部下の身を案じ、そして相手と同じ心になろうとする。

兵士を教練するにも、まず命令や号令の意味を兵士たちの心に刻み込むように懇切丁寧に教え諭して理解させる。兵士には我が子のように深い愛情で接するので、兵士も将軍を父親のように慕って命の危険さえもいとわなくなるが、仁将は兵士の命を預かる者として、損害を最小限にして戦争の目的を果たそうとする。

こうした仁愛に欠ける将軍が「忿速《ふんそく》」である。「忿速」は、怒りっぽく短気で、急速なことを好むことで軍隊を危うくさせる。相手の気持ちを考えず、じっと耐えることができないので、侮られて怒りを抑えきれずに無理な戦いをする。怒りにまかせて十倍の敵でも攻撃しようとするので、兵たちが戦わずに逃亡することになる。

▼勇気について

血気の小勇《しょうゆう》を戒《いま》しめ、小敵であっても侮らず、大敵であっても恐れず、自分の職責を尽くすことが誠の大勇《だいゆう》である。平常心は、大勇の所産である。

勇気に富む将軍（勇将）が、敵の大軍と戦わずに逃げ去るのは、敵を恐れるからではない。小勢でありながら堅固に守備することだけに心が偏れば、力量の不足から功をなすことができず、大敵によって捕獲されてしまうからである。

勇将は、進む・退く・去る・留まるを皆、その時々の状況に適合させる。戦いの道理から必ず勝てると判断したならば、主君が戦ってはならないと言っても戦い、逆に戦いの道理から勝てないと判断したならば、主君が必ず戦えと言っても戦わない。進むにしても功名を求めるのではなく、退くにしても君命違反の罪を恐れることなく、兵士の損害を最小限にすることで、結局は主君にも利益をもたらす。

こうした勇気に欠ける将軍が「必生《ひっせい》」である。「必生」は、身の大事ばかり思い、進んで戦おうとしないことで軍隊を危うくさせる。臆病であり、生きることに執着するので、その機を察して生け捕りにされてしまう。

また、「必生」に率いられた軍隊では、たとえ兵士たちが強くても幹部が弱いので、軍紀がゆるみ、あるいはたとえ幹部は勇猛でも兵士が弱いので、落とし穴に陥ったように幹部だけが敵中に孤立することになる。

▼厳しさについて

軍隊では、公務の厳粛性と人間の本性とのギャップから、厳しさが求められる。兵士たちがまだ将軍に親しんでいないのに、いきなり厳しくすれば、彼らは心服せず、上下の心が不和となって戦場で用いるのが難しい。しかし、兵士たちが親しんでいるのに与えた仕事をきちんとさせず、規律が乱れていてもそれを正さなければ、苦労を知らないわがまま息子のようになり、戦場で用をなさない。

だから教練するにしても、まず仁愛の心で教え諭し、それから全員が同じ行動をとれるようになるまで厳しく反復する。信賞必罰により軍の士気と規律心を高めれば、全軍の兵士をあたかも一人を使うかのように動かすことができる。

将の五危

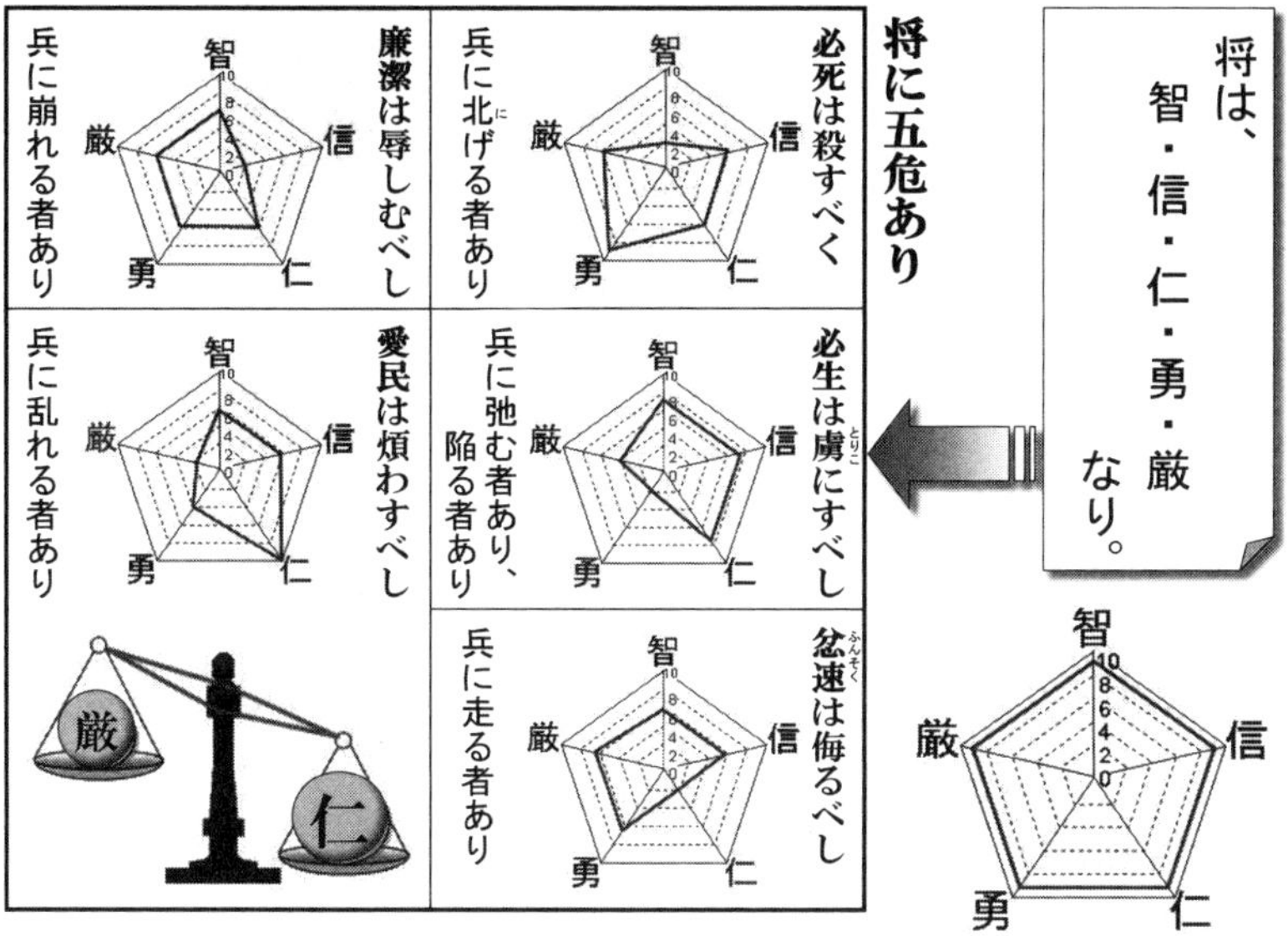

凡そ此の六者は天の災に非ず、将の過ちなり。

こうした厳しさに欠ける将軍が、「愛民《あいみん》」である。「愛民」は、兵士を愛して労《いた》わる気持ちが深く、情にもろいことで軍隊を危うくさせる。同情心が強すぎて、優柔不断に陥るので、敵によりわざと煩わしくされ、疲れ果てることになる。

「愛民」の将軍には威厳がないので、兵士の起居容儀や幹部の作法にも定まったものがなく、陣立ても縦横にバラバラで乱れた状態である。

▼将の五危と敗の道

将軍たる者は、「智」「信」「仁」「勇」「厳」が一つでも欠落したり、偏ったりすれば、無意識のうちに「五危《ごき》」に陥り、それに起因して軍に敗北をもたらすことになる。これを「敗の道」というのである。

将軍は、このことを深く認識し、五つの資質をバランスよく備えるように常に自らを戒めて修養研鑽を重ねなければならない。これらこそが将軍が知っておくべき最大の責務であり、必ず実践しなければならないものである。

総括篇4 地を知り、天を知る

勝ちを全うする

▼地は、遠近・険易・広狭・死生なり

兵法の根源である地形は、遠いか近いか、険しいか緩やかか、広いか狭いか、高いか低いかで評価する。開戦前に敵国の地形を知るには、自国と敵国を往来する間者や使者を用いて、山地、河川、沼沢地、平地、道路の存在や、それらの形状について情報収集するとともに、案内役を務めてくれる現地住民を見つけておく。この段階での地形認識は大まかなもので、実際にそこに行ったときとは異なることもある。

こうして地形を知ったならば、冒頭の四つの視点で我と敵のどちらが有利かを比較する。同じ地形でも敵我のどちらがそれを前面や背後にしているかでその価値は大きく異なる。

▼戦術行動と「地の利」

戦わずに敵を屈服させる（敵を全うする）のが最善であり、戦って勝つ（敵を破る）のはこれに次ぐ。敵を全うするには、敵の謀を察知して失敗させる。それができなければ、敵の外交関係を断ち切ることで孤立させる。これらは地形の影響をまったく受けない。

敵を破るのであれば、防御による待ち受け、遭遇戦、陣地攻撃といった野戦と城攻めがある。これらの戦術行動で最も「地の利」を得られるのは、防御であり、次いで地の利を得られるのは遭遇戦である。

敵と交戦すれば多少の損害はまぬがれないが、防御では地形を最大限に活用して静かに隠れ、攻撃で

戦術行動と「地の利」

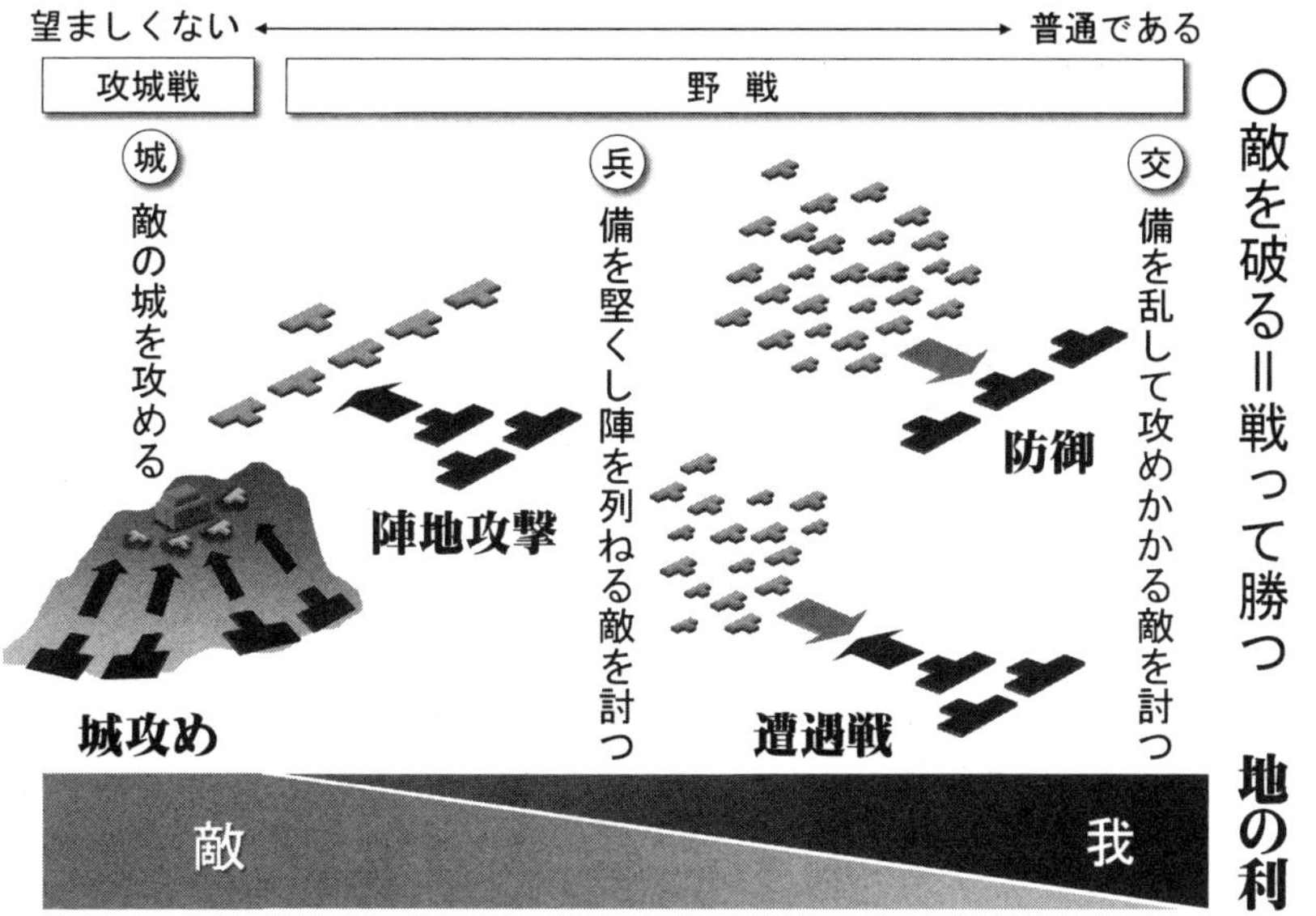

は機を失することなく縦横無尽に機動するなど、「地を知る」ことで損害を少なくすることができる。また、遭遇戦では、近くにいながら遠くにいるように見せて敵を慢心させ、敵が先に有利な地形を占領していれば、我の小勢で対峙しつつ、大勢で迂回してその背後に出ることにより、地形上の不利を有利にもできる。これに対して城攻めは、まったく地の利を得られず、長期戦による多大な損害や莫大な戦費をもたらす。

▼戦うべきと戦うべからざるとを知る

敵が虚であり、我に地の利があれば戦うべきであり、敵が実であり、我に地の利がなければ戦ってはならない。これらを正しく見きわめ、戦うべきか否かを判断できれば、我の損害を少なくすることができるが、これらを判断できずに高い丘を先に占領しているなど、地の利を得ている敵を攻めれば損害が多くなる。

戦うべきと戦うべからざるを知る

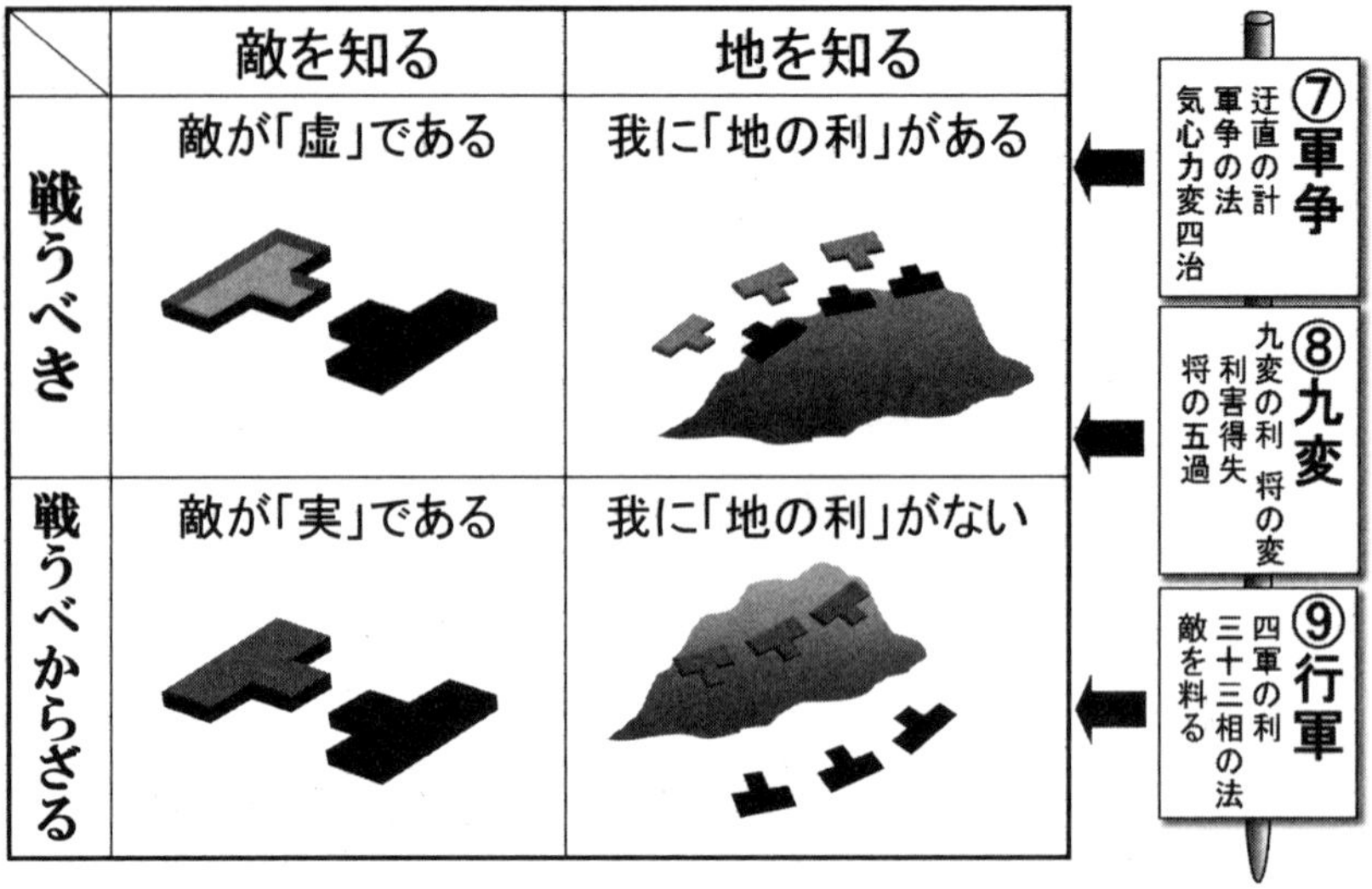

また、将軍は君主から命令を受け、大軍を率いて遠征の途につくが、新たに判明した地形から君命どおりでは勝てないこともある。そこで、山林や険しい山岳地、湿地帯など進軍が難しい圮地《ひち》、四方を山や川に取り囲まれて進退いずれも不利である囲地、経由すべきでない道、攻撃してはならない陣地、攻めてはならない城、争うべきでない土地など、九つの地形・地勢では君命を変更することで最終的な勝利を得る。これを「九変の利」という。

九変の利に精通し、地形が我に有利か、不利かを判断できる将軍は、地の利を得て正しく兵を用いることができるが、九変の利に精通せず、君命に絶対服従するだけの将軍は、たとえ敵国の地形を知っても地の利を得ることができない。そして、地形の利害得失は、「四軍の利」と「地の道」を知らなければわからない。さらには「九変を応用する戦術（九変の術）」を知らなければ、たとえ地の利を得たとしても、兵士ら「人」を十分に用いることができず、実のある兵法にはならない。

▼四軍の利―軍を処き、敵を相る

敵国に入ったならば、軍をよい地形に置いて、敵情を偵察する。それには、山地・河川・沼沢・平地の四つの地形における基本的行動（四軍の利）を知らなければならない。

例えば、山地を越えるには谷の近くを行き、見晴らしのよい高地に兵を置き、より高い場所に陣取る敵を攻めてはならない。川を渡ったならば必ず岸から遠ざかり、背水の陣を避ける。川を渡り来る敵は、川の中で迎え撃たずに、その半分を渡らせてから撃つ。沼沢地は速やかに立ち去り、留まってはならない。平地では駆け引きが自由で往来に支障のない場所に軍を配置し、高地を背後と右手にする、などである。

また、日当たりがよく、土地が肥沃で水質がよい場所に軍を置けば、兵たちの心と体の健康も維持できて虚に陥ることがないが、じめじめした湿地帯や泥沼、ため池など、水についての害がある土地は、兵が病気になりやすく、その心を虚にする。このように、土地にも実と虚があるので、軍を実の地に配置して、虚の地を避けることが重要である。

▼地の道―地形の常

「四軍の利」が主として敵国内での進軍から、敵と接触するまでの行動であるのに対し、敵と接触してからの対応行動を論じるのが「地の道」である。ここでは、遠近・険易・広狭・高低に基づき、山地、河川、沼沢、平地を組み合わせて、「通」「掛」「支」「隘」「険」「遠」の六つの戦場地形に区分し、それぞれに応じて兵を用いる道理を説く。

例えば、平坦で道路網が発達し、我も往くことができ、敵も来ることができる「通」では、敵よりも先に高くて見晴らしのよい場所を陣取り、糧道を確保しながら戦えば有利であり、平地へ連なる隘路《あいろ》出口のような「掛」では、すでに備えている敵を攻めれば、逆に包囲されて不利である。こうした「通」「掛」「支」「隘」「険」「遠」の六つの地形に応じた用兵を知り尽くし、常に考察することが、将軍の最大の責務である。

▼敵を料り、勝を制し、険阨・遠近を計る

しかしながら、たとえ将軍が「四軍の利」や「地の道」に精通して地の利を得ていても、その資質に偏りがあれば、軍の団結・規律・士気は保てず、兵は戦わずして逃げ、弛み、陥り、崩れ、乱れ、敗れて逃げることになる（敗の道）。

そもそも地形とは補助手段にすぎず、これだけに依存してはならない。まずは敵の衆寡強弱を十分に知り、強い軍隊により勝利を確かなものにする。しかるのちに山の険しさ、隘路の危うさ、道路の遠近といった地形上の利・不利を考察するのが、総大将たる将軍のなすべきことである。

▼五火の変を知り、数を以て守る

天とは、日陰・日向、寒暑、四季の推移など、時間に応じて刻一刻と変化していくものである。地形の利・不利が軍の行動に大きく影響するのは、進軍から敵と接触するまでであるが、天候・気象が影響するのは、さらに敵と接触してからあとである。

天の時によって兵を用いる「火攻め」には、燃やす対象により「人火」「積火」「輜火」「庫火」「隊火」の五火があり、晴天続きで乾燥し、物が燃えやすい時や風が強く起こる日に実施する。

火攻めは、五火をその時々の変化に応じて適用し（五火の変）、敵中に忍びを入れ、あるいは我に味方する者を用いて内から出火させ、それができなければ外から火を発する。いずれにせよ、兵による攻撃が主であり、火はその補助手段である。

将軍は五火の変を詳しく熟知し、天の時日を考えて敵による火攻めから自軍を守らなければならない。そうであるから、風のある日や空気が乾燥している時にはとくに慎重になり、敵の忍びや間者を防いで火を発せられないように警戒を厳にするのである。

▼九変の術——勝ちを全うする

我が兵士らが教練に習熟し、上下同心で、敵を攻撃できる実力があることはわかっていても、敵も十分に強いので攻撃すべきではないということを知らなければ、勝つことも負けることもある。敵が弱く備えも不十分なので攻撃すべきであると知り、我が兵士に十分な攻撃力があるとわかっていても、地形上はここで戦うべきではないということを知らなければ、勝つとしても多くの死傷者を出すかもしれない。

それゆえ、『孫子』の真髄「九変の術」に到達した人は、いかなる行動にも迷いがなく、兵の用法も窮《きわ》まることがない。なぜならば、敵を知り、己を知っているので勝利が危うくなることがなく、さらに天を知り、地を知っているので多くの兵士を戦死させずに完全な勝利を得られるからである。

「地勢の変」を論じる九変の術は、そのすべてが第十一篇「九地」に記されている。

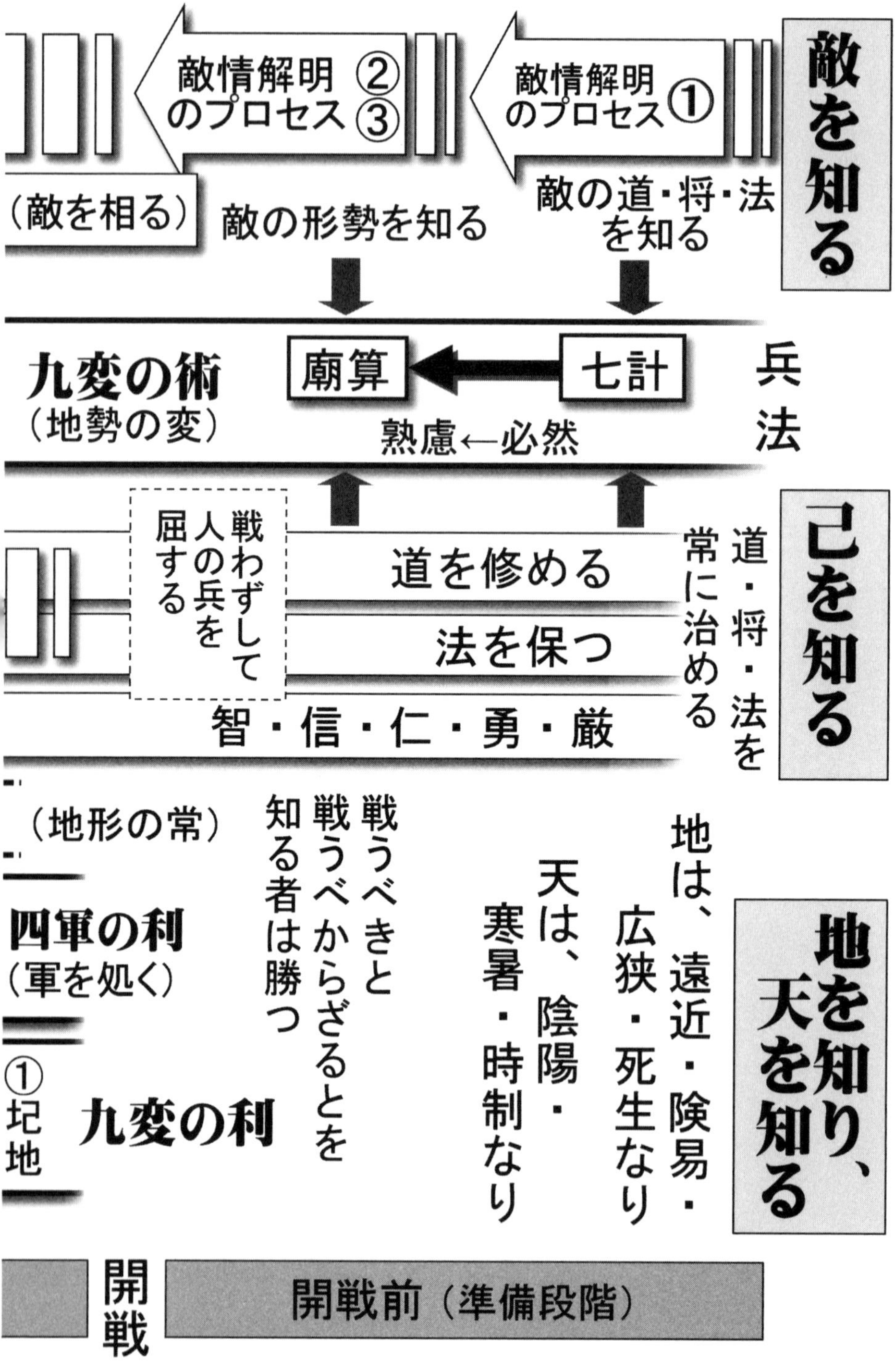

敵を知る
敵情解明のプロセス①
敵情解明のプロセス②③
（敵を相る）
敵の形勢を知る
敵の道・将・法を知る
兵法
七計
廟算
熟慮←必然
九変の術
（地勢の変）
己を知る
道・将・法を常に治める
道を修める
法を保つ
智・信・仁・勇・厳
戦わずして人の兵を屈する
地を知り、天を知る
地は、遠近・険易・広狭・死生なり
天は、陰陽・寒暑・時制なり
戦うべきと戦うべからざるとを知る者は勝つ
（地形の常）
四軍の利
（軍を処く）
①圮地
九変の利
開戦前（準備段階）
開戦

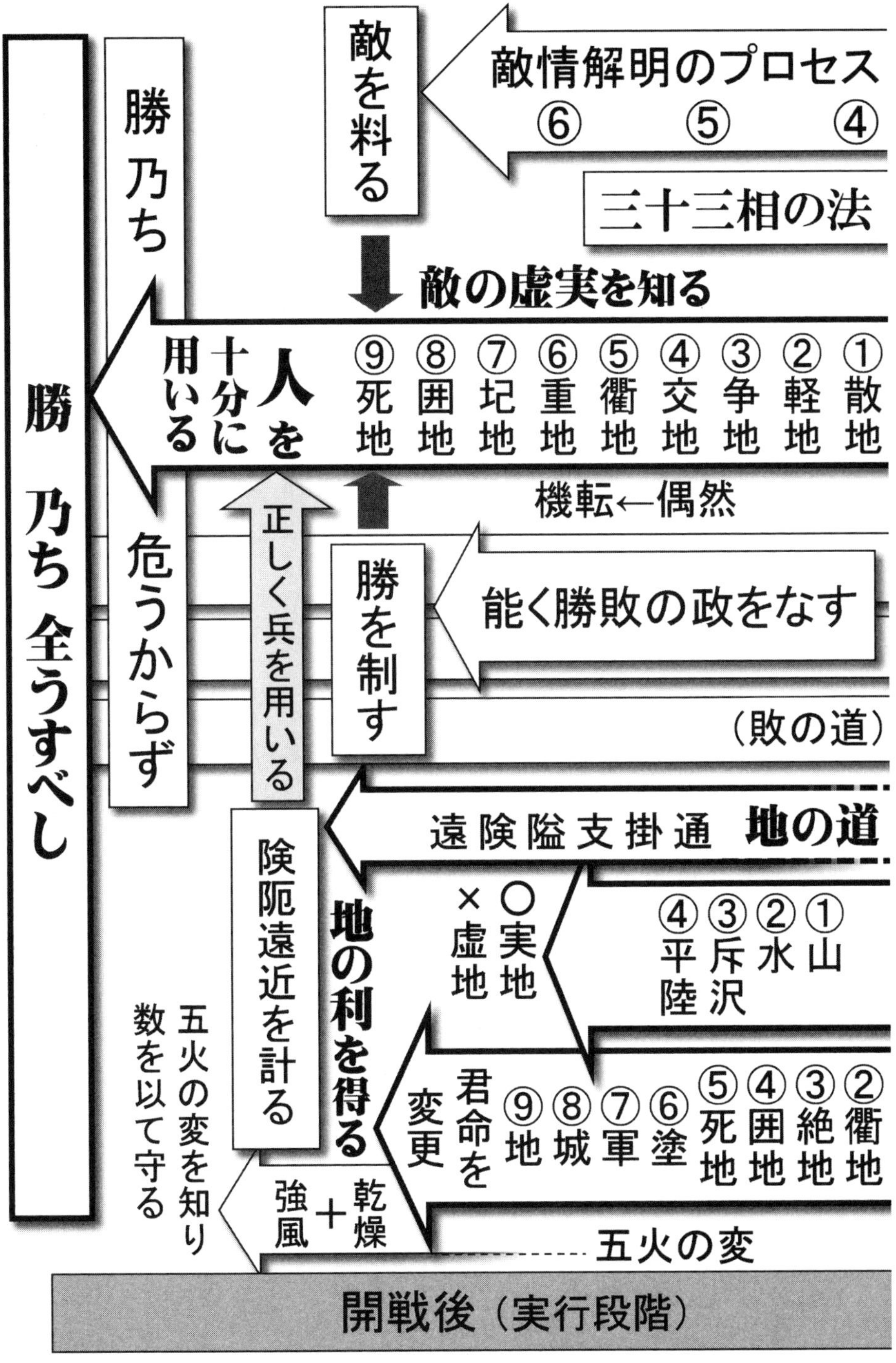
敵情解明のプロセス
⑥ ⑤ ④
三十三相の法
敵を料る
敵の虚実を知る
①散地 ②軽地 ③争地 ④交地 ⑤衢地 ⑥重地 ⑦圮地 ⑧囲地 ⑨死地
人を十分に用いる
機転←偶然
能く勝敗の政をなす
勝を制す
(敗の道)
正しく兵を用いる
勝乃ち危うからず
地の道 通 掛 支 隘 険 遠
①山 ②水 ③斥沢 ④平陸
○実地
×虚地
②衢地 ③絶地 ④囲地 ⑤死地 ⑥塗 ⑦軍 ⑧城 ⑨地
君命を変更
地の利を得る
険阨遠近を計る
五火の変
乾燥＋強風
五火の変を知り数を以て守る
勝 乃ち 全うすべし
開戦後(実行段階)

第五章　『孫子兵法』と吉田松陰

▼孫子からクラウゼヴィッツまで学ぶ

本書の最後に、孫子第十三篇「用間」を自ら実践しようとしたことで、安政の大獄により刑死した幕末の天才兵法家・吉田松陰について紹介する。

吉田松陰は、自ら弟子に送った手紙の中で「僕、孫子に妙を得たり」と書き残しているほどに、『孫子』の解釈には自信を持っていたようである。幼少にして『武教全書』を講じ、若くして山鹿流兵法の師範となり、佐久間象山《さくましょうざん》のもとで西洋流兵術まで聞き及んでいた天才的兵法家・吉田松陰なれば、さもありなんと思われるが、実は、その手紙では、次のように付け加えていた。

「文章の上なり、はずかしいこと。兵意の妙は丸で知らず。
尤《もっと》も、口上と筆先は随分上手なり」

このように、実際に兵を率いて戦をしたことがなかった松陰の正直な胸の内も伝えていた。それでも、吉田松陰が学んだ兵法は、『孫子』をはじめとして大変幅広いものであった。松陰は幼少の頃から伯父である玉木文之進から『孫子』と「山鹿流兵法」を習い、若くして山鹿流兵法師範となる。また山鹿流兵法にいう「一方つかぬ教」つまり、兵法を一流派にだけ偏って他に通じないようでは実用的ではない、という精神に従って、一つの流派にとらわれず、同じ長州藩の山田亦介《またすけ》から「長沼流兵法」を教わり、さらに西洋流兵術についても早くから関心を持ち、後に佐久間象山について、熱心に学んだのであった。

クラウゼウィッツの『戦争論』を日本ではじめて研究し、江戸木挽町《こびきちょう》で最新の西欧流兵術を教えていた佐久間象山の下には、吉田松陰のほか、幕臣である勝麟太郎（海舟）や長岡藩の河井継之助、土佐藩の坂本竜馬、福井藩の橋本左内、久留米藩の真木和泉、熊本藩の宮部鼎蔵《ていぞう》など四六〇人ほどの門人がいた。

▼謀略・知略・計策の三本柱からなる山鹿流兵法

吉田松陰の兵法修学の中枢をなした山鹿流兵法は江戸時代初期の天才兵法家・山鹿素行《やまがそこう》が『孫子』をベースに、さらに具体的かつ実戦的に構成し、理論化した極めて優れた兵法である。山鹿流兵法は、謀略・知略・計策の三本柱からなるが、これらは『孫子』第一篇「始計」の五事・七計・詭道に該当している。

謀略とは、心を正しくして気力を養い、城や陣の取り方、備えの立て方がすべて道理に適っていることである。つまり、「五事」に書かれている道・天・地・将・法の内容を十分に理解し、それを実践して自分のものにするということである。

知略とは、国外のことを知って、比較し、実情を把握することである。例えば、人の善悪、それぞれ表面上のものとその深層にあるもの、ものごとの軽重などを覚《さと》り、その時々に応じてうまく活用することである。

計策とは、作戦を立てて敵に勝つことである。あるいは敵の中に味方を入れ込み、あるいはこちらに内応する者を作り、その場の状況により虚実を考えて容易に勝つ。『孫子』にある「戦わずして敵を屈する」か、あるいは戦場で「勝ち易きに勝つ」かのいずれにせよ、最善の策を立てることである。

このように、山鹿流兵法によれば、兵法を用いる状況とは、千変万化するものであるが、謀略・知略・計策の三つを出るものではないので、この三つを知って、常に工夫し、実用する人だけが、兵法の妙を得ることができる、というのである。

▼国難の時代こそ皇室中心の精神的武備を重視

吉田松陰が生きたのは、外国船の日本への接近が急激に増大しつつあった国難の時代であった。したがって、松陰の説く山鹿流兵法には、こうした当時の日本が直面していた「欧米列強による日本侵略の危機」をいかにして克服するかという考えが色濃く反映されていた。

山鹿流兵法の三本のうち謀略において、吉田松陰は五事の中でも道・将・法の三事に重きを置いて、これを「主本」と名づけた。また、知略には、七計のみならず、その手段としての「用間」をとくに重視すべきであるとした。

主本、すなわち道・将・法について、松陰は「兵は人主の大道にして一士一卒の私言に非《あらざ》ることを悟り、慨然として国天下を自ら任ずべし」、つまり軍事とは、道・将・法という人のなすべき最高の道理であるのだから、いっさいの私的な思いを排して、毅然として自ら天下国家のために尽くせと主張した。そして、わが国の有史以来、兵権《へいけん》が朝廷にあるのが武義《ぶぎ》の「盛」であり、兵権が武臣に帰した場合が武義の「衰」である。源頼朝による武家政権の発足以来、日本の武義は衰退したままだということである。それゆえ、毛利家は幕府ではなく天子の臣なのであるから、主将としての正しい心をもって「六百年来の大罪」を自覚し、天皇に対して厚く忠義を尽くすことにより過去の罪を償うべきである、とした。

また謀略のうち、「武備」について、吉田松陰は『異賊防禦策』という本の中で、我が武備を厳にして、洋夷《ようい》、すなわち西洋人の侵寇の意図をなくさせてしまうのが最もよいのだと述べている。

対外武備の四要素としては、①人才の弁、②器械の利、③操練の法、④戦守の術を挙げ、これらが国家の急務であるとした。さらに松陰は、全国でこうした武備が完成すれば、西洋人の海賊を懲罰するのに何の難しいことがあろうか。それ以上に重要なのは、皇室を中心とした精神的武備である、と主張していた。それは、天皇を中心とした道義に基づく国づくり、なかんずく上古の昔のように兵権を朝廷に戻すのだということにほかならない。

▼西洋の「三兵戦術」を凌駕する松陰の「四兵戦術」

次に謀略のうち、「兵制」についてであるが、吉田松陰が佐久間象山から学んだ西洋流兵術とは、歩兵・騎兵・砲兵の三兵戦術と呼ばれ、ナポレオン戦争以降のヨーロッパにおける主流の戦術思想であった。フランス革命以降のフランスは国民皆兵の軍隊となり、さらに軍事の天才といわれたナポレオンが散兵《さんぺい》戦術、砲兵集中運用、師団編成などを開発したことにより、この歩兵・騎兵・砲兵の三兵戦術が確立されたのであった。

この「三兵戦術」に対抗して吉田松陰が考案したのが、歩兵・銃兵・騎兵・砲兵からなる「四兵戦術」である。四兵のうち「銃兵」とは、いわゆる西洋式の歩兵であり、小銃で武装した足軽と農民とをもって組織される。これとは別に「歩兵」、あるいは短兵隊とも呼んだ兵種とは、刀や弓、槍を持つ武士で編成されるものである。

日本伝統の弓は、鎧や兜を着けていない西洋歩兵には、甚大な効果があることに気づいた吉田松陰は、『孫子』第五篇「兵勢」の「正を以て合し、奇を以て勝つ」を念頭において、わが銃兵は西洋の歩兵に、わが騎兵と砲兵は西洋のそれらに対抗し、精兵からなるわが歩兵は、その存在を隠しながら戦場を縦横無尽に機動し、戦闘中の西洋歩兵・騎兵・砲兵を予想外の方向から奇襲する、今で言うレンジャー部隊のような用兵を考えていたのである。

▼「勝算あり」吉田松陰の黒船撃滅作戦

嘉永六(一八五三)年にペリーが率いる黒船が江戸近海に停泊したことを耳にした、当時二十四歳の吉田松陰は、「武力による威嚇」をもって日本に開国を要求する米国の非礼な行為に憤り、「道理を伝え、天下の大義を伸《ママ》べて、侵略行為の罪を征討すべし」と主張した。それは松陰が、いざ戦えば日本側に「勝算あり」と見ていたからであった。

吉田松陰は、対黒船作戦として「これを先んずるに海戦を以てし、これを終るに陸戦を以てすべし」という基本方針の下、海戦と陸戦について必勝の戦術・戦法を唱えていた。

海戦では、堅牢で快速の漁船五十艘《そう》を準備し、各船に小銃で武装した兵士十名、大砲を一門を乗せ、長鳶口《ながとびぐち》、長熊手《ながくまで》、打鈎《うちかぎ》、竹はしご等を備えておく。これらで夜陰に乗じて乗り出し、敵艦の停泊地から約三百~四百メートル以内に近づいて大砲を連発する。敵艦内で火が起こり乗員らが騒動しているのを見つけ次第、小銃で狙撃する。また上陸用の小船で避難するならば、長鳶口、長熊手、打鈎で引き寄せて乗り移ってこれらを襲撃する。敵艦内がパニック状態になったならば、直ちに船べりから三間はしご(約五・五メートル)で飛び乗り、腰の刀で米国人を皆殺しにするという作戦である。また、古代シナの赤壁《せきへき》の戦いにおける火攻めの戦法を参考にした焼き討ちも提案していた。

もしも敵艦隊がこれらの海上襲撃に懲りずに上陸しようとするならば、その上陸の混乱に乗じて軍艦を奪い取り、もしくは脚船《きゃくせん》を乗っ取る。そして、いよいよ陸戦となったならば、『孫子』第九篇「行軍」の「四軍の利」に書いてあるとおり、山林を右背にし、田沢《でんたく》を左前にして、高い場所から低い場所を臨み、本陣を据えて敵が来るのをただ待つ。

敵を討つタイミングは、「軍艦より脚船を卸して陸に近づいてくるところ」「脚船から上陸して備え(歩兵の編成)を立てているところ」「備えを進め、砲列を敷き、砲陣地を築き、攻撃のための根拠地をこしらえているところ」の三つである。

このように松陰は、敵上陸時の必然的な弱点を衝く完璧な作戦を考えていたのであった。

▼松陰を「上智の間者」に選んだ佐久間象山

時を同じくして、松陰の西洋流兵術の師範であった佐久間象山の頭にあったのは、『孫子』第十三篇「用間」の「明君賢将、能く上智を以て間と為す者は、必ず大功を成す」である。つまり、聡明な君主や賢い将軍は、智恵に優れた者を用いて敵国のことをよく料《はか》らせ、間者としてその実情を探らせて「先に知る」ので、必ず天下の功業をなしとげることができる、ということである。

この頃、土佐の中浜万次郎（ジョン万次郎）がアメリカに漂流して帰国し、その後は幕府で通訳などを務めていたが、兵法を学んだことのない一介の漁師であった万次郎では、通訳やアメリカの日常的なことは説明できても、間者としての役目はまったく期待できなかったのである。そこで、佐久間象山は自分の門人の中から、上智の者を万次郎のように海外に漂流させようとした。当時でいえば「上智」とは、「漢学が相当に出来、洋学にも志ざし、兵学などもかなり心得ている者」を意味していた。そして、象山がこの上智の間者として最も適任であるとして選んだ人物こそが、吉田松陰であった。

この年、嘉永六年（一八五三年）の九月に、佐久間象山は松陰に送別の詩を送って激励し、長崎に赴いて、漂流の形をとってロシアの船に乗せようと試みたが、プチャーチン一行はすでに長崎を去っていたので、これは失敗に終わった。

▼アメリカ密航を試みた本当の理由

翌安政元年（一八五四年）一月中旬、黒船九隻を率いて再度来航したペリーは、江戸湾に入るや、羽田沖で整然と並び、こちらに大砲を向けて発射を待つ四つの砲台と遭遇した。江戸幕府が前年のペリー来航後に約半年間で構築した洋上砲台「品川台場」である。これと撃ち合えば絶対に勝ち目がない、と判断したペリーは、今回の日本遠征の目的である「江戸城乗り込み」を断念し、幕府側の提案に従って横浜に上陸した。

こうして、ペリーは日本との間に和親条約を結んだのであるが、この時、松代藩の命令により横浜の警備に赴いていた佐久間象山は、鎖国のためアメリカの内部事情も十分に知らないまま弱腰で外交折衝に臨んだ幕府に対して強い危機感を抱いた。そして、この時の思いを『孫子』第一篇「始計」と第十三篇「用間」を踏まえて、次のように手紙に綴っている。

敵国との外交を為すのに、間者もいないようでは、敵国の我国に対する陰謀、我が国を貶めようとしていることなど、全く知ることができず、敵国の形勢、敵元首の仁暴、敵将の能否、敵衆の強弱、敵兵の利鈍、並びにその実情を把握することもできない。このような状態でいわゆる廟算などやろうにも、判断の根拠となる情報が無いので、和平でいくか、戦うのがよいか、堅固に守備するのが有利であるか、そもそも論ずることさえできない。

外国についての情報なくしては、いかなる戦略も立てようがない。『孫子』第三篇「謀攻」に「上兵は謀を伐つ（兵法の達人は、まず敵の謀を察知し、それを失敗させることで勝つ）」とあるが、当時の佐久間象山は、「私のような身分の低い家臣ではあるが、幕府のやり方とは別に、敵の謀を失敗させることで勝つという策略がある。風船を手に入れてワシントンまで飛んでいけないものか」と願っていた。

しかし、どうしても自らは藩と日本を離れがたい事情を抱えていた佐久間象山は、自分の代わりにこの務めを吉田松陰に果たしてもらおうとした。常々「上智の間」の重要性を主張していた吉田松陰は、恩師・佐久間象山の意志に沿うため、安政元年三月二七日、下田でペリーが乗船している旗艦ミシシッピ号に自ら乗り込んで、アメリカへの渡航を嘆願した。しかし、残念ながら、この要求はペリーに拒絶され、目的を果たすことができなかった。

▼吉田松陰の思想の根底にあった「用間」

下田での渡米に失敗してから四年後、吉田松陰は萩の野山獄《のやまごく》において執筆した『幽囚録《ゆうしゅうろく》』の中で「国朝の三変」を説き、その第一を「上古対外勢力の隆盛であった時代」、その第二を「元寇を駆逐することで国威を発揚した時代」、そして第三を「当今洋夷（西洋諸国）の前に頭を垂れている屈辱の時代」であるとして、攘夷の決断ができない幕府の軟弱外交を非難した。

さらに、ペリーとプチャーチン以外の外国人を見たことがない当時の江戸の人々が、彼らを「海外三傑のうちの二人」であるとしていることについて嘆き、日本人をこうした無智に陥れた鎖国の罪を糾弾した。そして、今こそ「用間」、すなわち世界中に間者を派遣して、海外のことを詳しく知るべきであると指摘しているのである。

挫折の苦しみの中にあっても、吉田松陰は最後まで国威《こくい》の復興を信じていた。国家の治乱盛衰は避けられないものであるが、今こそ治盛を回復すべき時機であると信じ、このために各国の情勢を観察することこそが自らの使命であると考え、海外渡航の必要性を力説した。

日本にとって知っておくべき国々とは、欧米諸国やオーストラリア・シナ・朝鮮などであり、それらに関する伝聞や文書だけからの貧弱な知識に頼るのは、策を得たものではない。俊才を海外に送り、その実情を視察させるものでなければ、役に立たない、とする松陰の主張は、そのままのちの明治新政府によって実施されたのであった。

このように、吉田松陰が鎖国の禁を犯してまで、アメリカの軍艦による海外渡航を企てたのは、まずは自らが「上智」の間者となって、国家防衛のために必要不可欠な情報収集と謀略の任務を遂行しようと考えての行動であった。

兵法を知らない現代の日本人が発想するような、「吉田松陰は、来航した黒船を見て恐れおののき、こうした強大な軍事力をアメリカから学ぼうとした」というものの見方は、明らかに事実とは異なっているのである。

主要参考文献

『孫子諺義』（山鹿素行著、民友社、大正元年）
『異説日本史・戦争篇　上』（雄山閣編集局、雄山閣、昭和七年）
『日本兵制史』（日本歴史地理学会編、日本学術普及会、昭和八年）
『漢籍國字解全書第十巻　孫子國字解』（荻生徂徠講述、早稲田大学出版部、昭和八年）
『孫子解説』（北村佳逸著、立命館出版部、昭和九年）
『孫子の思想史的研究』（佐藤堅司著、風間書房、昭和三七年）
『古事記』（倉野憲司校注、岩波文庫、昭和三八年）
『孫子』（田所義行著、明徳出版社、昭和四二年）
『日本兵法史　上』（石岡久夫著、雄山閣、昭和四七年）
『吉田松陰』（徳富蘇峰著、岩波文庫、昭和五六年）
『孫子の兵法』（守屋洋著、三笠書房・知的生きかた文庫、昭和五九年）
『兵法と戦略のすべて』（武岡淳彦、日本実業出版社、昭和六二年）
『日本書紀（上・下）』（太安万侶編、宇治谷孟訳、講談社学術文庫、昭和六三年）
『兵法・孫子―戦わずして勝つ』（大橋武夫著、マネジメント社、平成二年）
『孫子』（浅野裕一著、講談社学術文庫、平成九年）
『新訂　孫子』（金谷治訳注、岩波文庫、平成一二年）
『図解　名軍師の戦略がよくわかる本』（ビジネス兵法研究会、ＰＨＰ研究所、平成十九年）
『孫子・三十六計』（湯浅邦弘著、角川ソフィア文庫、平成二〇年）
『「孫子の兵法」がわかる本』（守屋洋著、三笠書房・知的生きかた文庫、平成二〇年）
『日本と世界を動かす悪の孫子』（宮崎正弘著、ビジネス社、平成二七年）
『市販本　新しい歴史教科書』（杉原誠四郎ほか十三名、自由社、平成二七年）
『孫子の兵学体系論』（武岡淳彦、「陸戦研究」平成十年八月～平成十一年九月号記事）
『孫子の盲点』（海上知明著、ワニ文庫、平成二七年）
『太平記秘伝理尽鈔２』（今井正之助、加美宏、長坂成行校注、平凡社東洋文庫、平成十五年）

おわりに

今から二千五百年以上も昔の春秋時代に書かれた『孫子兵法』が、今日でも幅広く活用されているのは、この書が、究極的には「いかにすれば、人間を本気で闘わせることができるか」を説くものだからである。

私が『闘戦経《とうせんきょう》—武士道精神の原点を読み解く』（並木書房）を著した直後の平成二十三年十二月、九段の靖国会館において「孫子と闘戦経を表裏で学ぶ」というテーマでの兵法講座を開催した。一回目は「孫子計篇と闘戦経の教え」という演題であり、それ以降、二カ月に一回の頻度で翌年十二月までの一年間をかけて第十三篇「用間」まで講義した。この講座では、拙著『闘戦経—武士道精神の原点を読み解く』と岩波文庫の『新訂　孫子』（金谷治訳注）をテキストとして用いたが、さらに数ある孫子本の中で唯一「竹簡本《ちくかんぼん》」に基づいて解読している講談社学術文庫の『孫子』（浅野裕一著）をサブテキストとした。こうして、講座の参加者に「魏武注本《ぎぶちゅうぼん》」と「竹簡本」との記述上の違いを紹介するなかで、これらの違いが、「どちらが正しいか」ではなく、「どちらも正しい」のであり、要するに「孫子を戦略的に読むか、戦術的に読むか」の違いにすぎないことを発見した。

平成二十五年二月からの二年間は、兵法講座のテーマを「楠流兵法と武士道精神」として、『河陽兵庫之記』、『楠正成一巻之書』や『太平記秘伝理尽鈔』などを現代語で紹介しながら解説を加え、併せて我が国の歴史上、ただ一人『孫子』と『闘戦経』を表裏で、骨と化すまで学んだ「兵法の達人」楠木正成の戦いぶりを紹介してきた。

こうして私の兵法研究の重点が『孫子』から『楠流兵法』へと移り、それが軌道に乗っていた平成二十六年四月、全国の警察官を対象に発行している総合教養月刊誌「ＢＡＮ」の編集部から、警察業務に役立つ戦略・戦術を学ぶという企画の一環として『孫子』の総論を紹介する記事の執筆を依頼された。『孫子』や「戦略・戦術」については、それなりの研究を重ねてきたつもりであったので、この執筆依頼をすぐに快諾した。

このような経緯で、月刊誌「ＢＡＮ」平成二十六年七月号の特集「成功と失敗その決め手は何か—戦略的思考を身に付けよう」で、「名将たちの座右の書『孫子兵法』に学ぶ戦略・戦術」を掲載していただき、これを契機として、『孫子』各篇を解説する連載記事「分かりやすい孫子の兵法—業務に活かす戦略・戦術」を、同年十一月号から、平成二十八年六月号まで一年八カ月にわたり、同誌に連載させていただいた。

これまでにも数多くの孫子本を読んできたが、月刊誌「ＢＡＮ」での記事の執筆にあたっては、あらためて山鹿流兵法の祖である山鹿素行先生の『孫子諺義《そんしげんぎ》』をじっくりと研究することにした。この江戸時代の天才兵法家が著した孫子校注本を読むことで、私がこれまでの孫子解釈で疑問に感じていた部分、納得のいかなかった部分はすべて氷解した。『孫子』の記述体系そのものが「戦略的思考」のプロセスであることも、『孫子諺義』巻首の自序で素行先生が述べられていたことから気づかされた。『中朝事実《ちゅうちょうじじつ》』の著者として、シナと日本の本質的な違いをよく理解していた山鹿素行先生であればこそ、このように孫子兵法の「神髄」

を見極めることができたのであろう。

こうして『孫子兵法』について、月刊誌「BAN」の連載記事を執筆しながら、これと並行して平成二十七年二月から平成二十八年二月までの一年間にわたり、隔月で兵法講座「おもしろいほどよく分かる『孫子兵法』」を開催した。この講座では、紙面の制限から月刊誌「BAN」には書ききれなかった部分も紹介でき、さらに新たな発想で多くのことを研究し、それらを同誌に寄稿する記事の中に反映することもできた。また、少しでも多くの人に『孫子兵法』を通じて、軍事や戦略・戦術への理解と認識を深めていただけるように、プレゼンテーションによる図解を中心にして講義した。

本書は、これらの月刊誌「BAN」掲載記事や、兵法講座「おもしろいほどよく分かる『孫子兵法』」のプレゼンテーション資料を基にして、加筆修正したものであり、私の長年にわたる孫子研究の「集大成」でもある。

最後に、このような孫子研究の機会を与えてくださった（株）教育システム「BAN」編集部の曽田整子様、出版化にあたりご尽力いただいた並木書房社長の奈須田若仁様、そして私の拙い孫子兵法講座にご参集いただいた多くの皆様方に厚く御礼申し上げる。

平成二十八年八月

家村和幸

家村和幸（いえむら・かずゆき）
兵法研究家、元陸上自衛官（二等陸佐）。昭和36年神奈川県生まれ。聖光学院高等学校卒業後、昭和55年、二等陸士で入隊、第10普通科連隊にて陸士長まで小銃手として奉職。昭和57年、防衛大学校に入学、国際関係論を専攻。卒業後は第72戦車連隊にて戦車小隊長、情報幹部、運用訓練幹部を拝命。その後、指揮幕僚課程、中部方面総監部兵站幕僚、戦車中隊長、陸上幕僚監部留学担当幕僚、第6偵察隊長、幹部学校選抜試験班長、同校戦術教官、研究本部教育訓練担当研究員を歴任し、平成22年10月退官、予備自衛官（予備二等陸佐）となる。現在、日本兵法研究会会長として、兵法及び武士道精神を研究しつつ、軍事や国防について広く国民に理解・普及させる活動を展開している。著書に『–戦略・戦術で解き明かす–真実の「日本戦史」』（宝島SUGOI文庫）、『図解雑学–名将に学ぶ世界の戦術』（ナツメ社）、『–戦略と戦術で解き明かす–真実の「日本戦史」戦国武将編』（宝島SUGOI文庫）、『闘戦経–武士道精神の原点を読み解く』『兵法の天才楠木正成を読む—河陽兵庫之記 現代語訳』『大東亜戦争と本土決戦の真実—日本陸軍はなぜ水際撃滅（すいさいげきめつ）に帰結したのか』（並木書房）、『なぜ戦争は起きるのか—この一冊で本当の「戦争」が解かる』（宝島社新書）、論文に「支那事変拡大の経緯を戦略・戦術的思考で分析する！」（別冊宝島「南京大虐殺」という陰謀）、「戦略・戦術的思考とは何か」（「ほうとく」平成20年新年号）、「尖閣防衛は国境警備隊で」（雑誌「正論」平成23年6月号）、「自衛隊は何を守り、何と戦うのか–革命政権に文民統制される『暴力装置』の危うさ」（撃論2011.4 Vol.1）、「歴史教科書と国防意識」（雑誌「正論」平成23年8月号）など多数ある。

図解《ずかい》 孫子兵法《そんしへいほう》
—完勝の原理・原則—

2016年9月5日　印刷
2016年9月20日　発行

編著者　家村和幸
発行者　奈須田若仁
発行所　並木書房
〒104-0061東京都中央区銀座1-4-6
電話(03)3561-7062　fax(03)3561-7097
www.namiki-shobo.co.jp
印刷製本　モリモト印刷

ISBN978-4-89063-343-2